应用型人才培养建筑类专业创新教材

住宅建筑设计

郝嫣然　张 婷　史瑞英　主编

化学工业出版社
·北京·

内容简介

为了适应住宅建筑的发展与市场的需求，本书以提升居住质量及设计标准为指导，重点突出了主要住宅建筑类型的基本设计原理，结合建筑设计入门、小型住宅建筑设计及高层住宅建筑设计三个课程项目设计，融合实践。力求帮助学生通过本书的学习掌握本课程的基本理论及技能，培养学生的设计能力、表达能力等。本书以党的二十大精神为指引，落实立德树人根本任务。

本书开发有微课视频等丰富的数字资源，可通过扫描书中二维码获取。

本书可供应用型本科院校、职业院校建筑设计、城市规划、建筑室内设计、环境艺术设计等专业学生及相关行业从业人员使用。

图书在版编目（CIP）数据

住宅建筑设计/郝嫣然，张婷，史瑞英主编. —北京：化学工业出版社，2024.2
ISBN 978-7-122-41564-6

Ⅰ. ①住… Ⅱ. ①郝…②张…③史… Ⅲ. ①住宅-建筑设计 Ⅳ. ①TU241

中国版本图书馆CIP数据核字（2022）第094916号

责任编辑：李仙华　张双进　　装帧设计：王晓宇
责任校对：李雨晴

出版发行：化学工业出版社（北京市东城区青年湖南街13号　邮政编码100011）
印　　装：大厂聚鑫印刷有限责任公司
880mm×1230mm　1/16　印张12　字数326千字　2024年9月北京第1版第1次印刷

购书咨询：010-64518888　　售后服务：010-64518899
网　　址：http://www.cip.com.cn
凡购买本书，如有缺损质量问题，本社销售中心负责调换。

定　　价：48.00元

编审委员会名单

序

职业教育进入新时代。2019年1月国务院正式印发《国家职业教育改革实施方案》(国发〔2019〕4号),2019年4月教育部、财政部发布《关于实施中国特色高水平高职学校和专业建设计划的意见》(教职成〔2019〕5号),2019年4月教育部等四部门发布印发《关于在院校实施"学历证书+若干职业技能等级证书"制度试点方案》(教职成〔2019〕6号),2019年6月教育部印发《全国职业院校教师教学创新团队建设方案》(教师函〔2019〕4号)、《关于职业院校专业人才培养方案制订与实施工作的指导意见》(教职成〔2019〕13号),这些文件的出台,为职业教育实现高质量发展指明了方向,明确了目标,指出职业教育要实现人才培养供给侧和产业需求侧结构要素全方位融合,校企共同研制科学规范、国际可借鉴的人才培养方案和课程标准,将新技术、新工艺、新规范等产业先进元素纳入教学标准和教学内容,建设一大批校企"双元"合作开发的国家规划教材。

建筑业面临转型升级。中共中央办公厅、国务院办公厅印发《关于促进建筑业持续健康发展的意见》(国发办〔2017〕19号),住房和城乡建设部印发《2016—2020年建筑业信息化发展纲要》《关于推进建筑信息模型应用的指导意见》(建质函〔2015〕159号)。建筑信息模型(BIM)技术必将推动建设行业的管理方式、生产方式的变革,已成为建筑业产业升级的关键技术。

为积极落实国家政策服务国家战略,为建筑业产业升级提供人才保障,把建筑信息模型(BIM)技术职业标准与土建类专业教学标准相融通,促进"三教"改革,河北工业职业技术大学联合11所院校、5家企业合作编写了建筑类专业创新规划教材。该系列图书的编者多年来从事建筑类专业的教学研究和实践工作,注重理论与实践相结合的教育模式,提倡理论与实践并重的教育理念。编者拥有扎实的理论知识,在总结大量相关文献的基础上,结合自身多年的教学经验,编写了本系列教材。本系列教材充分利用信息化技术,书中通过二维码嵌入大量的学习资源,包含最新的建筑行业规范、规程、图集、标准等资料,方便读者快速查询相关知识,书中还包含大量现场图片、三维建筑模型、软件操作视频、相关知识讲解视频、现场工艺展示视频等,通过实际案例分析与展示,实现教育过程理论与实践的结合。该系列书可以作为初学者的教材,也可以作为行业交流用书,清晰明了的思路和海量视频资源令其更加直观易懂,其丰富的实践经验和扎实的理论基础可以为行业相关人员提供参考。

感谢各位编委及其单位对本系列教材的大力支持与帮助,感谢化学工业出版社对系列教材出版所做的大量工作。衷心希望各位专家和同行在阅读此系列丛书时提出宝贵的意见和建议,为提高建筑行业水平、促进建筑业产业转型升级做出贡献。

河北省建设人才与教育协会会长
北京绿色建筑产业联盟副理事长

2019年2月

前言

随着我国经济的快速发展，人们对居住条件的需求与时俱进，尤其是进入21世纪以来，住宅的建设一直是城乡建设的热点，住宅建筑也开始从对量的要求逐渐过渡到对质的追求，因此建筑设计专业要进一步为设计工作岗位培养合格的创新型人才，以满足设计行业的人才需求。

“住宅建筑设计”是建筑设计类专业中基础和重要的设计课程，本课程承接学生掌握的“建筑设计基础”“建筑制图”“建筑构造”“建筑规范”等专业知识，进一步深化相关知识与技能。本书以建筑设计入门、小型住宅建筑设计及高层住宅建筑设计三个课程设计项目为基础，以成果为导向，使学生更加全面透彻地了解住宅类建筑的空间需求、功能需求、建筑设计的制图要求、建筑构造的优化选择，以及人体对室内空间的功能、风格、色彩等各项要求，对室外空间的流线要求、景观要求等内容，并初步了解建筑信息化的基本知识。同时，为了避免与其他课程内容的重复，有关建筑结构、建筑构造、建筑物理、建筑设备等相关知识本书只做简单介绍。

本书扎实推动党的二十大精神融入教材建设，通过知识与技能的学习，将精益求精的工匠精神、严谨认真的工作态度、崇高的人生追求有效地传递给学生。

本书由河北工业职业技术大学郝嫣然、张婷、史瑞英主编；河北工业职业技术大学王冬、杨晓青、李雪军担任副主编；河北工业职业技术大学田园方、董璐、曹宽、张瑶瑶，沧州职业技术学院杨婧一，中盛弘宇建设科技有限公司王春磊，中佰工程设计集团有限公司杨战飞参编。

本书开发有微课视频等丰富的数字资源，可扫描书中二维码获取。本书还配套有电子课件，可登录www.cipedu.com.cn免费获取。

由于编写时间及编者水平有限，本书可能有疏漏和不足之处，敬请各位读者、同行在使用过程中提出宝贵意见。

编者

2024年1月

目录

二维码资源目录

项目一

建筑设计入门

建筑是建筑物与构筑物的总称，是人们为了满足社会生活需要，利用所掌握的物质技术手段，并运用一定的科学规律、地理形势理念和美学法则创造的人工环境。建筑设计是指建筑物在建造之前，设计者按照建设任务，把施工过程和使用过程中所存在的或可能发生的问题，事先做好通盘的设想，拟定好解决这些问题的办法、方案，用图纸和文件表达出来；作为备料、施工组织工作和各工种在制作、建造工作中互相配合协作的共同依据；便于整个工程得以在预定的投资限额范围内，按照周密考虑的预定方案，统一步调，顺利进行；并使建成的建筑物充分满足使用者和社会所期望的各种要求及用途。

人创造了建筑，建筑反过来又影响了人，这是建筑设计的主要目的和终极意义。理解建筑设计意义可以使建筑师树立正确的建筑观和职业目标，培养他们的审美水平和人文素养。

任务一 认识建筑

知识点

建筑的定义　建筑的类型　建筑的原则

任务目标

能从专业角度把握建筑的定义，能够分析建筑的类型。

1-1-1

一、建筑的定义

每当人们提起建筑，大家习惯上很自然地就把建筑和房子画上等号，简单地认为建筑就是房子，房子就是建筑，这是人们目前最容易产生的一种印象。

然而，除了这一种最简单的认识之外，古今中外对建筑却有更多的解释。

老子在《道德经》中说道："埏埴以为器，当其无，有器之用。凿户牖以为室，当其无，有室之用。故有之以为利，无之以为用。"

伟大的诗人歌德在参观罗马圣彼得大教堂时，面对教堂雄伟的气概和连续柱廊的韵律感，发出惊叹："建筑是凝固的音乐"，认为建筑和音乐一样美。

古罗马奥古斯都军事工程师维特鲁威在《建筑十书》中认为："建筑是石头的史书"。

近现代建筑大师勒·柯布西耶认为："建筑是居住的机器"。

德国唯心主义哲学家黑格尔认为："建筑是象征艺术"。

可见，建筑并不狭义地等同于"房子"，广义的建筑是人类为了生存的需要，在科学规律和美学规则的指

图1-1-1 天坛

导下，按照一定的物质技术条件，创造出的人为的生活环境。通常一个建筑会包含各种不同的内部空间，有时也包含其创造的外部空间（图1-1-1）。

通常人们说的“建筑”是建筑物与构筑物的总称。建筑物一般指供人们进行生产、生活或其他活动的房屋或场所。例如民用建筑、工业建筑、农业建筑和园林建筑等。而构筑物是指人们一般不直接在内进行生产和生活的建筑，如桥梁、城墙、堤坝等。

二、建筑的类型

在人类社会初期，生产力低、人类活动比较单一，因此建筑的类型也比较单一。比如人们为了满足最基本的生存需求而产生的洞穴、树屋等建筑形式。随着人类社会的发展，人类产生了各种各样的社会活动，例如集会、教育、办公、商业等，为了适应这些社会活动，建筑的类型也日益丰富起来，于是形成了各种各样的建筑类型，如图1-1-2、图1-1-3所示。

按照人类活动的类型，人们通常把建筑分为民用建筑、工业建筑、农业建筑、其他领域的建筑等。

民用建筑通常包括居住建筑、办公建筑、科教建筑、观演建筑、商业建筑、医疗建筑、体育建筑、展示建筑、宗教建筑、交通建筑等，如图1-1-4 ～图1-1-7所示。

图1-1-2 传统建筑——故宫太和殿

图1-1-3 现代建筑——香港中银大厦

图1-1-4 居住建筑——多层住宅

图1-1-5 观演建筑——国家大剧院

图1-1-6 体育建筑——鸟巢

图1-1-7 交通建筑——北京首都机场T3航站楼

工业建筑通常指工业生产用的建筑物和构筑物。包括各类厂房、仓库、高炉、水塔、烟囱等。农业建筑通常指农业生产用的建筑物与构筑物。包括农机站、泵房、畜舍等。其他领域的建筑有桥梁、水坝、纪念碑、凯旋门等，如图1-1-8所示。

图1-1-8 鸭池河双线特大桥

三、建筑的原则

当说到建筑的时候，不得不说起一个人——古罗马著名的建筑师和工程师维特鲁威（图1-1-9），以及他总结当时的建筑经验写成的关于建筑和工程的论著——《建筑十书》。

在《建筑十书》中，维特鲁威提出了建筑设计的三大原则：坚固、实用、美观，这一观点得到了建筑界的广泛认同，并且经久不息地流传了两千年，对后世的建筑产生了十分深远的影响。古代乃至近现代西方的很多建筑，基本上一直以来都是遵守着这三大原则。

1. 坚固

建筑的首要原则就是坚固。当满足了坚固这一首要原则之后，才能讨论建筑的其他原则。维特鲁威所说的坚固，主要强调的是建筑的稳定性与持久性，与之关系较大的是建筑的材料选择、结构设计以及所用的建筑技术等。

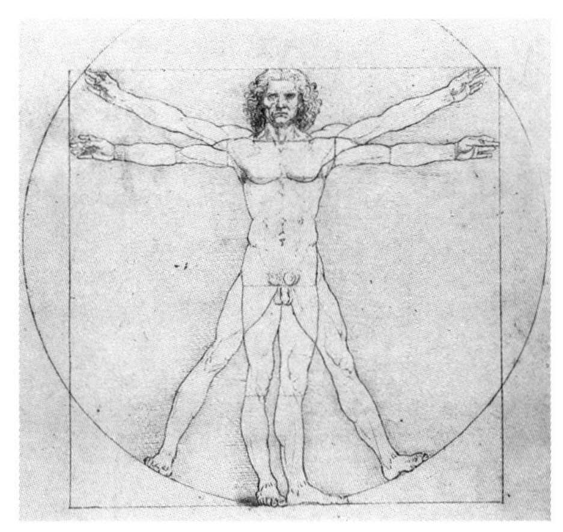

图1-1-9 《维特鲁威人》（达·芬奇绘制）

2. 实用

建筑的存在主要是为了满足人们的各种功能要求。实用是建筑最原始的需求，与功能密不可分。实用主要强调的则是建筑的实用性和功能性，关系到建筑的功能和布局设计是否满足人们的需求，是否实用、便利、舒适。

3. 美观

一个建筑仅仅达到坚固和实用，不能称之为好的建筑，优秀的建筑往往还要强调其外在形象。而美观主要强调的则是建筑的愉悦性及其审美功能，其核心在于建筑的比例和均衡性，同时还关系到建筑的装饰、尺度和对称美等。

随着社会物质文明的不断发展，建筑也同样取得了快速的发展，与此同时也带来了资源的大量消耗，自然环境形势变得越来越严峻，因此绿色建筑的概念也越来越多地被提及。在满足坚固、实用、美观的同时，人们越来越强调绿色节能对于建筑的重要意义，以此才能达到人与自然的和谐共处。

课后思考 ?

1. 什么是建筑?
2. 常见的民用建筑有哪些?
3. 建筑的三原则是谁提出的? 分别是什么?

任务二 认识住宅

知识点

住宅的定义　我国传统住宅　现代住宅类型

任务目标

掌握住宅的概念，了解我国丰富多彩的传统住宅形式和现代住宅形式。

1-2-1

一、住宅的定义

《墨子·辞过》："古之民，未知为宫室时，就陵阜而居，穴而处。下润湿伤民，故圣王作为宫室。"

人类在残酷的自然条件下，需要遮风避雨，需要有安稳的生活空间，因此为了生存下来，人类开始利用基本的工具和生产材料，向上搭建了树屋（巢居）（图1-2-1），向下挖掘了洞穴（穴居）（图1-2-2），这可能就是最原始的住宅形式。

图1-2-1　巢居

当人们满足了最基本的生存需求之后，人们对住宅的要求也不仅仅局限于"居住"本身，人们对住宅有了更多的心理需求。

住宅是人们为了满足家庭生活的需求所构筑的

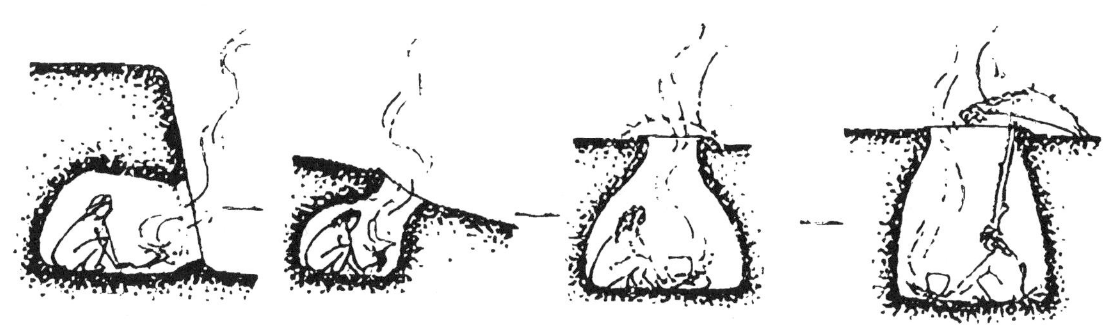

图1-2-2 穴居

物质空间，是人类适应自然、改造自然的产物，并且是随着人类社会的进步逐步发展起来的。

所以当人们掌握了更复杂的生产技术之后，人们利用木材、石材、钢材等，不断更新建筑技术，建造了形式越来越丰富的住宅。而影响住宅发展的基本因素诸如社会因素、环境因素、经济因素、科技因素等。

二、我国传统住宅

1. 四合院

四合院是以正房、倒座房、东西厢房围绕中间庭院形成平面布局的北方地区传统住宅的统称。在中国民居中历史最悠久，分布最广泛，是传统民居形式的典型。山西、陕西、北京、河北的四合院最具代表性。

四合院就是三合院前面又加门房的屋舍来封闭。呈“口”字形的称为一进院落，“日”字形的称为二进院落，“目”字形的称为三进院落，见图1-2-3。

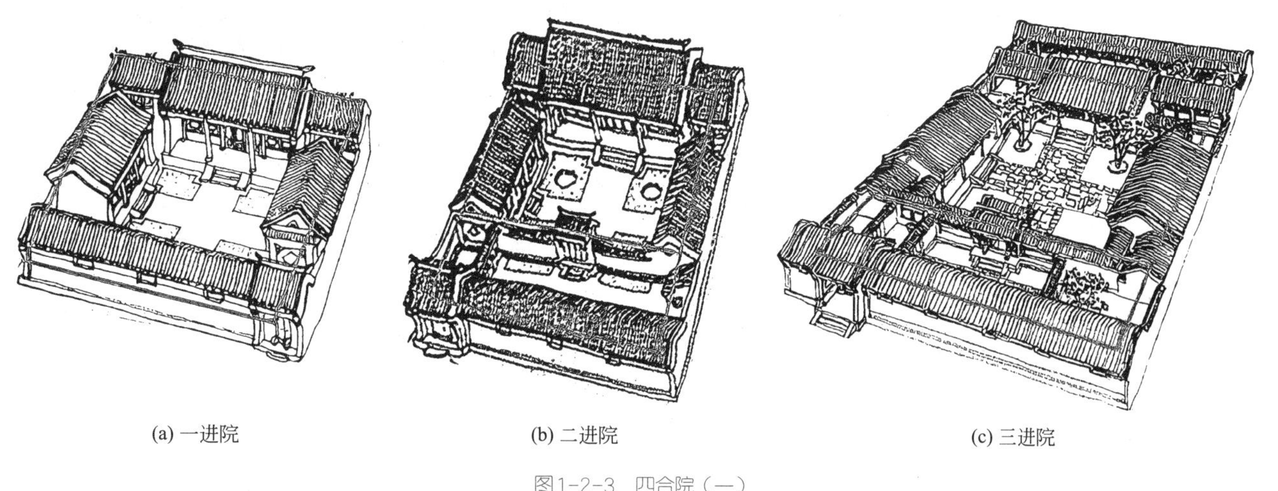

(a) 一进院　　(b) 二进院　　(c) 三进院

图1-2-3 四合院（一）

一般而言，第一进为门屋，第二进是厅堂，第三进或后进为私室或闺房，是妇女或眷属的活动空间。四面的房子中北房为正房，东西两侧为厢房，南房称为倒座房。四合院的正房、厢房之间，一般由抄手游廊连接，抄手游廊既是供人行走的通道，又是供人休憩的场所，见图1-2-4。庭院方阔，尺度合宜，宁静亲切，花木井然，是十分理想的室外生活空间。

四合院通常为大家庭所居住，提供了对外界比较隐秘的庭院空间，其建筑和格局体现了中国传统的封建等级制度。

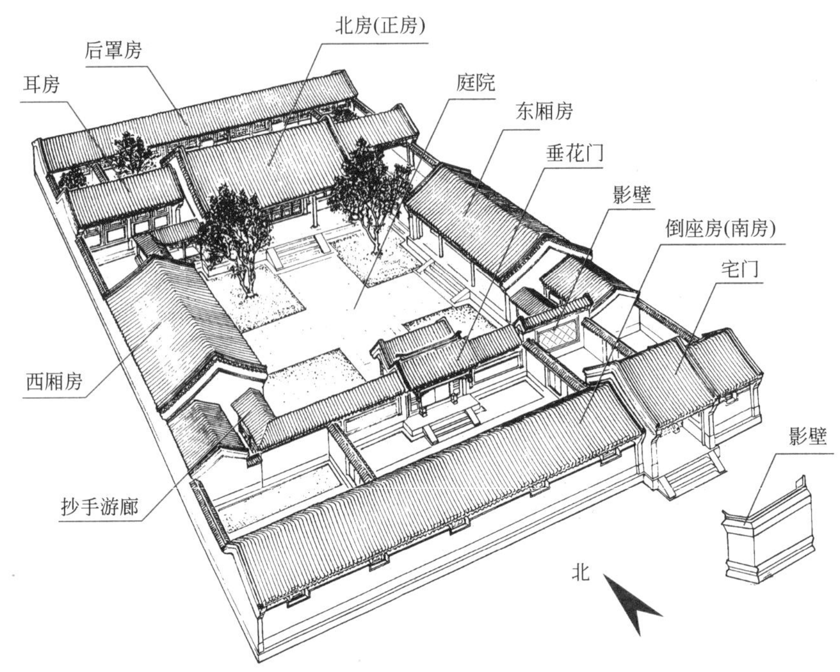

图1-2-4 四合院（二）

2. 窑洞

窑洞起源于古代的穴居，历史悠久、影响深远，可以追溯到四千多年前，是中国西北黄土高原地区及其周边区域的传统民居形态。黄土高原上的黄土地质疏松、具有良好的整体性，为建造窑洞提供了得天独厚的自然条件，人们利用高原有利的地形，凿洞而居，创造了被称为“绿色建筑”的窑洞。

图1-2-5 靠崖式窑洞

窑洞的土壁深厚，保温性能好，夏季晒不透，冬季冻不透，隔音效果也很好，少干扰。窑洞的布局十分灵活，居住很舒服。窑洞空间从外观上看是圆拱形，可以充分地利用太阳辐射，而内部空间也因为是拱形的，加大了内部的竖向空间，使人们感觉开敞舒适。

窑洞的常见类型如下：

（1）靠崖式窑洞　靠崖式窑洞常呈现曲线或折线形排列，有和谐美观的建筑艺术效果。它一般是在山脚、沟边，利用崖势，先将崖面削平，然后修庄挖窑。见图1-2-5。

图1-2-6 下沉式窑洞

（2）下沉式窑洞　这种窑洞都在平原大坳上修建，先在平地上挖一个长方形的大坑，将坑内四面削成崖面，然后在四面崖上挖窑洞，形成一个四合院。在一边修一个长坡道作为人行道。见图1-2-6。

（3）独立式窑洞　独立式窑洞是一种掩土的拱

图1-2-7 独立式窑洞

形房屋，有土坯拱窑洞，也有砖拱、石拱窑洞。这种窑洞无需靠山依崖，能自身独立，又不失窑洞的优点。可为单层，也可建成为楼。见图1-2-7。

3. 土楼

土楼是分布在中国东南部福建、江西、广东三省的客家地区，以生土为主要建筑材料、生土与木结构相结合，并不同程度地使用石材的大型民居建筑。其中分布最广、数量最多、品类最丰富、保存最完好的是福建客家土楼，见图1-2-8。

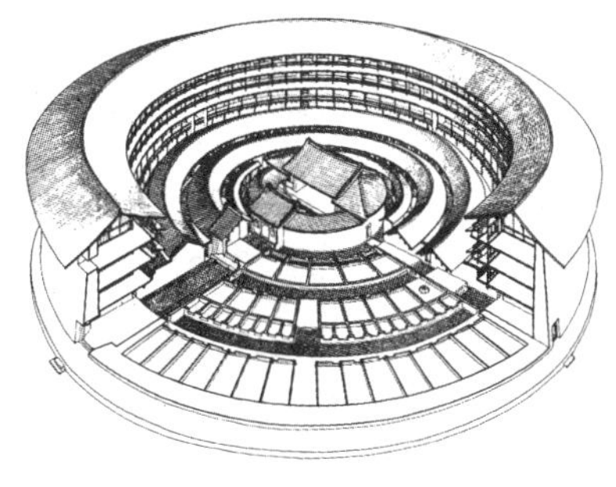
图1-2-8 客家土楼

土楼的建筑布局，最显著的特点是：单体布局规整，中轴线鲜明，主次分明，与中原古代传统的民居、宫殿建筑的建筑布局一脉相承。

土楼建筑技术是北人南迁后结合需求及当地气候条件创造出来的。首先出于防卫要求，土筑外墙高大厚实；其次，地处南方注意防晒，在内墙、天井、走廊、窗户处及屋顶部分，将檐口伸出，利用建筑的阴影，减少太阳辐射；第三，在建筑内部采用活动式屏门、槅窗，空间开敞、通透，有利于空气流通；第四，外环楼层开箭窗，呈梯形，外小内大，既利于防卫又宜人用；第五，选址注重地理环境，并保留北方住宅坐北朝南的习惯，宅基“负阴抱阳”，靠近河流或水塘，背靠大山或丘陵。

土楼的建筑材料，主要是沙质黏土、杉木、石料，其他材料如沙、石灰、竹片、青砖、瓦等的用量相对较少。

4. 一颗印

“一颗印”是云南昆明地区汉族、彝族普遍采用的一种居住方式（图1-2-9）。它由正房、耳房（厢房）和入口门墙围合而成，方正如印的外观，俗称“一颗印”。由于云南高原地区环境特点为低纬度、高海拔，风力大、地震多、太阳高度角大，雨水充沛，所以住宅墙厚瓦重，外围用厚实的土坯砖或夯土筑成。或用外砖内土，称为“金包银”的墙面。

建筑整体为穿斗式构架，外包土墙或土坯墙。正房、耳房、门廊的屋檐和大小厦在标高上相互错开，互不交接，减少了漏雨的薄弱环节。整座“一颗印”，独门独户，高墙小窗，空间紧凑，体量不

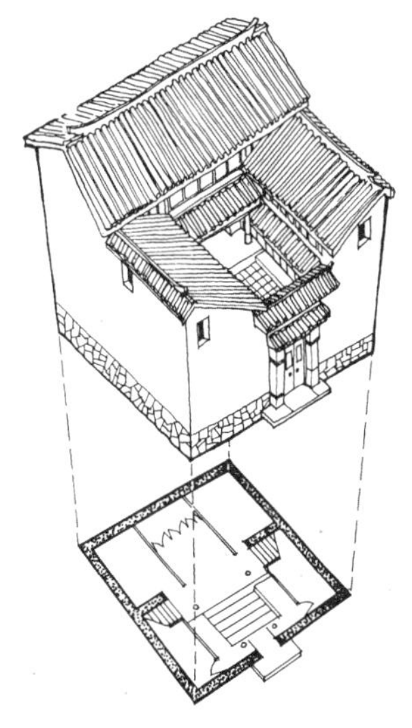
图1-2-9 云南一颗印

大，小巧灵便，无固定朝向，可随山坡走向形成无规则的散点布置。

5. 徽州民居

徽州民居是中国传统民居建筑的一个重要流派。最初徽州民居形式以“干栏式”建筑为主，后受到中原文化影响；同时，为了适应当时险恶的环境以及为了解决通风、光照、防火等问题，徽州民居逐渐演变为“天井”式，最终在清代时期发展到了鼎盛。如图1-2-10所示。

图1-2-10　徽派民居

徽州民居在形态上，高高的马头墙，线条高低错落有致，白色的墙面，配以青灰色的小瓦屋顶，散发着古朴的气韵。徽州民居建筑合理运用了基本的造型元素，点、线、面构成了美妙的造型艺术，给人以青山绿水、粉墙黛瓦的最初印象，就好像坐落在青山绿水中，形成生动的画卷。建筑结构构件大多采用木材，有时会将木材表面刷漆，以增加建筑的耐久性，并起到美观的作用。石材也是徽州民居建筑中必不可少的材料，石材多选用青灰色，朴实而凝重，让人感受到典雅古朴，体会到一种庄重、理性的情感。徽州民居建筑外墙颜色均选用白粉色，搭配灰色瓦顶，全局色调素净淡雅低调。

我国徽州民居建筑保留完整，风格统一，造型多样，是实用性与艺术性结合的典范。

6. 阿以旺

阿以旺是新疆维吾尔自治区常见的一种传统地方民居形式（图1-2-11）。在维吾尔族语中，“阿以旺”寓意为“明亮的处所”。阿以旺住宅的特点如下。

图1-2-11　阿以旺

建筑布局以阿以旺为中心。阿以旺通过天窗采光，是全宅最明亮、装饰最讲究的房间，它是全宅公用的起居室，也是待客、聚会和歌舞的场所，因此建筑也以“阿以旺”为名。外墙普遍不开窗，屋顶均为平顶，空间组合不受外墙和屋顶牵制，平面布置极为灵活，可纵横自由延伸。空间组合没有明确的轴线和对称要求，没有正规的朝向。居室布置灵活，无上房下房、正房偏房之别。

新疆地区冬夏温差很大，这种住宅形式有较好的热稳定性，夏天可以隔热，冬天可以保暖。阿以旺在严酷的自然条件中创造出了相对舒适的人居环境，体现了建筑是人类在大自然中栖身之所的本质属性。

7. 其他

另外，还有诸如山西大院、浙江民居、西藏碉楼、湘西吊脚楼、傣家竹楼、毡包等。

中国疆域辽阔，民族众多，各地的地理气候条件和生活方式都不相同，因此，各地人们居住的房屋的样式和风格也不相同。中国传统住宅建筑作为一门实用艺术，在满足实用功能的基础上，进一步满足了人们的审美需求。建筑运用结构美、色彩美以及形式美，形成自己优美的样式、独特的传统与技术，它们中有代表性的精品佳作，沉淀着极其丰富的、历史的、文化的、民族的、地域的、科学的、感情的信息，不仅是中国文化遗产，也是人类文化遗产。

1-2-2

三、现代住宅类型

随着时代的发展，人们对居住的要求越来越多，因此居住类建筑的种类也越来越多。现代居住建筑类型多样，“户”或“套”是组成各类住宅的基本单位。根据其侧重点不同，又可以把住宅划分成许多种类。

1. 按楼体高度分类

主要分为低层、多层、中高层、高层、超高层等。

根据《住宅设计规范》，民用建筑高度与层数的划分为：1～3层为低层住宅；4～6层为多层住宅；7～10层为中高层住宅（也称小高层住宅）；11～30层为高层住宅；30层（不包括30层）以上为超高层住宅。

（1）低层住宅　最具有自然的亲和性（其往往设有住户专用庭院），适合儿童或老人的生活，住户间干扰少，有宜人的居住氛围，但受到土地价格与利用效率、市政及配套设施、规模、位置等客观条件的制约，在供应总量上有限，见图1-2-12。

（2）多层住宅　主要是借助公共楼梯垂直交通，是一种最具有代表性的城市集合住宅。在建设投资上，多层住宅不需要像中高层和高层住宅那样增加电梯、高压水泵、公共走道等方面的投资。在户型设计上，多层住宅户型设计空间比较大，居住舒适度较高。在结构形式上，多层住宅通常采用砖混结构，因此多层住宅的建筑造价一般较低。见图1-2-13。

（3）中高层住宅　特点是建筑容积率高于多层住宅，节约土地，投资成本较多层住宅有所降低。建筑结构大多采用钢筋混凝土结构。从建筑结构的平面布置角度来看，则大多采用板式结构，在户型方面有较大的设计空间。由于设计了电梯，楼层又不是很高，增加了居住的舒适感。

图1-2-12　低层住宅——成都麓湖生态城“隐溪岸”别墅

（4）高层住宅　是城市化、工业现代化的产物，依据外部形体可将其分为塔楼和板楼。高层住宅土地使用率高，有较大的室外公共空间和设施，眺望性好，建在城区具有良好的生活便利性。但是高层住宅在每层内很难做到每个户型设计的朝向、采光、通风都合理，而且高层住宅投资大，建筑的钢材和混凝土消耗量都高于多层住宅，要配置电梯、高压水泵，增加公共走道和门窗。按住宅内公共交通系统分类，高层住宅分单元式和走廊式两大类，其中单元式又可分为独立单元式和组合单元式，走廊式又分为内廊式、外廊式和跃廊式。

图1-2-13　多层住宅

（5）超高层住宅　随着建筑高度的不断增加，其设计的方法理念和施工工艺较普通高层住宅和中、低层住宅会有很大的变化，需要考虑的因素会大大增加，例如，电梯的数量，消防设施、通风排烟设备和人员安全疏散设施会更加复杂，同时其结构本身的抗震和荷载也会大大加强。另外，超高层住宅由于高度突出，多受人瞩目，因此，多为地标性建筑。见图1-2-14。

图1-2-14　超高层住宅——汤臣一品

2. 按楼体结构形式分类

主要分为砖木结构、砖混结构、钢混结构、框架结构、钢结构等。

（1）砖木结构住宅　承重结构是砖墙木制构件，分隔方便，自重轻，工艺简单，材料单一，防火防腐能力差，耐用年限短，在农村及城市旧区普遍存在。

（2）砖混结构住宅　它的“砖”指的是一种统一尺寸的建筑材料，也有其他尺寸的异形黏土砖，如空心砖等。“混”指的是由钢筋、水泥、砂石、水按一定比例配制的钢筋混凝土配件，包括楼板、过梁、楼梯、阳台、挑檐，这些配件与砖做的承重墙相结合，可以称为砖混结构住宅。由于抗震的要求，砖混结构住宅一般在6层以下。

（3）钢混结构住宅　它的结构材料是钢筋混凝土，即钢筋、水泥、粗细骨料（碎石）、水等的混合体。这种结构的住宅具有抗震性能好、整体性强、抗腐蚀能力强、经久耐用等优点，并且房间的开间、进深相对较大，空间分割较自由。目前，多高层住宅多采用这种结构。其缺点是工艺比较复杂，建筑造价较高。

（4）框架结构住宅　是指以钢筋混凝土浇捣成承重梁柱，再用预制的加气混凝土、膨胀珍珠岩、浮石、陶粒等轻质板材隔墙分户装配而成的住宅。框架结构由梁柱构成，构件截面较小，因此，框架结构的承载力和刚度都较低，框架结构的特点是能为建筑提供灵活的使用空间，但抗震性能差。

（5）钢结构住宅　是指以钢作为建筑承重梁柱的住宅建筑，重量轻、强度高，用钢结构建造的住宅重量是钢筋混凝土住宅的1/2左右；满足住宅大开间的需要，使用面积比钢筋混凝土住宅提高4%左右。安全可靠性、抗震、抗风性能好。钢结构构件在工厂制作，减少现场工作量，缩短施工工期，符合产业化要求。钢结构工厂制作质量可靠，尺寸精确，安装方便，易与相关部品配合。钢材可以回收，建造和拆除时对环境污染较少。

3. 按房屋类型分类

主要分为普通单元式住宅、公寓式住宅、复式住宅、跃层式住宅、花园洋房式住宅（别墅）、小户型住宅（超小户型）等。

（1）单元式住宅　又叫梯间式住宅，是以一个楼梯为几户服务的单元组合体，一般为多、高层住宅所采用。单元式住宅每层以楼梯为中心，安排户数较少，一般为2～4户；大进深的，每层可服务于5～8户，住户由楼梯平台进入分户门，各户自成一体，户内生活设施完善，既减少了住户之间的相互干扰，又能适应多种气候条件，户型相对简单，可标准化生产，造价经济合理，仍保留一定的公共使用面积，如楼梯、走道、垃圾道，保持一定的邻里交往，有助于改善人际关系，是常见的住宅形式。

（2）公寓式住宅　是区别于独院独户的西式别墅住宅而言的，公寓式住宅一般建造在大城市里，多数为高层楼房，标准较高，每一层内有若干单户独用的套房，包括卧房、起居室、客厅、浴室、厕所、厨房、阳台等，有的附设于旅馆、酒店之内，供一些常常往来的中外客商及其家属中短期租用。

（3）复式住宅　又称LOFT，一般是指每户住宅在较高的楼层中增建一个夹层，两层合计的层高低于跃层式住宅（复式为3～4m，跃层式为5～6m），其下层供起居用，如炊事、进餐、洗浴等，上层供休息睡眠和贮藏用。平面利用系数高，通过夹层复合，可提高住宅的使用面积。通风采光好，与一般相同层高和面积的住宅相比，土地利用率高。但复式住宅房间的私密性、安全性较差。

（4）跃层式住宅 是指住宅占有上下两个楼面，卧室、起居室、客厅、卫生间、厨房及其他辅助空间，用户可以分层布置，上下层之间不通过公共楼梯而采用户内独用小楼梯连接。每户都有较大的采光面，通风较好，户内居住面积和辅助面积较大，功能明确，相互干扰较小。

（5）花园洋房式住宅 一般称西式洋房或小洋楼，也称别墅，一般都是带有花园、草坪和车库的独院式平房或二、三层小楼，建筑密度很低，内部居住功能完备，住宅内水、电、暖供给一应俱全，户外道路、通信、购物、绿化也都有较高的标准。

4. 按居住者的类别分类

可分为一般住宅、高级住宅、青年公寓、老年人住宅、集体宿舍、伤残人住宅等。

5. 按房屋政策属性分类

主要分为廉租房、已购公房（房改房）、经济适用住房、住宅合作社集资建房等。

另外，其他还有如智能住宅、绿色住宅、混合式住宅等。

四、现代住宅发展

人的追求是无止境的，住宅设计也是顺应需要层次而变化的。在我国，从20世纪60年代、70年代的住宅满足人的基本生理需求和安全需求，到20世纪80年代、90年代的大卧室小客厅布局，满足人们对交往空间的需求。随着住宅设计对人的基本需求的逐渐满足，近年来人们对居住环境又出现了更高的需求。

如何使住宅区设计跟上时代发展的步伐，使住宅真正成为满足消费者需求，为大众所欢迎和接受，并成为可持续发展的具有投资价值的商品，是现代住宅建筑设计的要点。见图1-2-15、图1-2-16。

图1-2-15 公寓楼实例

图1-2-16 公寓楼室内空间

1. 建筑设计的统一性

建筑设计不再单纯是一幢两幢的规划设计，而是以一定规模的小区作为前提，小区的规划设计首先以人为本，同时营造更优美的室外环境。要求功能合理，让居住者能在其中方便、安全、卫生、舒适地生活。

2. 住宅建筑设计细节的合理性

任何设计的尺寸、体量都应从人的生理学考虑，作为主体人感受到外部环境的舒适程度，可以直接衡量设计的好与坏，千万不能忽视细节的小问题，一切从人的需求考虑是获取成功的关键。

3. 住宅建筑的舒适性

住宅内部房间齐全，动静分开，洁污分离；主要居住的房间阳光充足，通风良好，各种设施齐全，能满足节能的要求。人们对住房舒适性要求越来越高，要求住宅要方便、舒适、自由、美观。对室内采光、日照、通风、采暖、景观等因素有着越来越高的要求，更要体现家庭的亲切感。

如今，可持续发展的观念已经在各个领域得到了积极的探索。建筑师们已经开始尝试运用生态学的理论知识，研究设计能与自然形成良性循环系统的生态建筑；做到在面向21世纪创造人类美好家园的同时，充分体现可持续发展的主题；做到在满足人们对于面积标准、空间布局、造型及环境特色等要求的同时，运用建筑师的创造力与技术，设计建造与自然充分和谐的生态建筑。正如一位建筑大师所强调的："建筑应该是时代的镜子"，在迈向可持续发展社会的今天，要树立建造生态建筑的观念，既要达到发展经济的目的，又要保护好人类赖以生存的大气、土地和森林等自然资源和环境。在住宅设计时，创造出良好的生态环境，实现人们心目中的家，使人类同其赖以生存的环境融合在一起，才能适应人们的需求，使后代能持续发展和安居乐业。

课后思考 ?

1. 住宅的原始形式是什么?
2. 四合院的常见布局有哪些?
3. 常见的窑洞类型有哪些?
4. 土楼的设计特点有哪些?
5. 现代住宅的类型有哪些?

任务三 认识尺度与空间

知识点

人体结构尺寸　人体功能尺寸　人体尺寸的差异　心理空间

任务目标

充分了解人体各项尺寸，掌握人体尺寸的应用方式。

人在建筑所形成的空间里活动，人体的各种活动尺度与建筑物空间有十分密切的联系，所以住宅建筑设计中必须考虑人的因素，满足和适应人体的要求。

1-3-1

建筑的空间尺度必须满足人体活动的要求，既不能过小使人活动不方便，也不应过大，造成浪费。建筑物中的空间、家具、设备的尺寸，踏步、窗台、栏杆的高度，门洞、走廊、楼梯的宽度和高度，也都和人体尺度及其活动所需空间尺度有关。所以，人体尺度和人体活动所需的空间尺度是确定建筑空间的基本依据。

因此，要做好住宅建筑设计，就必须了解人体结构尺寸、功能尺寸、人体尺寸的差异以及心理空间等因素。见图1-3-1。

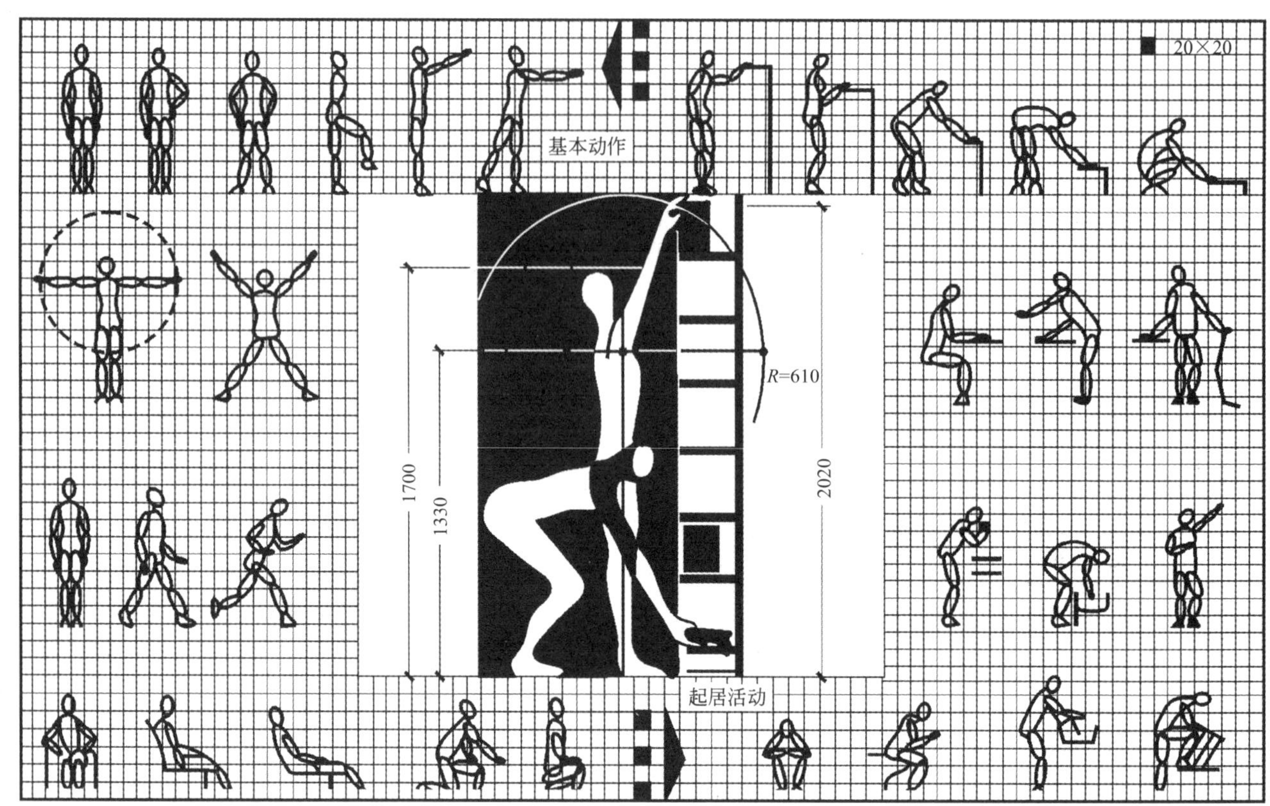

图1-3-1　尺寸与功能

一、人体结构尺寸

人体结构尺寸（静态尺寸）是指静态下的人体尺寸，它是人处于一个固定、静止状态下的标准测量尺寸，即对人体多部位的不同测量（如人的身高、手臂的长度、腿的长度、内外膝关节的高度、座高等），见图1-3-2。人体的结构尺寸与物体的使用功能关系密切，去了解人的基本结构尺寸，才会知道：为什么衣柜的深度通常为600mm，座椅高度在380～420mm之间，鼠标为什么设计为圆弧形，课桌高度为什么一般为720mm等。

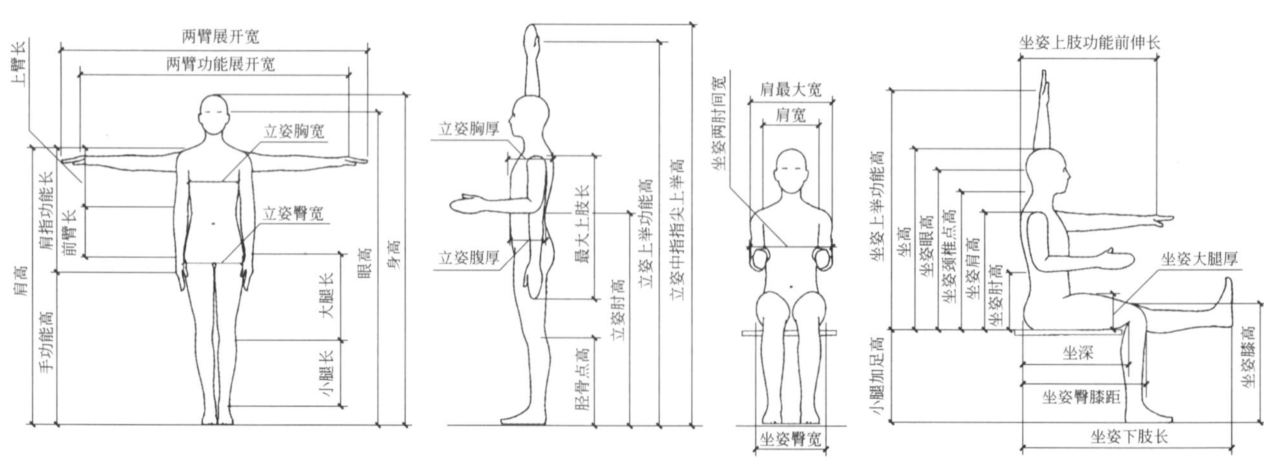

图1-3-2　人体结构尺寸

二、人体功能尺寸

功能尺寸是指动态的人体尺寸，是人在进行某种功能活动时肢体所能达到的空间范围，它是动态的人体状态下测得的，是由关节的活动、转动所产生的角度与肢体的长度协调产生的范围尺寸，它对于解决许多带有空间范围、位置的问题很有用。虽然结构尺寸对某些设计很有用处，但对于大多数的设计问题，功能尺寸具有更广泛的用途，因为人总是在运动着，也就是说人体结构是一个活动的、可变的结构，而不是保持僵硬不动的结构。人体功能尺寸见图1-3-3。

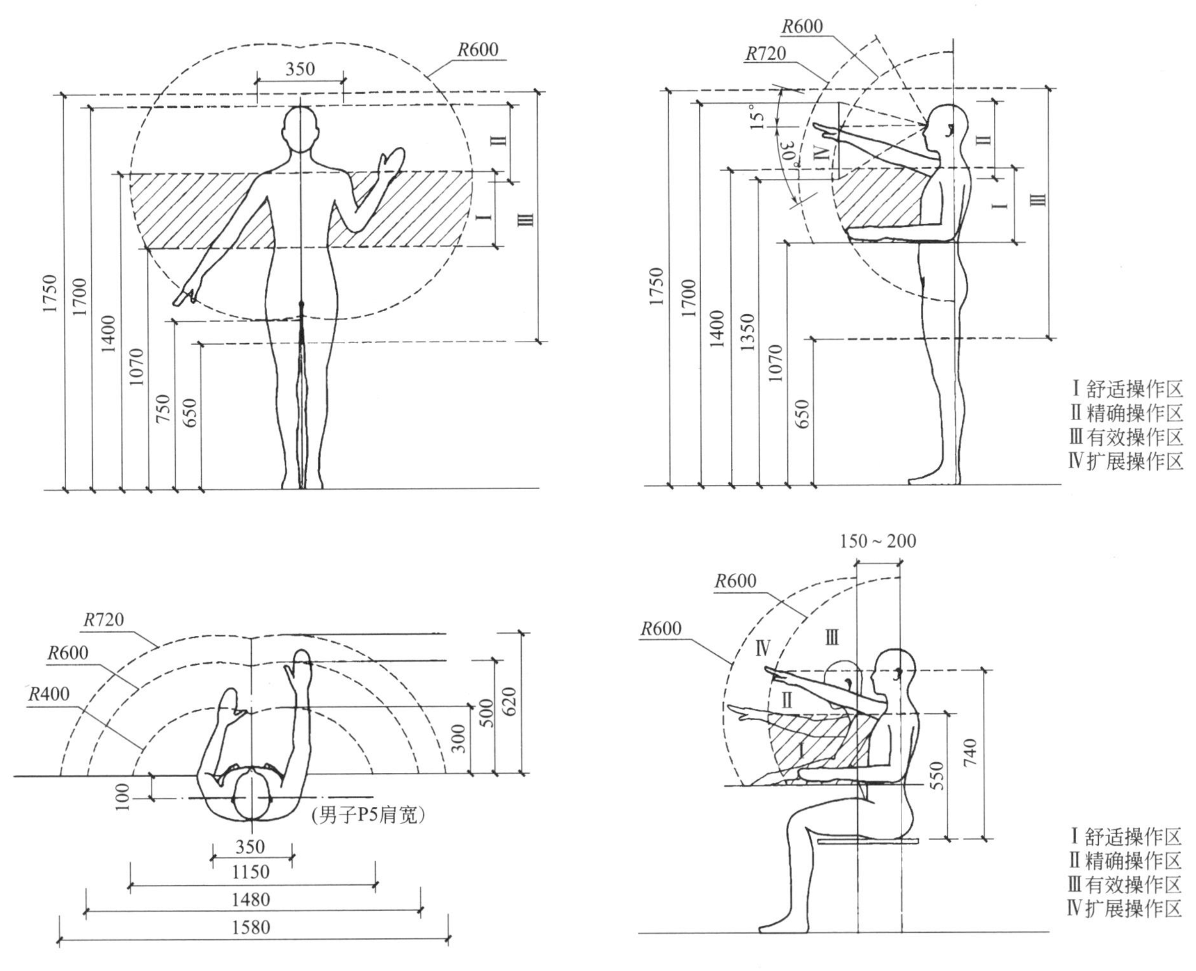

图1-3-3 人体功能尺寸（单位：mm）

三、人体尺寸的差异

在具体的设计中，如果只局限于一些人体共有的基本尺寸数字和人体资料的简单积累，而离开具体的设计对象和环境是不行的，还必须充分考虑到影响人体尺寸的诸多复杂因素，进行具体、细致的分析工作。由于遗传、人种、经济条件、环境等影响，形成了个人与个人之间、群体与群体之间在人体尺寸上的很多差异。其主要表现在以下几个方面。

1. 地域差异

不同种族、不同国家、不同地区，因其生存的地理环境、生活习惯、经济条件、遗传基因等不同而造成了从体形特征、人体比例、身高的绝对值等明显的人体尺寸差异，可参见《中国成年人人体尺寸》(GB/T 10000—2023)。

2. 世代差异

人们在过去一百年中观察到，子女们一般比父母长得高。欧洲的居民预计每十年身高增加10～14mm。因此，若使用三四十年前的数据会导致相应的错误。认识这种缓慢变化与各种设计、生产和发展周期之间的关系的重要性是极为重要的。

3. 年龄差异

年龄造成的差异也应注意，体形随着年龄变化最为明显的时期是青少年期。人体尺寸的增长过程，妇女在18岁左右结束，男子在20岁左右结束，此后，人体尺寸随年龄的增加而缩减，而体重、宽度及围长的尺寸却随年龄的增长而增加。见图1-3-4。

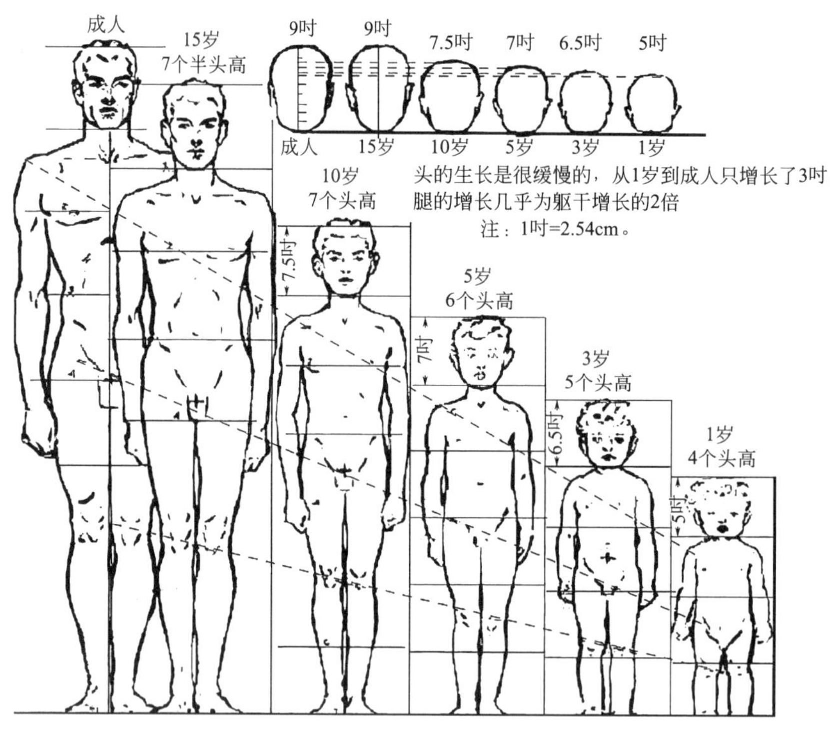

图1-3-4　不同年龄的比较

历来关于儿童人体尺寸的资料是很少的，而这些资料对于设计儿童用具、幼儿园、学校是非常重要的。考虑到安全和舒适的因素则更是如此。儿童意外伤亡与设计不当有很大的关系。

另外，随着人寿命的增加，人口老年化越来越明显，在设计一些空间和家具时，也应充分考虑老年人的身高减缩情况。步入老年，人的身围加大，肌肉力量退化，手、脚所能触及的空间范围变小，弯腰蹲下较困难等。只有充分了解这些老年人的身体特征，才能设计出适合于老年人使用的居住环境，使设计更加人性化。

4. 性别差异

3～10岁这一年龄阶段男女的差别极小，同一数值对两性均适用，两性身体尺寸的明显差别从10岁开始。女性与身高相同的男性相比，身体比例是不同的，见图1-3-5。

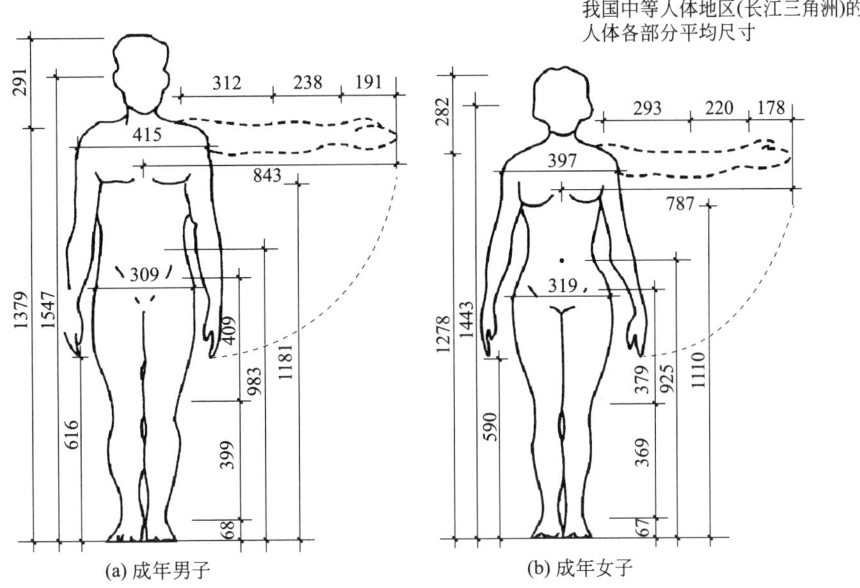

图1-3-5 性别差异（单位：mm）

5. 障碍差异

关于残疾人的空间和家具设计问题有一专门的学科进行研究，称为无障碍设计。在国外已经形成相当系统的体系。见图1-3-6。

此外，还有许多其他的差异，例如，气候性的差异，如寒冷地区的人平均身高均高于热带地区；职业差异，如篮球运动员与普通人。

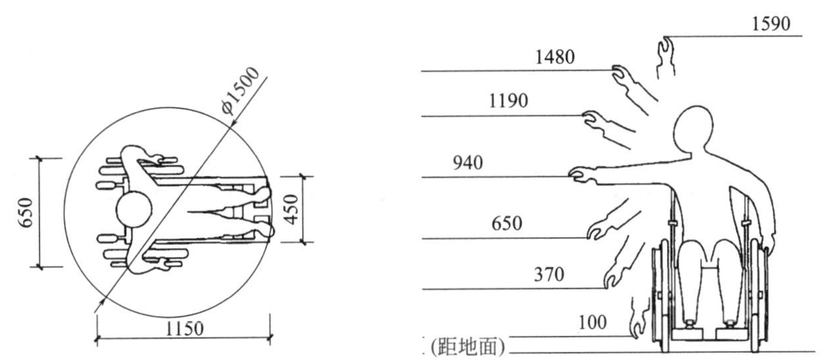

图1-3-6 轮椅使用尺寸（单位：mm）

四、心理空间

人们并不仅仅以生理的尺度去衡量空间范围，对空间的满意程度及使用方式还决定于人们的心理尺度，这就是心理空间。心理尺度主要是针对室内环境中人与群体之间、人与环境之间从心理的感受上所产生的共识或相同的心理距离反应。

每个人都有自己的个人空间，这是直接在每个人的周围的空间，通常是具有看不见的边界，在边界以内不允许“闯入者”进来。它可以随着人移动，它还具有灵活的收缩性。人与人之间的密切程度就反映在个人空间的交叉和排斥上。

日常交往中有四种人际距离，即亲密距离（0 ～ 450mm）、个体距离（450 ～ 1200mm）、社会距离（1200 ～ 3600mm）和公众距离（3600mm以上）。私密性是人们在生活的相应空间范围内，希望从视觉、听觉等方面与外界进行隔绝的要求，希望达到自我空间的存在。人际距离示意见图1-3-7。

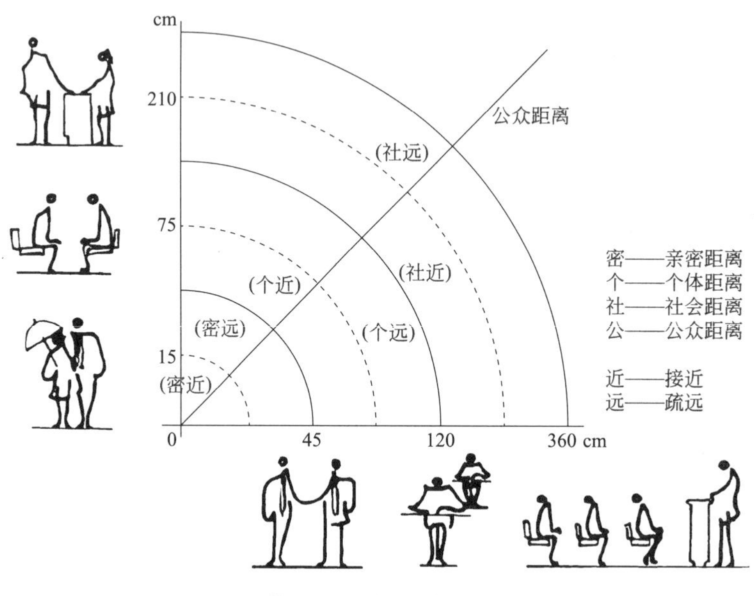

图1-3-7　人际距离示意

这种“领域性”是从动物的行为研究中借用过来的，它是指动物个体或群体常常生活在自然界的固定位置或区域，各自保持自己一定的生活领域，以减少对于生活环境的相互竞争，这是动物在生存进化中演化出来的行为特征。人的“领域性”来自于动物本能，但又与动物不同。因为“领域性”对人已不再具有生存竞争的意义，而更多的是心理上的影响。

课后思考 ?

1. 人体的结构尺寸是什么？
2. 人体的功能尺寸是什么？
3. 人体的尺寸差异体现在哪些方面？
4. 人的心理空间形成原理是什么？
5. 测量并记录自己的身高、眼高、坐高、肘高、肩宽、双臂展开宽度、双臂上举高度等主要身体尺寸。

任务四

建筑设计方法与程序组织

知识点

建筑设计的概念　建筑设计的特点　建筑运作的程序　方案设计的基本步骤

任务目标

了解什么是建筑设计及建筑设计的特点，掌握建筑运作的程序以及方案设计的过程。

一、建筑设计的概念

设计从广义上来讲，就是人类有目的的意识活动。而设计从狭义上来说，就是人们有目的地寻求一些事物，人们按照一定的规律和规则，创造出新的人为事物，包括物质创造和精神创造。

与其他设计不同的是，建筑设计的最终结果是为人类创造一个适宜的人为空间和环境，大到城市规划、群体设计，小到室内设计、产品设计。

建筑师在设计中要考虑建筑空间与环境空间的问题，妥善处理建筑内部各组成空间相互之间的必然联系，研究单一空间的尺度比例等细节，以及空间给人带来的精神体验和精神感受。

二、建筑设计的特点

1. 创作性

建筑设计的创作性是人（设计者与使用者）及建筑（设计对象）的特点属性所共同要求的。一方面，建筑师面对的是多种多样的建筑功能和千差万别的地段环境，必须表现充分的灵活开放性，才能够解决具体的矛盾与问题；另一方面，人们对建筑形象和建筑环境有着高品质和多样性的要求，只有依赖建筑师的创新意识和创造能力，才能够把属于纯物质层次的材料设备点化成具有一定象征意义和情趣格调的真正意义上的建筑。

2. 综合性

建筑设计是一门综合性学科。建筑师在进行设计创作时，需要面对诸多制约因素，如经济、技术、法规、市场等；需要调和并满足不同人的需求，如管理者、建设者、使用者、一般市民等；需要统筹组织并落实多种要素，如环境、空间、交通、结构、围护、造型等。正因为如此，综合解决问题的能力便成为一个优秀建筑师所应具备的、最为突出的专业能力。

3. 双重性

工程与艺术相结合是建筑学专业的基本属性，因而也决定了建筑设计思维方式的双重性。建筑设计过程可以概括成：分析研究—构思设计—分析选择—再构思设计，如此循环发展的过程。建筑师在每一个分析阶段，包括前期的条件、环境、经济分析研究和各阶段的优化分析选择所运用的主要是分析概括、总结归纳、决策选择等基本的逻辑思维方式，以此确立设计与选择的基础依据。而在各构思阶段，建筑师主要运用的则是形象思维，即借助于个人丰富的想象力和创造力，把逻辑分析的结果发挥表达成具体的建筑语言——三维乃至四维空间形态。因此，建筑设计的学习训练必须兼顾逻辑思维和形象思维两个方面，不可偏废。

4. 过程性

人们认识事物都需要一个由浅入深、循序渐进的过程。

对于需要投入大量人力、物力、财力，关系到国计民生的建筑工程设计更不可能是一时、一日之功就能够做到的，它需要一个相当的过程，需要在广泛论证的基础上优化选择方案，需要不断地推敲、修改、发展和完善，整个过程中的每一步都是互为因果、不可缺少的，只有如此，才能保证方案设计的科学性、合理性和可行性。

5. 社会性

无论是私人住宅还是公共建筑，从它破土动工之日起就已具有了广泛的社会性，它已成为城市空间环境的一部分，居民无论喜欢与否都必须与之共处，它对居民的影响是客观存在和不可回避的。

建筑的社会性要求建筑师的创作活动既不能像画家那样只满足于自我陶醉、随心所欲，也不能只追求收益。它必须综合平衡建筑的社会效益、经济效益与个性特色三者之间的关系，努力找到一个可行的结合点。只有这样，建筑师才能创作出尊重环境、关怀人性的优秀作品。

三、建筑运作的程序

一个建筑从开始策划到投入使用大致要经历“十个环节”，分成“五个阶段”。其中，第一环节即项目策划阶段，第二～第四环节即建筑设计阶段，第五～第六环节即设计交底和施工招标阶段，第七～第九环节即建筑施工阶段，第十环节即竣工验收阶段。它们又可被归纳为“两大过程”，即设计过程（第一～第五环节）和施工过程（第六～第十环节）。一般建筑项目运作程序见图1-4-1。

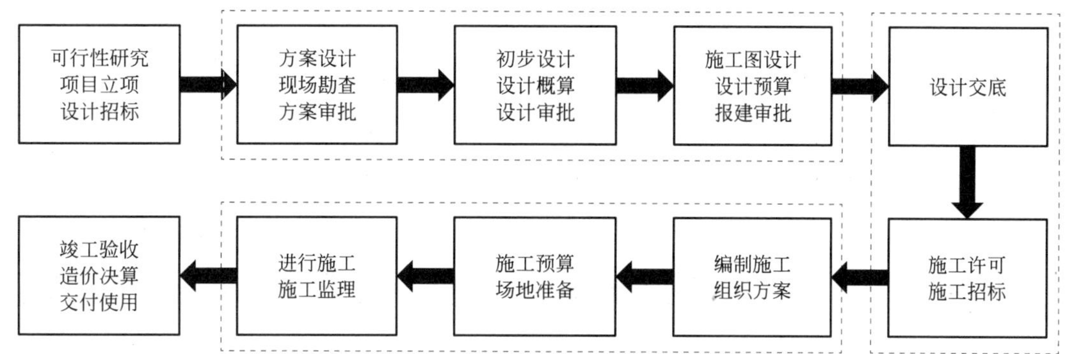

图1-4-1 一般建筑项目运作程序

整个运作程序的各个过程、阶段及其环节，皆有明确的工作重点，彼此间又有严谨的顺序关系，以保障建筑工程项目科学、合理、经济、可行、安全地实施。

广义的建筑设计是指设计一个建筑物或建筑群所需要的全部工作，一般包括建筑、结构、给水排水、暖通、强弱电、工艺、园林和概预算等专业设计内容。其中建筑师负责建筑专业方案的构思与设计，主要进行建筑总图设计和平面布局，解决建筑物与地段环境和各种外部条件的协调配合，满足建筑的功能使用，处理建筑空间和艺术造型，以及进行建筑细部的构造设计等，这就是通常所特指的建筑设计或称建筑专业设计。其他专业的工程师则分别负责结构、水、暖、电等工种的设计与布局，并将设计成果一一汇总，反映到建筑师的工作范畴中——即反映到建筑的平面、空间中。建筑设计专业分工见图1-4-2。

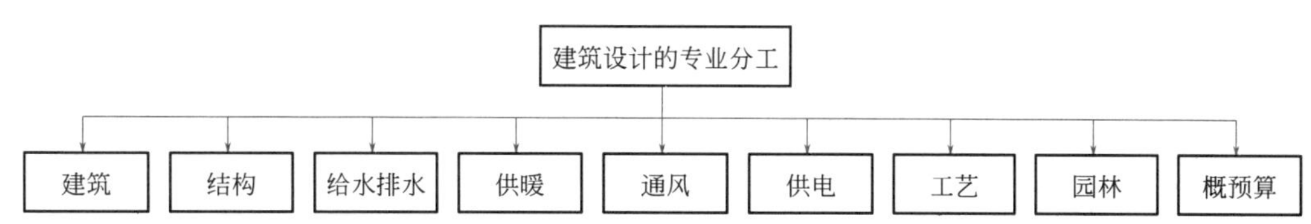

图1-4-2 建筑设计专业分工

每一个建设项目的设计按时间顺序又可以分为方案设计、初步设计和施工图设计三部分工作，它们在相互关联、制约的基础上有着明确的职责分工。其中，方案设计作为建筑设计的第一步，担负着确立设计理念、构思空间形象、适应环境条件、满足功能需求等职责。它对整个设计过程所起的作用是开创性的和指导性的。与方案设计相比较，初步设计和施工图设计则是将方案设计所确立的建筑形象从经济、技术、材料、设备以及构造做法等诸多方面逐一细化、落实的重要环节，并为建筑施工提供全面、系统而详尽的技术指导。

四、方案设计的基本步骤

完整的方案设计过程按先后顺序，包括调研分析、设计构思、方案优选、调整发展、深入细化和成果表达六个基本步骤。

无论按照什么样的具体步骤去实施设计，都会遵循“一个大循环”和“多个小循环”的基本规律。“一个大循环”是指从调研分析、设计构思、方案优选、调整发展、深入细化，直至最终表现，这是一个基本的设计过程。严格遵守这一过程进行操作，是方案设计科学、合理、可行的保证。过程中的每一步骤、阶段，都具有承上启下的内在逻辑关系，都有其明确的目的与处理重点，皆不可缺少。而“多个小循环”是指，从方案立意构思开始，每一步骤都要与前面已经完成的各个步骤、环节形成小的设计循环。也就是说，每当开始一个新的阶段、步骤，都有必要回过头来，站在一个新的高度，重新审视、梳理设计的思路，进一步研究功能、环境、空间、造型等主要因素，以求把握方案的特点，分析方案的问题症结所在并加以克服，从而不断将设计推向深入。

课后思考 ?

1. 建筑设计工作有哪些特点?
2. 方案设计需要经过的步骤有哪些?

项目任务书
建筑模型制作

一、任务要求

（1）通过感受经典作品，理解著名设计师的设计风格，以及其所处的时代背景、设计潮流，从而提高设计素养。

（2）通过对著名建筑大师作品的观察赏析和三维模型制作，初步建立并逐步提高学生的审美能力（包括对造型的感受能力和把握能力）、动手能力乃至创作能力。

（3）了解建筑空间、体量、光影的基本知识。

（4）通过学习和具体操作，了解并掌握建筑空间构成的基本原则与具体造型手法。

（5）学会进行建筑体量和空间关系的分析。

二、任务内容

1. 选题参考

结合建筑相关知识，可以选取瓦尔特·格罗皮乌斯、柯布西耶、赖特、密斯·凡·德·罗、阿尔瓦·阿尔托、路易斯·康、理查德·迈耶、贝聿铭、隈研吾、扎哈·哈迪德、崔恺、王澍等著名建筑师的中小型建筑作品。

2. 成果要求

（1）课程报告

收集相关背景资料及图片，进行归纳与分析，制作PPT并进行讲解。

（2）建筑模型

根据建筑图纸与图片，制作建筑三维模型。

（3）课程展板

将作品进行分析，建筑平、立、剖面图，透视图，分析图，模型图等，进行整理和设计，制作A1彩色展板1至2张，要求内容完整翔实，排版合理，清晰美观。

三、工作软件选择

合理选用CAD、Revit、SU、3Ds Max、PS等相关软件，可根据情况自由选择。

四、评分规则

根据设计调研、模型制作、工作报告和综合评价等方面进行评分。

（1）设计调研、工作报告

按名作解析、调研报告、分析报告的完整性、合理性及图纸完成质量评分。

（2）模型及展板制作

按模型及展板制作的完整性和精确度、建筑空间的合理性以及整体效果评分。

项目二

小型住宅建筑设计

小型住宅多为低层住宅，适应性强，既能适应面积较小、标准较低的住宅，也能适应面积较大、标准较高的住宅。因此一般可分为两种类型：一般低层住宅，指在城市和乡村范围内居住标准较低的低层住宅；别墅，居住标准较高的低层住宅。

小型住宅同其他类型住宅相比，有着显著的特点：在居住行为方面，住户较接近自然，在底层一般都附带室外院子，有些还可在顶部形成较大的生活性露台。这些空间作为室内空间向自然环境的有机延伸，为住户的日常生活提供了更加亲近自然的自由场所；在居住心理方面，住宅的小体量较易形成亲切的尺度，住户的生活活动空间接近自然环境，符合人类回归自然的心理需求；建筑造型较为灵活，在空间及建筑形象上较为接近大多数人心目中所期望的，有“前院后庭”的理想家园模式，使居民对住宅及居住环境有较强的认同感和归属感；因体量和尺度较小，使其与地形、地貌、绿化、水体等自然环境有较好的协调性，特别是在结合特殊地形方面有较大的灵活性；建筑物自重较轻，在一般情况下，地基处理的难度较低，结构、施工技术简单，土建造价相对较低。

本项目通过学习小型住宅建筑设计，提升大家的设计构思能力。

任务一 小型住宅空间组织

知识点

家庭人口构成　住宅空间与家庭生活行为模式的关系　居住环境与生理的关系　居住环境与心理的关系　住宅空间的功能分区　住宅朝向与采光、通风和保温隔热

任务目标

分析住宅的房间组成及在功能上的主次关系，将相关房间划分为建筑的不同功能分区。结合功能分区、房间组成及房间的主次关系，推敲建筑的布局形式。

住宅是供家庭日常居住使用的建筑物，是人们为满足家庭生活需要，利用所掌握的物质技术手段创造的家居生活空间。住宅建筑设计涉及建筑学和城市规划学，住宅社会学，历史、宗教、文化等方面的人文学科，以及人体工程学、环境心理学、环境生态学、社会经济学等。

在住宅设计中，户型是指根据住户家庭人口构成（如人口规模、代际数和家庭结构）的不同而划分的住户类型。而套型指为满足不同户型住户的生活居住需要而设计的不同类型的成套居住空间，套型分类见表2-1-1。

住宅空间的组合，就是将户内的功能空间通过一定方式有机组合在一起，形成一套完整的居住空间，以满足不同住户的使用要求，并留有发展余地。一套住宅是供一个家庭使用的，套内功能空间的数量、种类、组合方式与家庭的人口构成、生活习惯、经济条件及地域、气候条件等因素密切相关，家庭生活活动分析见表2-1-2。在进行设计时，一定要综合考虑各方面因素，仔细推敲、周密分析，以便通过多种多样的空间组合方式设计出满足不同生活要求的住宅，为使用者创造出多彩多姿的优良生活环境，如图2-1-1、图2-1-2。在进行设计的同时，还应遵循设计规范的各项规定和经济适用、安全环保的原则，满足结构要求，这样才能设计出令人满意的作品。

表 2-1-1　套型分类

套型	居住空间数量/个	基本空间						辅助空间		
		起居室	卧室	厨房	卫生间	储藏室	阳台	餐厅	工作室	儿童室
一类	2～3	●	●○	●	●	●	●			
二类	3	●	●●	●	●	●	●			
三类	3～4	●	●●○	●	●○	●	●○	●	○	○
四类	4～5	●	●●●○	●	●●	●	●○	●	○	○

注：●必须设立，表示一个完整的使用空间；
○选择设立，工作室、儿童室可以计入居住空间；
双阳台系指南面生活阳台和北面服务阳台。

表 2-1-2　家庭生活活动分析

家庭生活		活动特征						适宜活动空间	
分类	项目	集中	分散	活跃	安静	隐蔽	开放	普通标准住宅	较高标准住宅
休息	睡眠		○		○	○		居室	卧室
	小憩		○		○	○		居室	卧室
	养病		○		○	○		居室	卧室
	更衣		○		○	○		居室	起居室
起居	团聚	○		○			○	大居室、过厅	起居室
	会客	○		○			○	大居室、过厅	起居室
	音像	○		○			○	大居室、过厅	起居室、庭院
	娱乐	○		○			○	居室、过厅、阳台	起居室、庭院
	运动		○	○				居室、过厅、阳台	书房
学习	阅读		○		○	○		居室	书房
	工作		○		○	○		居室	餐厅、起居室
饮食	进餐	○		○			○	大居室、过厅	餐厅、起居室
	宴请	○		○			○	大居室、过厅	起居室、儿童室
家务	育儿		○	○				大居室、过厅	起居室
	缝纫		○	○				大居室、过厅	起居室、杂物室
	炊事		○	○				厨房	厨房
	洗晒		○	○				厨房、卫生间、阳台	厨房、卫生间、阳台
	修理		○	○				厨房、过厅	杂物室
	贮藏		○	○				储藏室	储藏室
卫生	洗浴		○	○		○		卫生间	卫生间
	便溺		○	○		○		卫生间	卫生间
交通	通行		○	○			○	过厅、过道	过厅、过道
	出入		○	○			○	过厅、过道	过厅、过道

注：○表示选择此项。

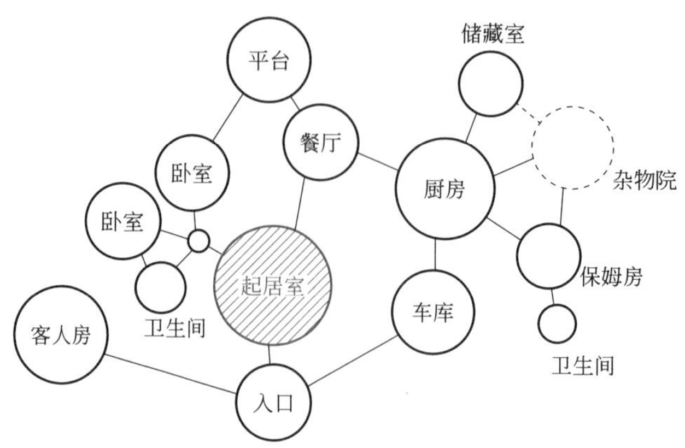

图2-1-1　住宅空间功能关系

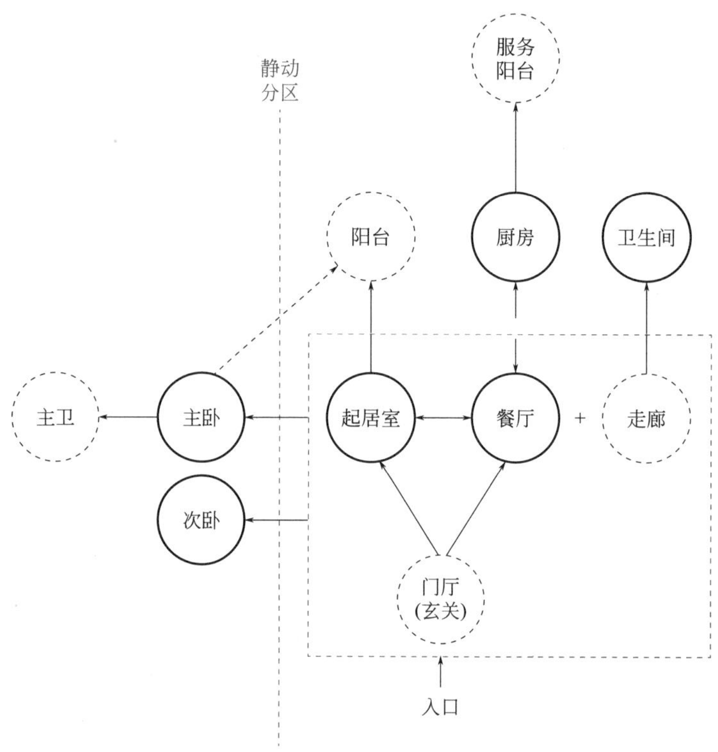

图2-1-2　住宅空间组合关系

一、家庭人口构成

不同的家庭人口构成形成不同的住户户型，而不同的住户户型则需要不同的住宅套型设计。因此，在进行套型设计时，首先必须了解住户的家庭人口构成状况。住户家庭人口构成通常可按以下三种方法进行归纳分类。

1. 住户人口规模

住户人口规模指住户家庭人口的数量。如一人户、二人户乃至八人以上户。人口普查资料可以反映特定时间、特定城市各种住户人口规模所占总住户百分比。住户人口数量的不同对住宅套型的建筑面积指标和床位数布置需求不同。并且，在某一预定使用时间段内，某一地区的不同户人口规模在总户数中所占百分比将影响不同住宅套型的修建比例。

从世界各国情况看，家庭人口减少的小型化趋势是现代社会发展的必然。如我国1985年全国人口普查城镇户均人口3.78人，2000年降低到户均人口3.21人。

2. 户代际数

户代际数指住户家庭常住人口的代际数。如一代户、二代户乃至三代及以上户。

人们由于年龄、生活经历、所受的教育程度等的不同对生活居住空间的需求迥异。既有私密性的要求又有代际之间互相关照的需要。在住宅套型设计中，既要使各自的空间相对独立，又要使其相互联系、互相关照。应该看到，随着社会的发展，多代户家庭趋于分解态势，越来越多的住户家庭由多代户分解为一代户或二代户。

3. 家庭人口结构

家庭人口结构指住户家庭成员之间的关系网络。由于性别、辈分、姻亲关系等的不同，可分为单身户、夫妻户、核心户（一对夫妻和未婚子女所组成的家庭）、主干户（一对夫妻和已婚子女所组成的家庭）、联合户及其他户。从发展趋势看，核心户比例逐步增大，主干户保持一定比例，联合户减少。

家庭人口结构影响套型户平面与空间的组合形式。在套型设计中，既要考虑使用功能分区的要求，又要顾及户内家庭人口结构状况，从而进行适当的平面空间组合。

二、住宅空间与家庭生活行为模式的关系

住户的家庭生活行为模式是影响住宅套型平面空间组合设计的主要因素。而家庭生活行为模式则由家庭主要成员的生活方式所决定。家庭主要成员的生活方式除了社会文化模式所赋予的共性外，还具有明显的个性特征。它涉及家庭主要成员的职业经历、受教育程度、文化修养、社会交往范围、收入水平以及年龄、性格、生活习惯、兴趣爱好等诸多方面因素，形成多元的千差万别的家庭生活行为模式。按其主要特征可以归纳分类为若干群体类型。

1. 家务型

以家务为家庭生活行为的主要特征。如炊事、洗衣、育儿、手工编织等。在套型设计中，需考虑有方便的家务活动空间，如厨房宜大些，并设服务阳台等。

2. 休养型

中国人口的老龄化问题已提上议程。退休人员的增加、人均寿命的延长、子女成人后的分家等，使孤老户日益增多。这类家庭成员居家时间长，既需要良好的日照、通风和安静的休养环境，又需要联系方便的交往环境。老年人身体机能衰退，生活节奏缓慢，自理能力差，易患疾病。在套型设计中，需要居室与卫生间联系方便，厨房通风良好且与居室隔离，并应设置方便的室内外交往空间。

3. 交际型

文艺工作者、企业家、干部、个体户等家庭主要成员，由于职业的需要，社交活动多，其居家生活行为特征有待客交友、品茶闲聊、打牌弈棋、家庭舞会等需求。对套型的要求是需要较大的起居活动空间，并需考虑客人使用卫生间问题。起居厅宜接近入口，并避免与其他家庭成员交通流线的交叉干扰。

4. 家庭职业型

随着社会的发展变化，一部分家庭主要成员可以在家中从事工作，进行某些适宜的成品或半成品加工，在套型设计中需设专门的工作空间。

5. 文化型

从事科技、文教、卫生等职业的人员，在家中伏案工作时间多，特别是随着网络技术的发展，出现了在家中网上办公。弹性工作制的出现特别是现代信息技术的发展，使得这部分家庭主要成员在家工作、学习与进修的时间越来越多，在套型设计中需要考虑设置专用的工作学习室。

家庭生活行为模式是以社会文化模式所赋予的共性和家庭生活方式的个性所决定的。随着社会的发展，这些共性和个性都在发展变化之中，如何在相对固定的套型空间中增加灵活可变性和适应性，是套型设计中值得探索的问题。

三、居住环境与生理的关系

住宅套型作为一户居民家庭的居住空间环境，首先其空间形态必须满足人的生理活动需求。其次，空间的环境质量也必须符合人体生理上的需要。

1. 按照人的生理需要划分空间

首先，套型内空间的划分应符合人的生活规律，即按睡眠、起居、工作、学习、炊事、进餐、便溺、洗浴等行为，将空间予以划分。各空间的尺度、形状要符合人体工程学的要求，其次，对这些空间要按照人的活动的需要予以隔离和联系，如卧室，要保证安静和私密，不受家庭内其他成员活动的影响。作为家庭公共活动空间的起居室，则应宽大开敞，采光通风良好，并有良好的视野，便于家庭团聚及会客等活动，而且与各卧室及餐厅、厨房等联系方便。套型应公私分区明确，动静有别。

2. 良好的套型空间环境质量

居住者对住宅套型空间环境质量的生理要求，最基本的是能够避风雨、御暑寒、保安全；进一步则是必要的空间环境质量，以及热、光、声环境等要求。

从空间环境质量来看，首先要保证空气的洁净度，也就是要尽可能减少空气中的有害气体，如二氧化碳等的含量。这就要求有足够的空间容量和一定的换气量。根据中国医学科学院环境卫生监测所的调查和综合考虑经济、社会与环境效益，一般认为每人平均居住容积至少为25m^3。同时，室内应有良好的自然通风，以保证必需的换气量。除此之外，空气中的相对湿度与温度等因素也会影响人的舒适度。

从室内热环境方面看，人体以对流、辐射、呼吸、蒸发和排汗等方式与周围环境进行热交换达到热平衡。这种热交换过大或过小都会影响人的生理舒适度。保持室内环境温度与人体温度的良好关系，除了利用人工方式（如采暖、空调等）调节室内环境温度外，在建筑设计中处理好空间外界面，采取保温隔热措施，调适室内外热交换，节约采暖和空调能耗，也十分重要。在相同的空间容积情况下，空间外界面表面积越小，空间内外热交换越少。因此，减少外墙表面面积是提高建筑热环境质量的重要途径。另一方面，外界面材料本身的保温隔热性能、节点构造方式、开窗方位大小、缝隙密闭性等，也是改善空间内部热环境质量的重要条件。在炎热地区，尤其需注意房间的自然通风组织。

从室内光环境方面看，人类生活的大部分信息来自视觉，良好的光环境有利于人体活动，提高劳作效率，保护视力。同时，天然光对于保持人体卫生具有不可替代的作用。创造良好的光环境，除了用电气设备在夜间进行人工照明外，白昼日照和天然采光则需依靠建筑设计解决。住宅日照条件取决于建筑朝向、地理纬度、建筑间距等诸多因素。一般说来，每户至少应有一个居室在大寒日保证一小时以上日照（以外墙窗台中心点计算）。房间直接天然采光标准通常以侧窗洞口面积与该房间地面面积之比（窗地比）进行控制。中国《住宅设计规范》（GB 50096—2011）中的住宅室内采光标准规定了各直接采光房间的采光系数最低值和窗地面积比。

从室内声环境方面看，住宅内外各种噪声源对居住者生理和心理产生干扰，影响人们的工作、休息和睡眠，损害人的身体健康。应合理地设计选用套型空间外界面材料和构造做法（包括外墙、外门窗、分户墙和楼板等）。对于住宅内部的噪声源，应尽可能远离主要房间。如电梯井等不应与卧室、起居室紧邻布置，否则必须采取隔声减振措施。

另外，在选择住宅室内装修材料时，应了解材料特性，避免或尽可能减少装修材料中有害物质对人体的危害，创造良好的室内居住空间环境。

四、居住环境与心理的关系

作为居住空间环境的住宅套型对居住者的心理存在着刺激和影响。同时，居住者的心理需求对居住空间环境提出了要求。如何根据居住者的心理需求，改善和提高居住空间环境质量，是套型设计中应予以重视的问题。

1. 人与居住环境

健康的人体，随时都会通过视觉、嗅觉和触觉等生理感觉器官获得对所处环境的各种感觉。感觉是人们直接了解、认识周围环境的出发点。在此基础上，产生知觉与记忆、思维与想象、注意与情感等心理活动。人对于环境产生的情感评价是对客观事物的一种好恶倾向。由于人们的民族、职业、年龄、性别、文化素养、习惯等不同，对客观事物的态度也不同，产生的内心变化和外部表情也不一样。一般而言，能够满足或符合人们需要的事物，会引起人们的积极反应，产生肯定的情感，如愉快、满意、舒畅、喜爱等。反之，则引起人们的消极态度，产生否定的情感，如不悦、嫌恶、愤怒、憎恨等。建筑师的责任就是要很好地为住户提供能够产生肯定情感的良好居住空间环境。当然，这需要住户的参与配合才能较好地实现。

2. 居住环境心理需求

人们对居住环境的需求，首先是从使用功能上考虑的，即要满足人们生活行为操作的物质和生理要求。但是随着社会发展进步，人们在选择和评价套型居住环境时，逐渐将心理需求作为重要的考虑因素。当然，人的心理需求不是孤立的，而是建立在物质功能和生理需求之上的。人们对于居住空间环境的共同心理需求可以归纳为以下几方面。

（1）安全感与心理健康　人类生存的第一需要就是安全。现代意义上的安全感应是包括生理和心理在内的安全感觉，应使居住者在居住环境中时时处处感到安全可靠、舒坦自由。当人们在生活中遇到与行为经验（安全可靠性）相悖或反常的状况时，会出现心理压力过大、注意力分散、工作效率降低，疲劳感和危险感增加等现象。居住环境对于居住者的心理健康影响极大，消极的环境要素使人产生消沉、颓废的不良心理。而积极的环境要素则可使人产生鼓舞、向上的健康心理。这对于少年儿童的成长尤为重要。

（2）私密性与开放性　家是人类社会的基本细胞。它本身就具有不可侵犯的私密性特征。而卧室、卫生间、浴室更是居住者个人的私密空间。开放性和私密性是矛盾的，人对居住空间环境既有私密性要求，又有开放性要求。家作为社会基本细胞存在于社会大环境中，需要与外界联系、邻里沟通、社会交往。传统的院落空间为若干人家共同使用时，邻里交往方便，而住户的私密性较差。现在的单元式住宅其住户的私密性较好，但缺少一定的开放性，邻里交往较差。

（3）自主性与灵活性　住宅作为人的生活必需品，居住者具有使用权或所有权，理所当然对其具有支配权和自主权。住户对于自家居住空间环境的自主性心理取向十分强烈。希望按照自己的意愿进行室内设计、装修和家具陈设。这就要求建筑师提供的住宅套型内部具有较大的灵活可变性，以满足住户的自主性心理。同时，还需考虑随着住户的心理需求变化进行空间环境变化的可能性。

（4）意境与趣味　人们的生活情趣多种多样，具有按各自兴趣爱好美化家庭环境的心理愿望。居住空间环境的意境和趣味是人的生活内容中不可或缺的因素。随着社会物质文明和精神文明的发展进步，人们文化素质也相应提高，对居住空间环境的意境和趣味性的追求越来越强烈。建筑师应为住户的创造留有较多的余地。

（5）自然回归性　现代工业文明和城市的快速发展，使人与自然的关系逐渐疏远。满目的钢筋混凝土森林、繁杂的交通秩序、污浊的空气等对人的生理和心理健康构成极大的威胁，也唤起了人们向大自然回归的愿望。一个屋顶花园、一点阳台绿化以及一盆盆栽，都可以或多或少满足人们这种回归自然的心理，起到调适人与自然关系的作用。

五、住宅空间的功能分区

根据各功能空间的使用对象、性质及使用时间等进行合理组织，使用性质和使用要求相近的空间组合在一起，避免性质和使用要求不同的空间互相干扰。但由于住宅平面组合中有面积大小、形体构成、交通组织、管道布置、节约用地等诸多因素的影响，功能分区也可能是相对的，设计时可能因照顾某些因素而使功能分区不明显，应容许处理中必要的灵活性。

1. 动静分离

动静分离，是指进行安静行为（如就寝、学习等）的空间，与比较吵闹的行为（如娱乐、休闲等）的空间分离。一般来说，会客室、起居室、餐室和厨房是住宅中的动区，使用时间主要在白昼和部分的晚上，卧室是静区，主要在夜晚使用。工作和学习空间也应是在静区。从时间上讲，动静分区也可以说是昼夜分区。动静分离主要是满足住宅的休息功能和学习功能。此外，父母和孩子的活动分区，从某种意义上来讲，也可算作动静分区。动静分区见图2-1-3。

2. 洁污分离

洁污分离指厨房、卫生间应与其他功能空间分离。洁污分区主要体现为有烟气、污水及垃圾污染的区域和清洁卫生区域的分区，也可以概略地认为是干湿分区，即用水与非用水活动空间的分区。由于厨房、卫生间要用水，有污染气体散发和有垃圾产生，相对来说比较脏，而且管网较多，集中处理较为经济合理，因此，可以将厨房、卫生间集中布置，与其他空间适当分开；或者采用前室的设置，使其与室内洁净区分离。但由于它们功能上的差异，有时布置在不同的功能分区内。当集中布置时，厨房、卫生间之间还应做洁污分隔。洁污分区见图2-1-4。

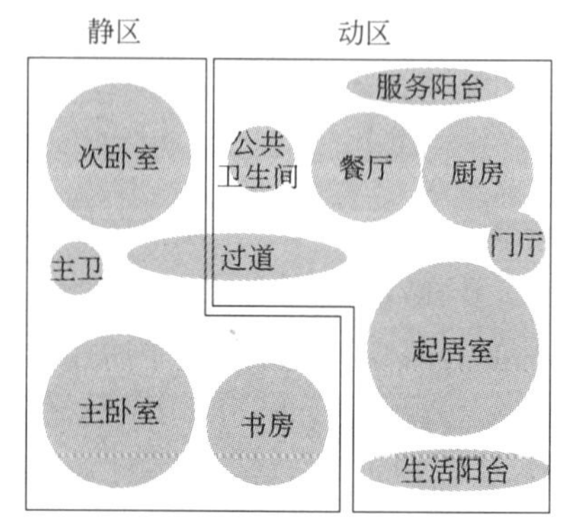

图2-1-3　动静分区

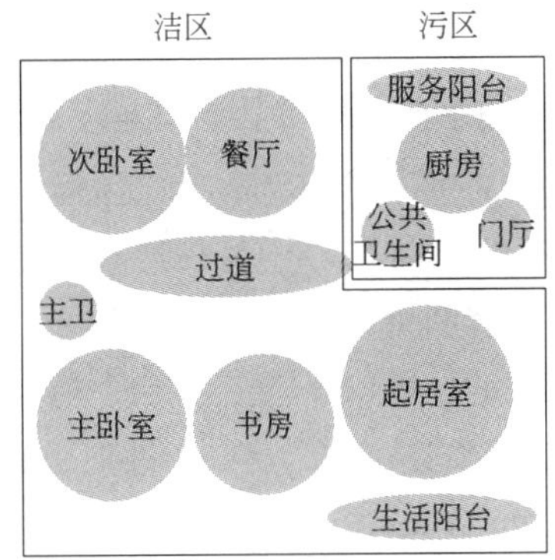

图2-1-4 洁污分区

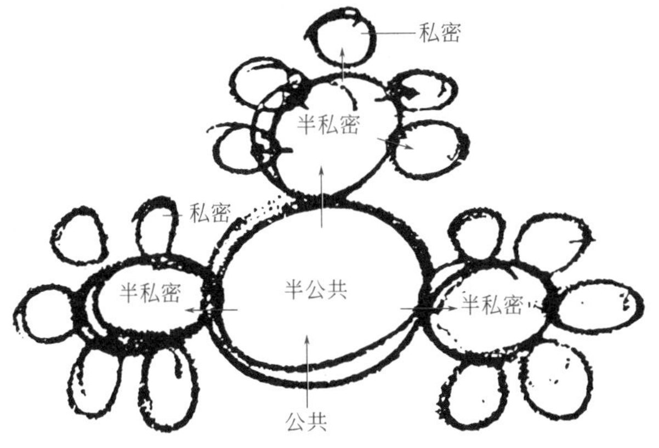

图2-1-5 公私分区

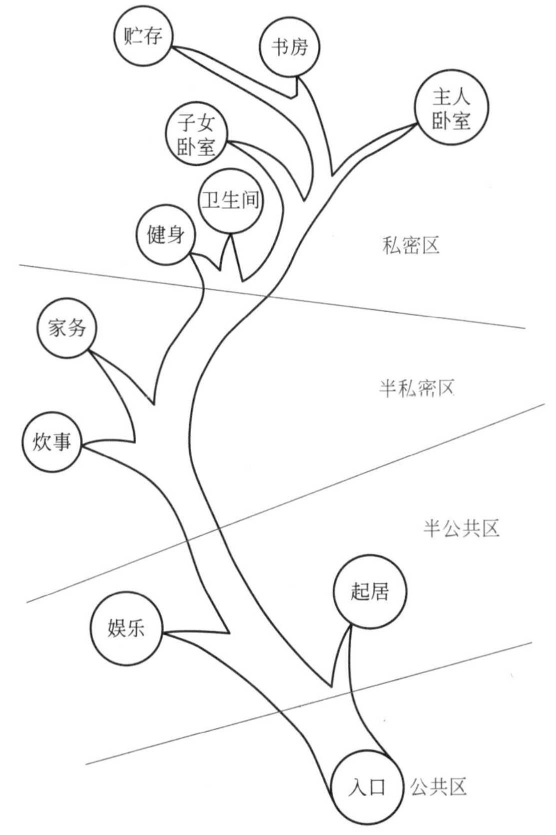

图2-1-6 住宅空间私密性序列

3. 公私分离

公用功能空间与私用功能空间分离，即家庭公共活动，或可能有来客使用到的空间（如起居室、餐厅、公用卫生间）和家庭成员私有的空间（如卧室、私人卫生间）之间的分离。应按照这个空间序列，根据中国家庭的生活习惯，对私密性要求的不同来考虑住宅设计。住宅内外分区主要是按照空间使用功能的私密性强度的程度来区分的。住宅内部的私密性强度一般随着活动范围的扩大和成员的增加而减弱，将按照个人、夫妻、家庭、亲戚朋友、同事的顺序不断减弱，相对应的其对外的公开性则逐步增强。住宅中的私密性不仅要求在视线、声音等方面有所分隔，同时在住宅内部的组织上也希望能够满足人们的心理要求。从这个要求出发，住宅内部空间布置一般是把最私密的空间安排在最里面，一般外人就不容易接触到最私密的部分，见图2-1-5。

私密性分四个层次，如图2-1-6所示，由强到弱，依次为：

① 卧室、书房、卫生间等为私密区，它们不仅对外有私密性的要求，本身各个部分之间也需要适当的私密性。

② 半私密区是指家庭中的各种家务活动、儿童教育和家庭娱乐等区域，对家庭成员之间一般没有什么私密性的要求，但是对外人或许还有些私密性的要求，这是第二个层次。

③ 半公共区是由会客、宴请、与客人共同娱乐及客用卫生间等空间组成。这是家庭成员与客人在家里交往的场所，公共性较强，但对外人仍带有私密性。

④ 入户门是住户与外界之间的一道关口，门外一般为公用走廊或公用楼梯平台。这里是开放的外部共用空间，为公共区。

六、朝向与采光、通风、保温隔热

住宅建筑的朝向对其内部房间的采光、通风、室温有很大的影响。因此，在住宅建筑的规划设计当中，应尽可能争取让主要房间（如起居室、主卧室、老人卧室等）具有较好的朝向。通常情况下，我国大部分地区住宅建筑的最佳布置方向多是南北向或接近南北向；少数用地位于太阳高度角较高地区，或受到地形、气候等因素制约，或用地周边有较好的景观资源，或考虑集约用地的需求时，住宅建筑的朝向可根据需要综合考虑，灵活应对。

① 对于住宅建筑而言，充足的日照有助于提高室内环境的舒适度，也有益于人的身心健康。我国各地对住宅建筑的日照标准有较为严格的规定，建筑师在规划设计时，应努力为房间争取良好的日照条件。套型中的主要房间，如起居室、主卧室、老人卧室等，应优先考虑布置在日照充足的位置，并应结合日照情况的地域性特点和季节性变化考虑房间的进深尺寸。对于我国西北高寒地区的住宅，日照还可作为房间蓄热取暖的手段之一。

② 在我国住宅当中，自然通风一直是人们最喜爱的通风方式。住宅的平面空间组织、剖面设计、门窗位置、方向和开启方式，应有利于组织室内自然通风。我国不同地区的气候条件差异较大，居民对住宅通风的需求也有所不同。南方空气较为潮湿，夏季气温较高，可考虑适当减小房间进深，扩大开窗面积，加强自然通风，卫生间也力求直接对外开窗；而北方住宅为维持室温，其外窗在冬季往往处于长期关闭的状态，因此，北方住宅的自然通风量略低于南方。对于卫生间，宜设置排风扇，以确保冬季关窗时卫生间可以换气。通风情况见图2-1-7～图2-1-11。

③ 为了保证室内的热环境质量，住宅建筑应采取冬季保温和夏季隔热的措施，其外围护结构应设置保温隔热层，以节约空调和采暖设备的能耗。位于严寒和寒冷地区的住宅，整体上需要严格控制建筑的体形系数，当外墙和屋顶有出挑构件、附墙部件和凸出物时，应采取隔断热桥和保温措施。而在夏热冬冷、夏热冬暖和温和地区，对屋顶和外墙采取隔热措施更为重要，且均应注意对住宅建筑的东西向外窗采取遮阳措施。

住宅的朝向包括以下几种可能。

（1）每套只有一个单一的朝向。在住宅设计中，应尽可能地避免单一朝向，不可避免时，则应避免最不利的朝向，如北方寒冷地区应避开北向，南方炎热地区要避开西向。单一朝向时通风难以组织，若不能设计内天井，通风则更无法组织，所以，单一朝向是设计中的一忌。在设计规范中，禁止设计只有朝北的单一朝

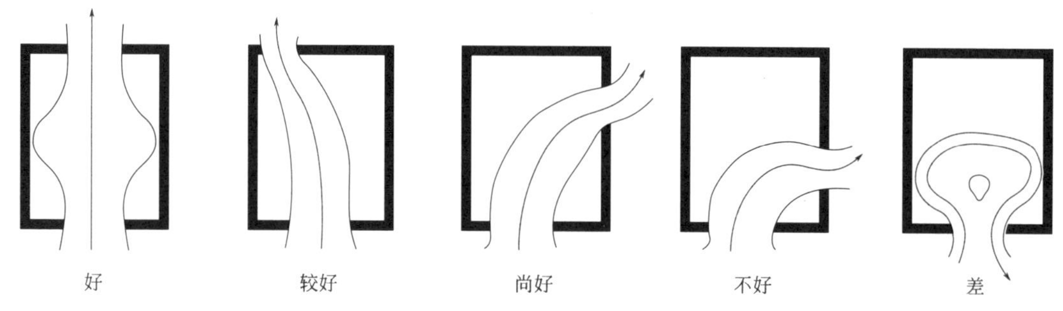

图2-1-7　通风在空间内的平面路线

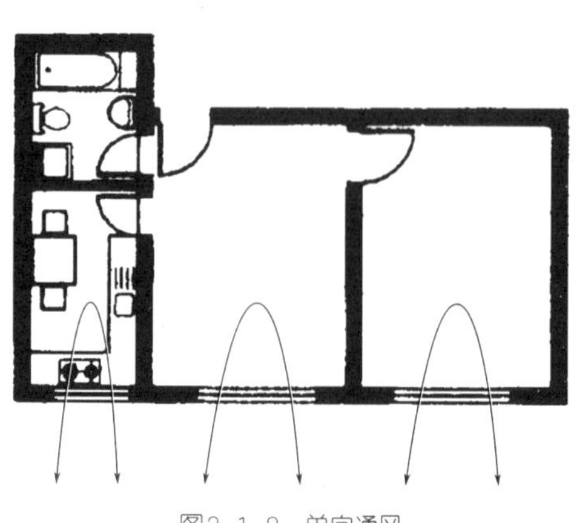

图2-1-8　单向通风

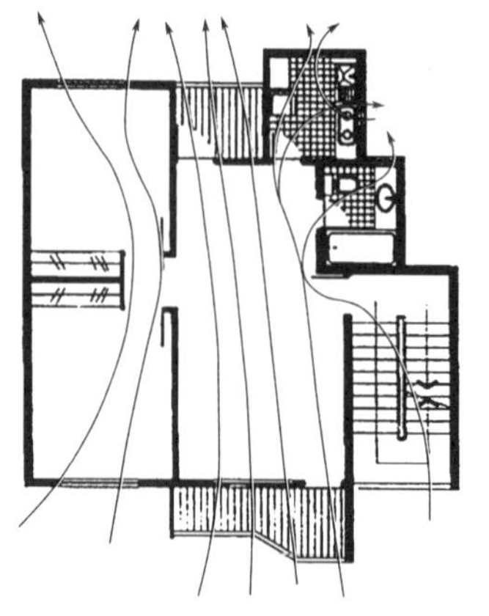

图2-1-9　贯通通风

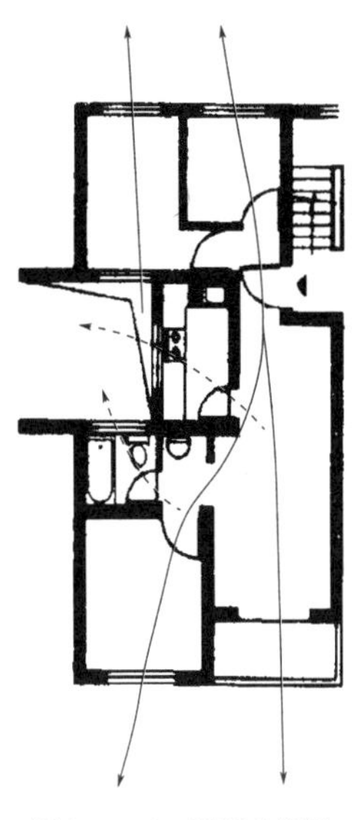

图2-1-10 用天井通风

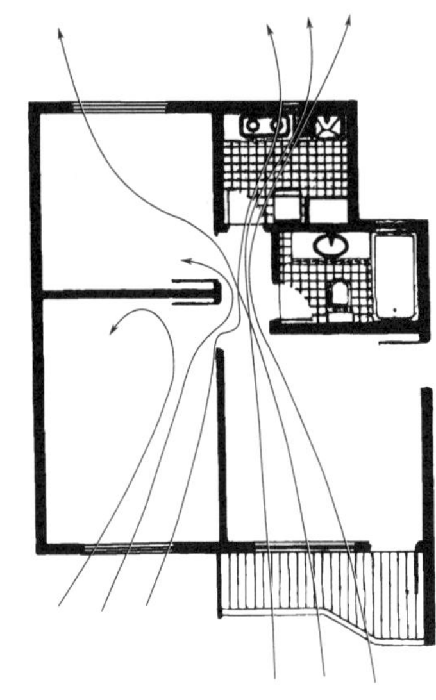
图2-1-11 通风“缩颈”现象

向的套型，因为其不但基本没有直接采光，而且无法组织自然通风。

（2）每套有相对或相邻两个朝向。大多住宅设计套型都是这种情况，尤其是相对的朝向。这样便于采光，能使套内空气对流，产生穿堂风。最有利的朝向是偏南向，在设计时应尽量争取，将主要房间放置在最好的朝向，如主卧、客厅等，厨房、卫生间则放置在差的朝向，通风组织随套内分隔和门窗的开设位置不同有所差异，可以通过调整房间布局方式的办法来实现室内空气的流通。

（3）每套有三个或四个朝向。三个朝向的套型一般在每栋房子的尽端，但必须在规划部门允许的山墙面可以开窗的情况下，才可能达到。四个朝向的套型则必须是一套独立的房型，四面都是开阔的空旷的地带，而且是低层住宅或城市中的独院住宅，由于多个朝向都能灵活开门开窗，采光和通风组织十分方便，不受限制，是比较理想的住宅环境，但占地面积较大，受规划和土地的条件限制，所占比重较小。

（4）利用平面的凹凸及内设天井组织朝向及通风。通常住宅的设计应力求节省用地，为了达成在有限的面宽内排布较多居室的目的，常采用这种方法。利用平面的凹凸，可以争取一部分房间获得较好的采光和利于组织套型内的对角通风。

住宅的朝向选择对住宅的使用影响非常大，是评价套内空间组合的一个重要标准，直接影响住户的生活质量，这一点在设计中至关重要，也是设计成功的基本要求。当今社会竞争激烈，如果设计方案在招标时被淘汰，就根本谈不上方案的实施。因此，在设计初期就要仔细推敲，对每个细节认真研究，并做出最优选择。

综上所述，在住宅设计中，需要在考虑户内整体空间形式及总面积大小的前提下，对各个功能空间尺度、面积以及设计形式进行相互协调，综合设计，以期达到在满足各功能空间的要求的同时，提升居室的整体居住品质。

课后思考 ?

1. 观察、分析并记录家庭生活活动。
2. 常见的家庭生活行为模式有哪些？
3. 人们对于居住空间环境的心理需求有哪些？
4. 住宅空间的功能分区方式有哪些？
5. 影响室内自然通风的因素有哪些？

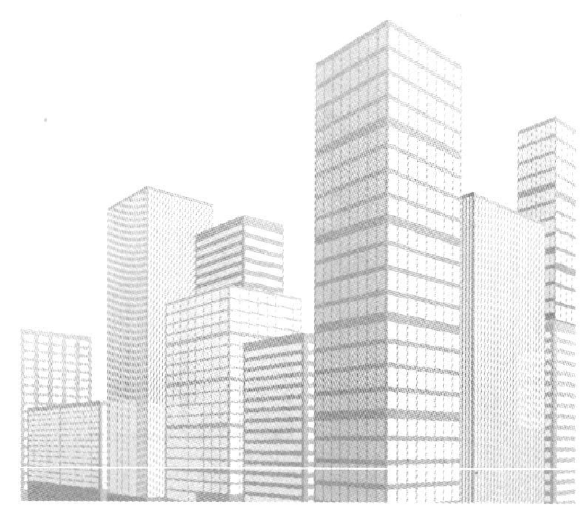

任务二 小型住宅套型设计

知识点

起居室设计的要点　卧室设计的要点　书房设计的要点　厨房设计的要点　餐厅设计的要点　卫生间设计的要点　辅助空间设计的要点　庭院设计的要点

任务目标

了解家庭生活、人体活动尺度的要求，合理组织室内空间并布置家具，营造亲切而舒适的生活氛围。

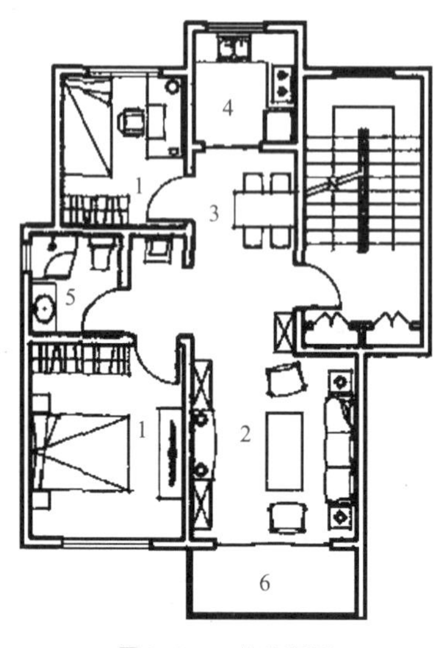

图2-2-1　住宅套型

1—卧室；2—起居室；3—餐厅；4—厨房；5—卫生间；6—阳台

一套住宅需要提供不同的功能空间，满足住户的各种使用要求。它应包括睡眠、起居、工作、学习、进餐、炊事、便溺、洗浴、储藏及户外活动等功能空间，而且必须是独门独户使用的成套住宅。所谓成套，就是指各功能空间必须组成齐全。这些功能空间可以归纳划分为居住、厨卫、辅助及其他几大部分，见图2-2-1、图2-2-2。空间使用面积和面宽的适宜范围见表2-2-1。

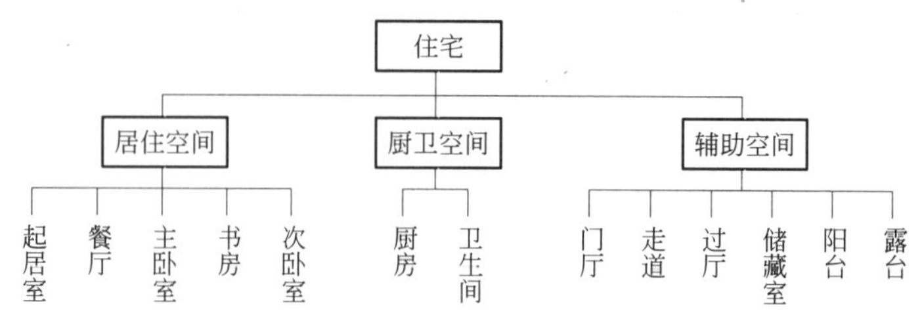

图2-2-2　空间分类

表2-2-1　空间使用面积和面宽的适宜范围

基本功能空间	基本功能空间使用面积/m²		基本功能空间面宽/m	基本功能空间进深/m
	套内使用面积 40～90	套内使用面积 90～150		
起居室	16.0～24.0	20.0～35.0	3.6～4.8	3.5～6.2
餐厅	6.0～9.0	9.0～15.0	2.6～3.6	2.6～4.2
主卧室	12.0～16.0	15.0～25.0	3.3～4.5	3.8～5.2
次卧室	8.5～11.0	10.0～13.0	2.8～3.6	3.4～4.0
书房	8.5～11.0	10.0～13.0	2.8～3.6	—
门厅	0.0～2.0	2.0～4.0	1.2～2.4	—
厨房	4.5～8.0	6.0～9.0	1.8～3.0	—
卫生间	2.0～2.5	4.0～7.0	1.8～2.4	—
主卫生间	3.5～5.5	5.0～8.0	1.8～2.4	—
储藏间	0.0～2.0	2.0～4.0	1.5～3.0	—
阳台	4.5～6.5	5.0～8.0	—	1.2～1.8
生活阳台	2.0～3.5	3.0～5.0	—	0.9～1.5

一、居住空间

居住空间是一套住宅的主体空间，它包括睡眠、起居、工作、学习、进餐等功能空间，根据住宅套型面积标准的不同包含不同的内容。在套型设计中，需要按不同的户型使用功能要求划分不同的居住空间，确定空间的大小和形状，并考虑家具的布置，合理组织交通，安排门窗位置，同时还需考虑房间朝向、通风、采光及其他空间环境出现问题。

套型设计要点如下。

① 以当地的城市规划和建设条件、居住对象及家庭结构情况作为设计依据，并要符合有关套型、套型比、建筑面积标准的要求和设计规范。

② 住宅各房间的平面组合关系要合理舒适，主要居室应满足居住者所需的日照、天然采光、自然通风和隔声的要求，避免居室的穿套和视线干扰。

③ 住宅套型设计需考虑公私分区、动静分区、洁污分区、干湿分区。房间设计应考虑家具尺寸，符合人体工程学要求，合理预留电源插座、开关及上下水接口等。

④ 住宅设计需考虑细部构造处理，如出入口安防、电表、空调室外机位置、阳台晒衣等。

⑤ 住宅结构选型要遵循安全、适用和耐久的原则。

⑥ 住宅设计要考虑标准化、模数化、集成化及多样化等原则，积极采用新技术、新材料、新产品，以利于不断提高建筑工业化和施工机械化的水平。

⑦ 住宅设计宜考虑大空间的灵活设计方法，为今后的空间更新、设备改造、家庭人口结构变化留有余地，为住宅使用的多样性和适用性提供可能。

⑧ 住宅节能设计需结合当地条件综合利用能源，并注重开发利用新能源和可再生能源。按照不同地区的

建筑气候区划，依据现行国家及地方能耗基准水平进行设计。

⑨ 住宅设计所选用的建筑材料和配套设备设施宜为绿色环保、低污染、低能耗、高性能、高耐久性的产品。这些产品需符合国家和行业的产品质量标准，以及设计、施工的相应标准。

⑩ 住宅设计应符合现行国家、地方及行业相关规范及标准。

居住空间的功能划分，既要考虑家庭成员集中活动的需要，又要满足家庭成员分散活动的需要。根据不同的套型标准和居住对象，可以划分为起居室、卧室、书房、餐厅等。

（一）起居室

起居室，英文是“living room”，是住宅中的核心空间，见图2-2-3。从字面来看，“起居室”承载了家庭多数公共活动；“客厅”则似乎是对外接待客人的，其实这两个空间极其相近，一般情况下可以统一。其主要功能是满足家庭公共活动的需求，如家人、亲友团聚和会客，看电视，听音乐，娱乐消遣等，有时甚至兼有就餐功能，见表2-2-2。对于家庭来说，起居室是一个开放的公共活动场合，既是家庭内部活动的地方，又是与外界交往的场所，它兼顾内外两方面的职能。考虑中国人的生活习惯，一般靠近大门入口处布置，有时通过门廊或玄关的过渡，与外界形成方便的联系与沟通。

图2-2-3　起居室

在住宅套型设计中，均应单独设置一较大的起居空间，这对于提高家庭生活环境质量至关重要，同时对促进家庭成员之间的交流活动有着重要的意义。

表2-2-2　起居室活动需求

家庭活动	休闲健身	家务劳动	家居美化	社交会客
家庭聊天、观看电视、欣赏音乐、打牌下棋、演奏钢琴、接打电话、网上漫游等	使用健身器、跳健身操、打太极拳、做瑜伽等	熨烫、折叠衣服等	摆放花草、设置鱼缸、侍弄植物、欣赏艺术品等	招待亲朋、品茗、促膝而谈等

起居室中最基本的家具包括沙发、茶几、电视柜、音响柜、储物柜、空调柜机、装饰盆花等，见图2-2-4。较大的起居室有时还需腾出一角布置钢琴，同时要有足够的空间供人活动、往来行走。

图2-2-4　起居室基本家具

起居室的平面形状往往影响其使用的方便程度，通常矩形是最容易布置家具的平面形式，适当面积和比例的空间能提供多样的布局可能性。起居室内最好形成袋状空间，沙发、电视、家具一般沿墙布置，有直线式布置和转角式布置两种，一般根据起居室的形状确定。布置家具的墙面直线长度应大于3m。起居室内的门洞布置应综合考虑使用功能要求，减少直接开向起居室的门的数量。

沙发的区域一般布置沙发、茶几、花架等，人们可以围坐，进行聊天、看电视等活动。电视的区域一般布置电视柜、家用电器等。人们收看电视时一般要求要有良好的视距，距离为电视屏幕对角线长度的5倍，这就要求电视柜要合理布置，也要求起居室空间要有合理的宽度。家具尺寸见图2-2-5。

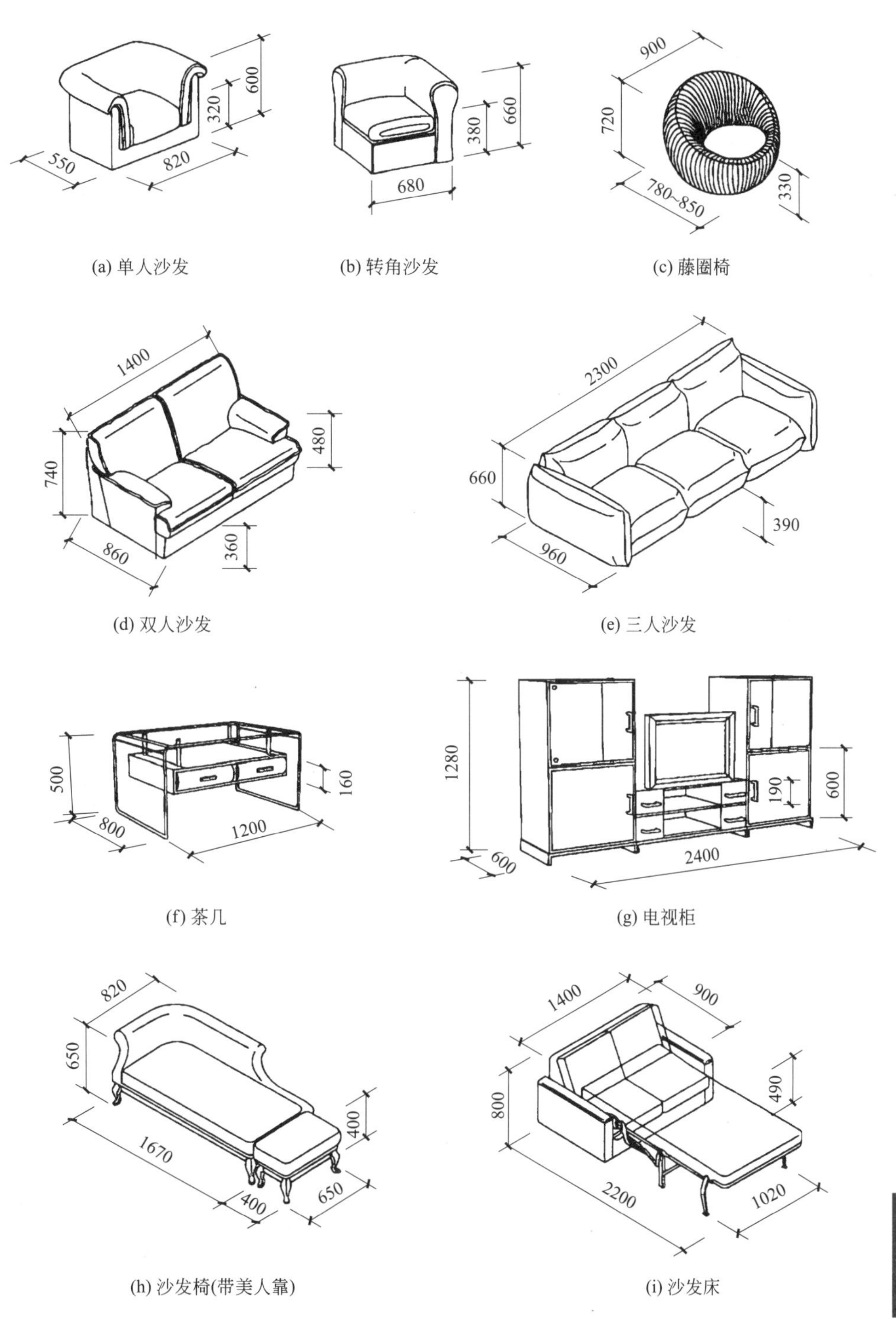

(a) 单人沙发 (b) 转角沙发 (c) 藤圈椅

(d) 双人沙发 (e) 三人沙发

(f) 茶几 (g) 电视柜

(h) 沙发椅(带美人靠) (i) 沙发床

图2-2-5 家具尺寸（单位：mm）

2-2-1

起居室的面积主要由家庭人口数的多少、待客活动的频率以及视觉层面等需求确定。在不同平面布局的套型中，起居室面积变化幅度较大。起居室相对独立时，其使用面积一般在15m^{2}以上。当起居室与餐厅合而为一时，两者的使用面积一般在20～25m^2，共同占套内使用面积的25%～30%左右。当起居室与餐厅由门厅过道分成两边时，两者加上过道的面积一般在30～40m^2，适合进深较大的大套型。如图2-2-6为不同面积的起居室典型平面布局。

起居室尺寸的主要制约因素是沙发尺寸及人坐在沙发上看电视的距离。沙发的宽度、电视机的厚度和屏幕的大小是影响起居室面宽的可变因素，起居室面宽具有较大弹性。独立的起居室，长宽比值一般在5：4～3：2的范围内。与餐厅连通的起居室，两者之比一般为3：2～2：1。开间通常取3600mm、3900mm、4200mm、4500mm；进深可以采用4200mm、4500mm、4800mm、5100mm、5400mm、5700mm、6000mm、6300mm，甚至更大。

起居室是家庭中重要的公共空间，应有良好的朝向、自然通风，较大面积的开窗或采光空间，有些还设有阳台，并结合阳台、飘窗的设计，巧妙地布置宜人的生活空间，扩大观景视野，营造更加舒适与人性化的氛围。

起居室的设置在我国经历了从卧室兼起居而后分离出小方厅（过厅）再到起居室的过程。这是与套型面积标准的变化相联系的，同时也说明了人们对起居空间的要求越来越高。

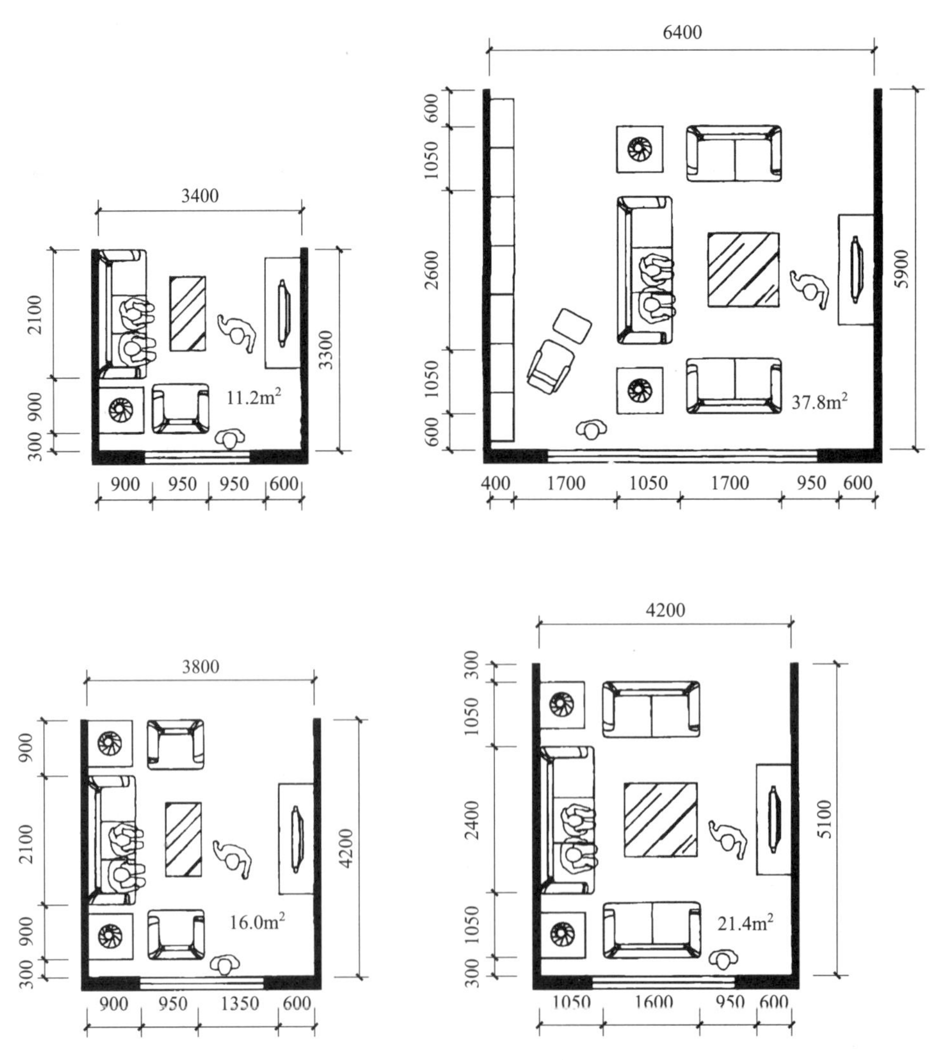

图2-2-6 不同面积的起居室典型平面布局（单位：mm）

（二）卧室

卧室的主要功能是满足家庭成员睡眠休息的需要。人的一生有三分之一的时间是在卧室里度过的，拥有一个温馨、舒适的卧室是不少人追求的目标。因此，卧室设计应选择好的朝向，必须能开窗通风，直接对外采光。为此可与阳台、落地飘窗、外凸窗结合，营造出既能对外观景，又能工作和休闲的优良环境。同时，卧室是具有私密性的室内空间。一套住宅通常有一至数间卧室，根据使用对象在家庭中的地位和使用要求，又可细分为主卧室、次卧室（老人房、儿童房）等，见图2-2-7、图2-2-8。

图2-2-7 主卧

图2-2-8 次卧

1. 主卧室

主卧室一般是供家庭中夫妇使用的私人生活空间，是卧室功能设置较齐全的地方，主要有睡眠、休闲、储藏、化妆等区域，具有一定的私密性。现代居室设计中，主卧室一般都含有独立卫生间。主卧家具布置要点见图2-2-9。

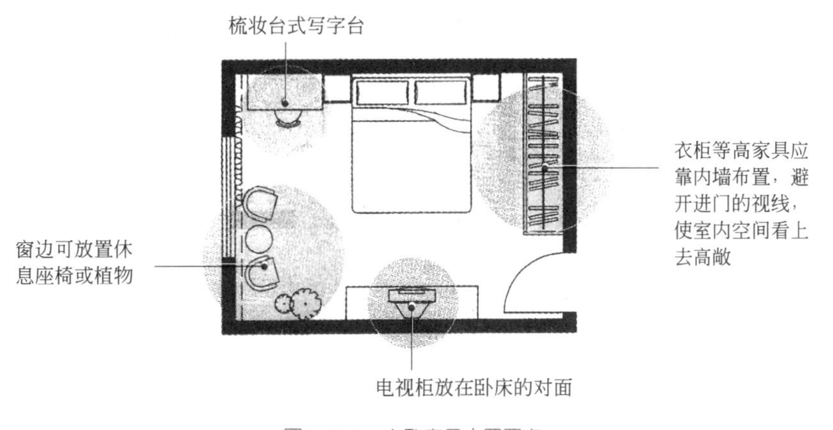

图2-2-9 主卧家具布置要点

2-2-2

主卧室的布置应首先满足床的使用功能。双人床一般居中布置，满足两侧上下床的方便。床的边缘与墙或其他障碍物之间的通行距离不宜小于0.5m；整理被褥侧以及衣柜开门侧，该距离不宜小于0.6m；如考虑弯腰、伸臂等动作，其距离不宜小于0.9m；并有足够的空间储藏被褥、衣服、个人用品及待洗衣服，见图2-2-10。

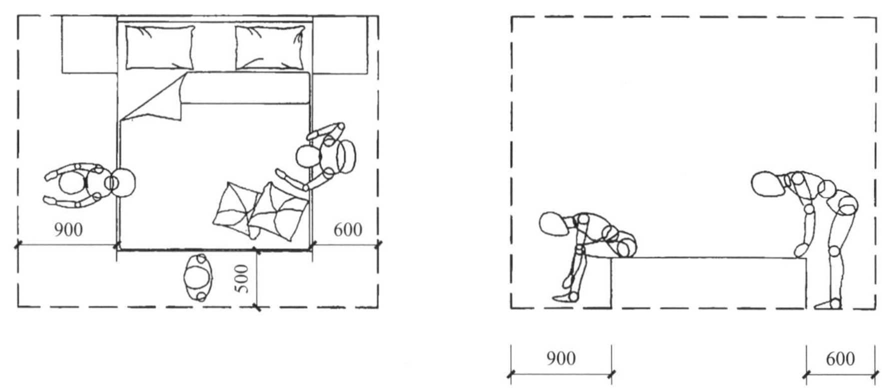

图2-2-10 床的边缘与墙或其他障碍物之间的距离（单位：mm）

主卧室最好预留一部分富余空间，以满足住户不同的额外需求，如布置梳妆台、手工台、书桌、婴儿床等。家庭成员结构复杂时，主卧室将承担一部分起居功能，供主人独立使用，比如看电视、上网、看书、办公等。卧室通常还应放置调光灯、衣柜等满足使用需要。

由于使用要求和传统生活习惯，住户较忌讳床对门布置，私密性较差，也不宜布置在靠窗处，易受外界过热或过冷的气温条件影响。通常在面积较窄时，床的一条长边靠墙布置，在面积宽松时，床的两条长边均不靠墙布置。门窗位置对卧室空间的影响见图2-2-11。

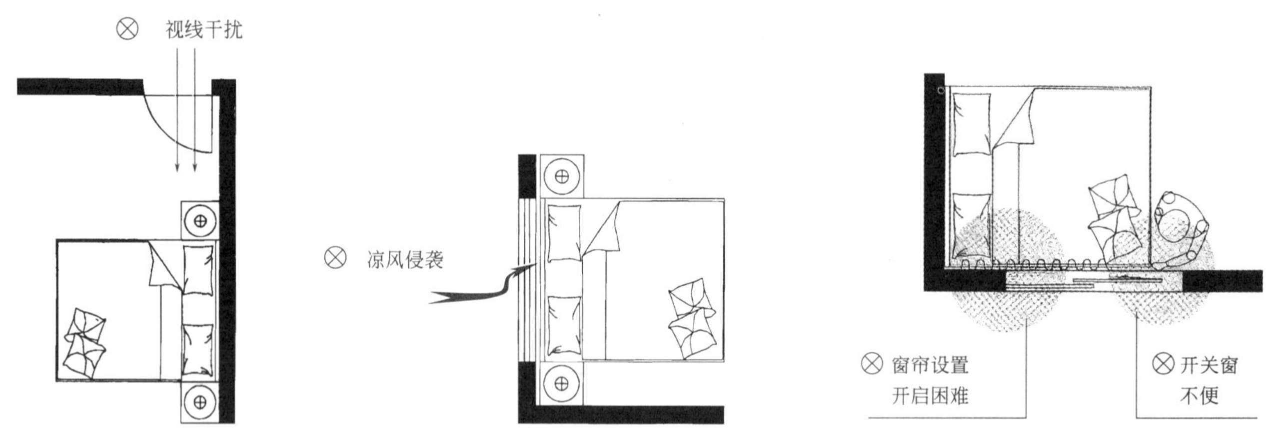

图2-2-11 门窗位置对卧室空间的影响

主卧室的开间尺寸一般为：双人床长度+通行宽度+电视柜宽度或挂墙电视厚度。主卧室的开间以3.1～3.8m为宜。主卧室的进深尺寸一般为：衣柜厚度+整理衣物被褥的过道宽度+双人床宽度+方便上下床的过道宽度。主卧室的进深以3.8～4.5m为宜。当考虑摆放婴儿床等其他家具时，主卧室的进深应尽量达到4.5～5.0m。主卧室的平面尺寸通常有以下几种：开间包括3300mm、3600mm、3900mm、4200mm，进深包括3900mm、4200mm、4500mm、4800mm，但不是绝对的。

主卧室的使用面积适宜控制在15～20m^{2}范围内。过大的卧室往往存在空间空旷、缺乏亲切感、私密性较差、家具间距离较远使用不方便等问题，此外北方地区还存在冬天采暖能耗高的问题。

同时充分考虑空间的私密性要求，设法使其免受外界和其他房间的噪声、视线和活动等干扰，一般将主卧室布置在套型入口的远端。不同面积的主卧室典型平面布局见图2-2-12。

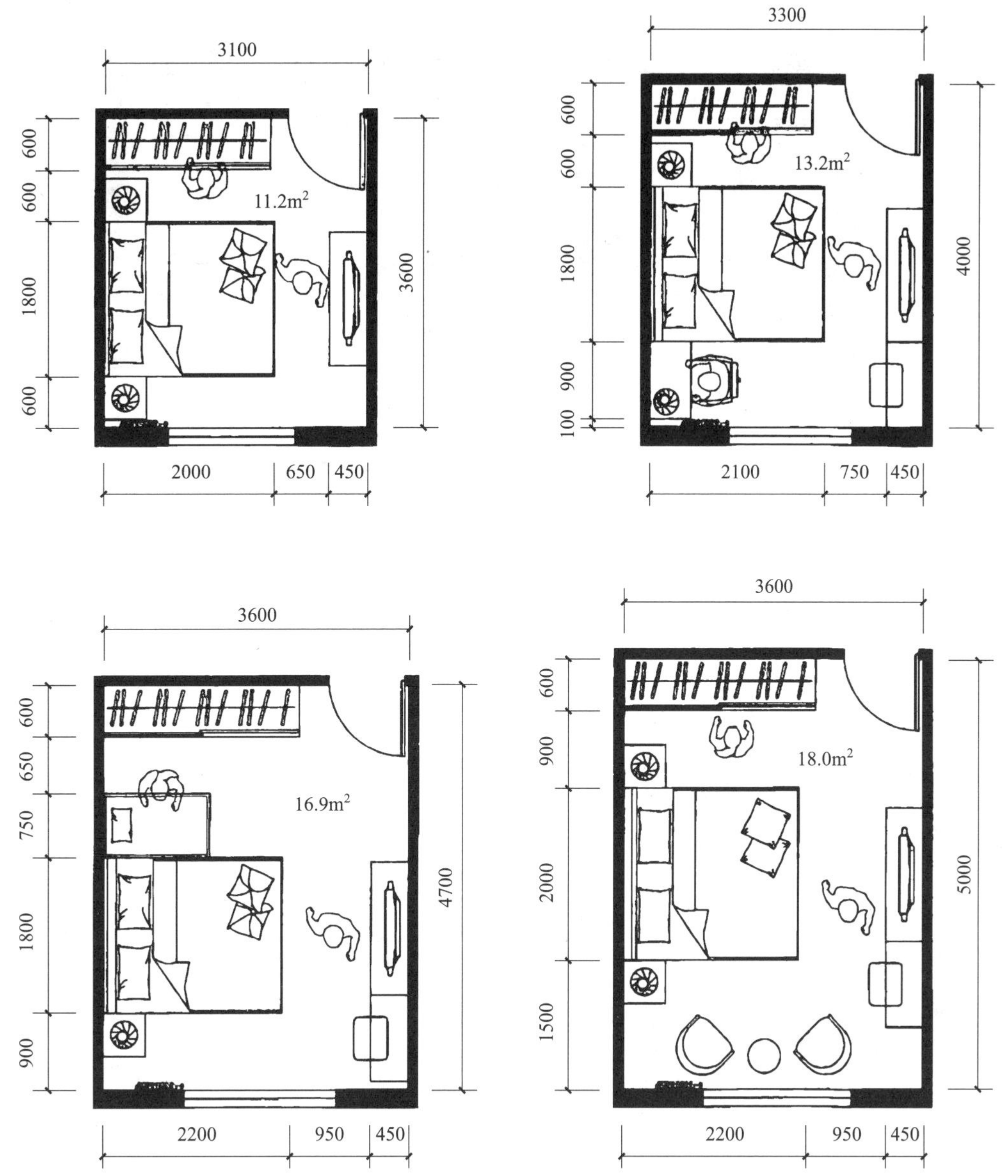

图2-2-12 不同面积的主卧室典型平面布局（单位：mm）

2. 次卧室

次卧室为家庭中次要成员居住，家具比主卧室简单，尺寸、面积也稍小，可以是双人卧室，也可以是单人卧室或儿童卧室、客房和工人房，除了床、衣柜、书桌等家具外，其他视条件而定。平面尺寸通常包括以下几种：开间包括2400mm、2700mm、3000mm、3300mm、3600mm；进深有3600mm、3900mm、4200mm、4500mm。次卧室的使用面积不宜小于9m²，面宽不宜小于2.7m。次卧室的功能比主卧室更具多样性，设计时应充分考虑多种家具的组合方式和布置形式，见图2-2-13。不同面积的次卧典型平面布局见图2-2-14。

下面着重介绍老人房和儿童房。

（1）老人房 老人房的设计应根据老年人的生理结构和生活习惯来考虑。老人用房要考虑老人看电视时间较长，应设置专门看电视的座位。当两位老人同时居住时，要考虑分别设置两张单人床，让老人可以分床就寝，避免相互的干扰，同时房间使用面积不宜小于12m²，宽度不宜小于3.0m。老人房设计要点见图2-2-15。

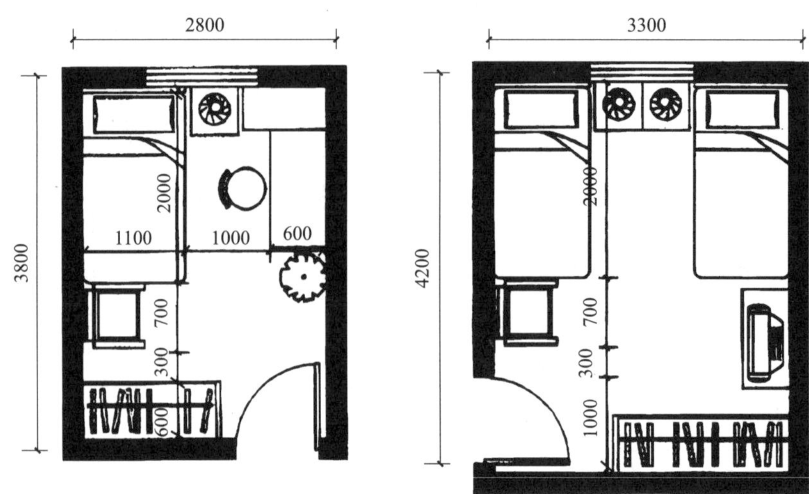

图2-2-13　次卧室（单位：mm）

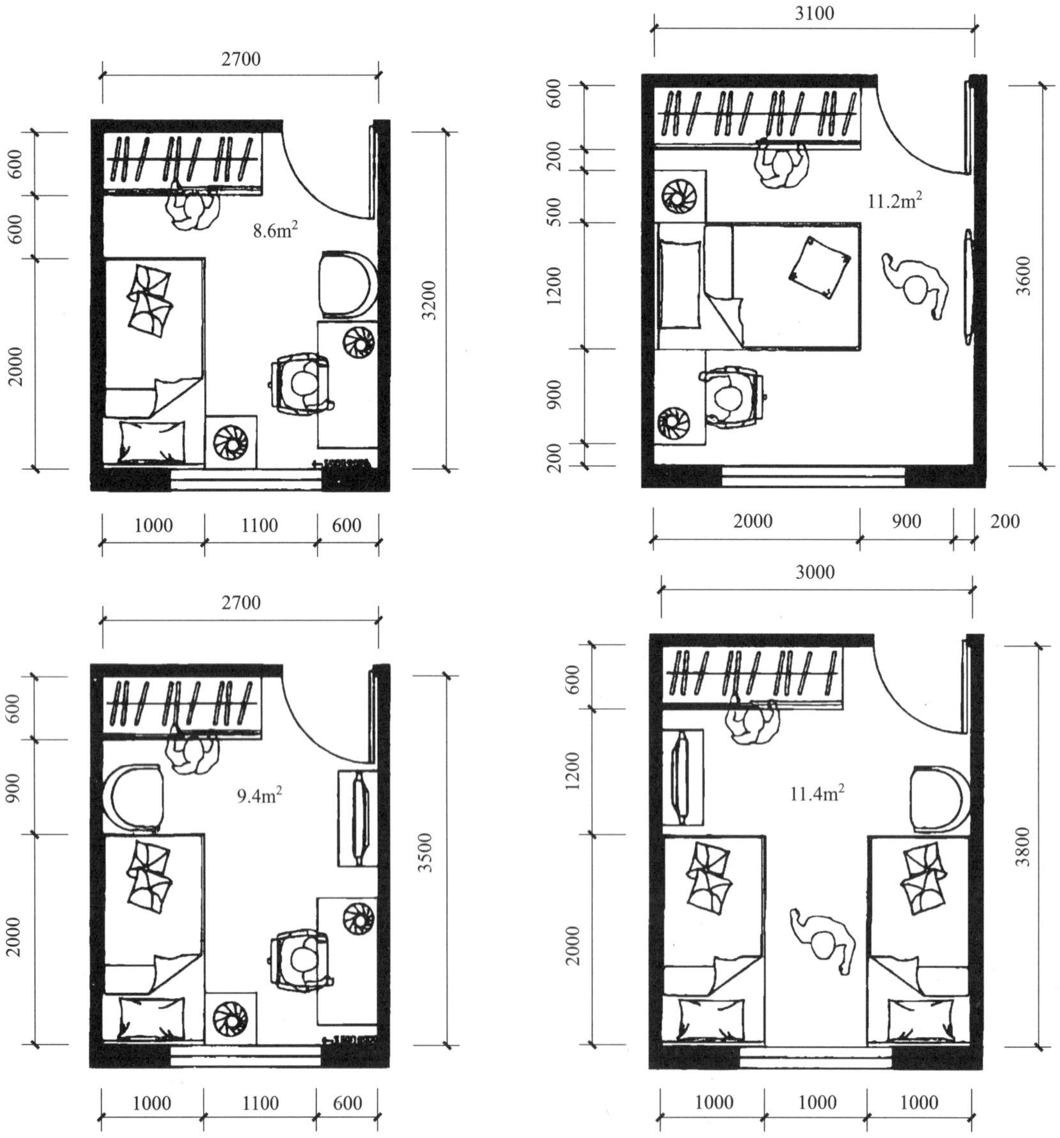

图2-2-14　不同面积的次卧室典型平面布局（单位：mm）

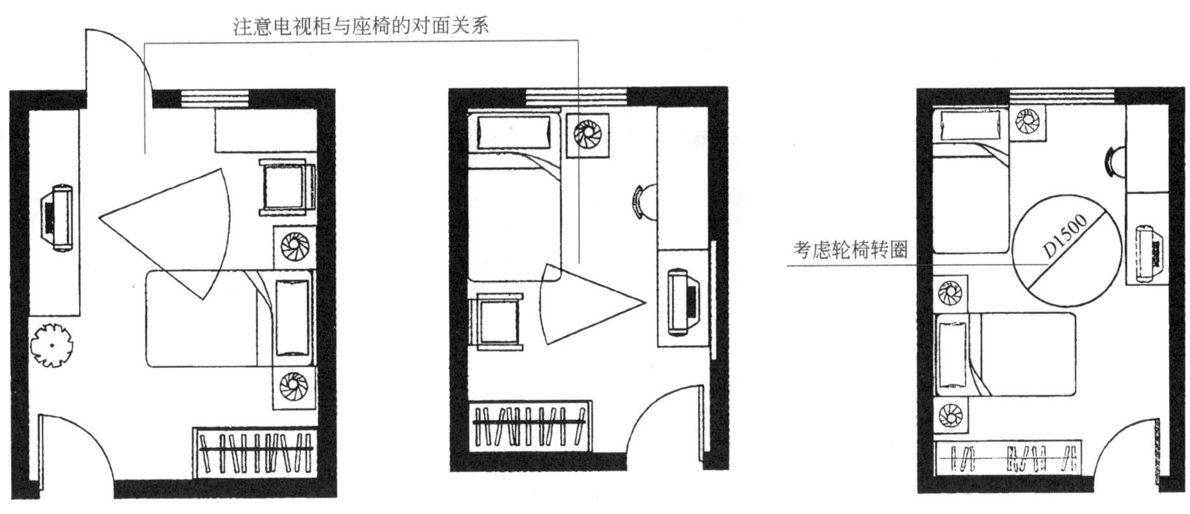

图2-2-15 老人房设计要点（单位：mm）

（2）儿童房 儿童正处于生长、发育阶段，在设计儿童房时应考虑到不同年龄阶段、不同性别的儿童差异。儿童用房既是他们的卧室，也是书房，同时还充当起居室，接待前来串门的同学朋友。还要考虑在书桌旁安放椅子的空间，方便父母辅导作业或与孩子交流。儿童房设计要点见图2-2-16。

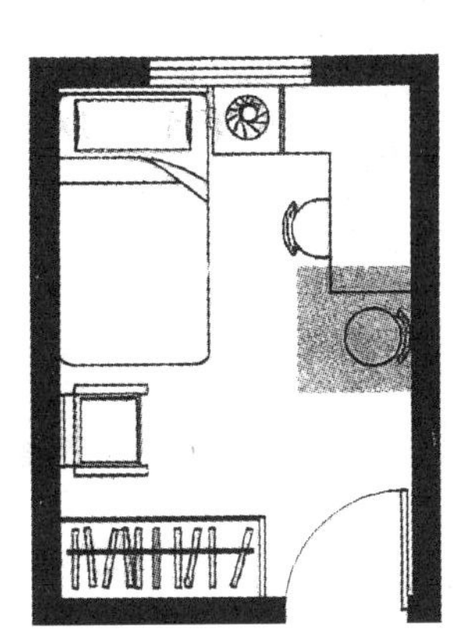

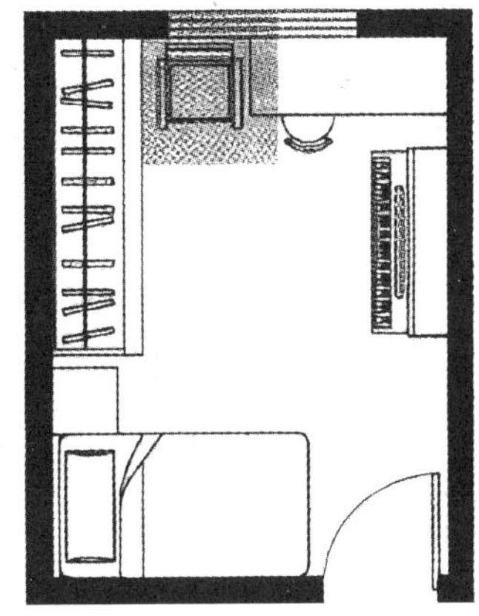
图2-2-16 儿童房设计要点

（三）书房（工作间）

书房是办公、学习、会客的空间，应具备书写、阅读、谈话、收藏展示等功能，见图2-2-17。套型面积允许时，书房应从卧室空间中分离出来单独设计，以满足住户家庭成员工作学习的需要。

图2-2-17 书房

随着社会的发展进步，生活方式的改变，越来越多的家庭成员迫切需要在家中工作、学习，还有不少自由职业者需要在家中"办公"，书房在人们的生活中也就占有越来越重要的地位。因此，书房空间的需求有以下几种。

（1）基本空间需求 书房空间要能够满足读书、学习及其他，如待客、展示等活动及相应家具所需的空间要求。

（2）两人共用空间需求 "爸爸的书房，妈妈的厨房"的年代也已过去，要考虑到夫妇两人或家庭成员中其他人可以同时使用书房的可能。两人共用书房空间布置见图2-2-18。

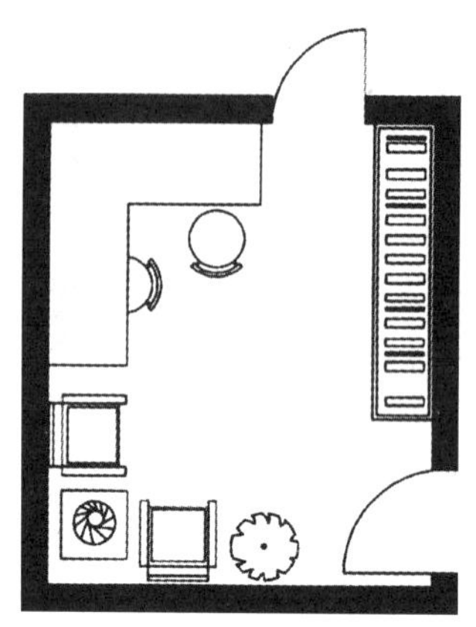

图2-2-18 两人共用书房空间布置

（3）空间摆床要求 要求空间能够摆放一张单人床或沙发床，一来能够提供一个相对独立的空间，避免因读书工作过晚造成的不规则休息影响到配偶的睡眠，二来可以兼作客房，招待临时留宿的客人和亲友。书房常见布置形式见图2-2-19。

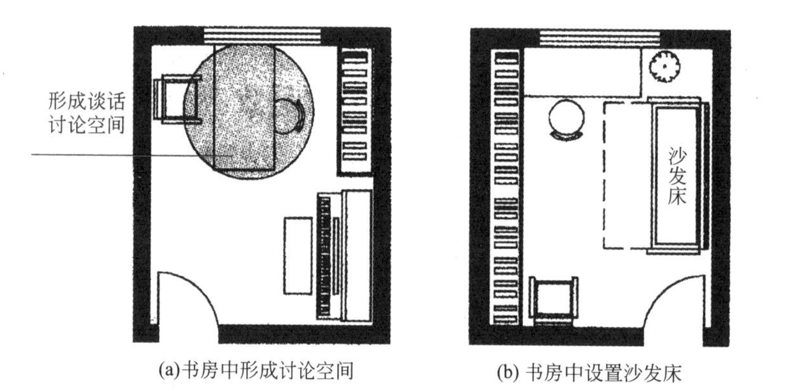

(a)书房中形成讨论空间

(b) 书房中设置沙发床

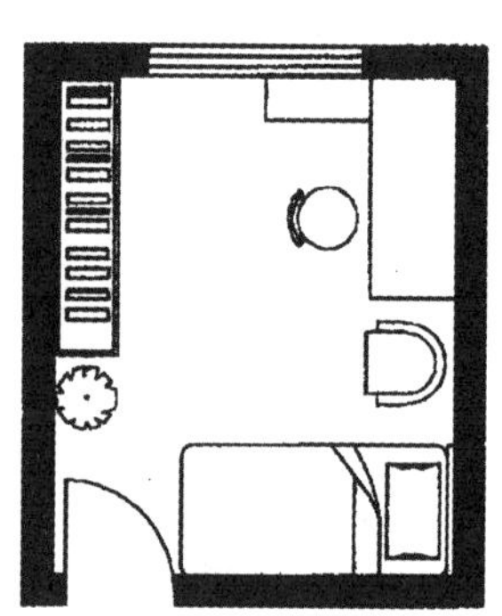

(c) 书房中摆放单人床

图2-2-19 书房常见布置形式

书房空间内常用的家具和设备有书桌、工作台、座椅、书架、沙发、床、电脑、音响设备、打印机、画架等。

（1）书桌的布置 这是设计书房时首先要照顾到的。在进行书桌布置时，要考虑到光线的方向，尽量使光线从左前方射入；同时当常有直射阳光射入时，不宜将工作台正对窗布置，以免强烈变化的阳光影响工作。布置书桌和座椅时，还要考虑能够为家庭成员提供面对面谈话、讨论的空间。座椅的活动区深度不宜小于550mm；当座椅活动区后部不需要保留通道时，书桌边缘与其他障碍物之间的距离不宜小于750mm；当需要保留通道时，该距离不要小于1000mm，见图2-2-20。当书房的窗为低窗台的凸窗时，如将书桌正对窗布置

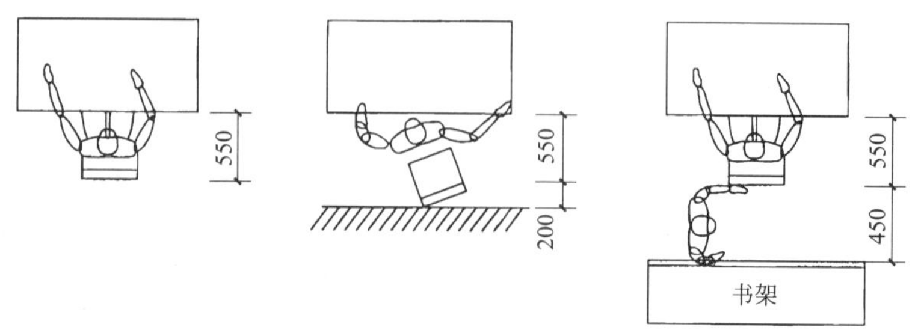

图2-2-20 书桌与座椅的平面尺寸（单位：mm）

时，则会将凸窗的窗台空间与室内分隔，导致凸窗窗台无法使用或利用率低，同时也会给开关窗带来不便，见图2-2-21。

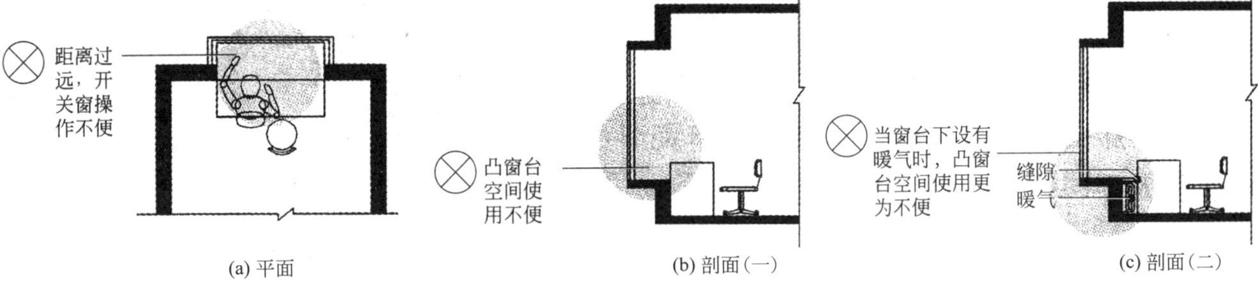

图2-2-21 书桌在凸窗前的问题

（2）书架的布置 一般来说，书架应靠墙布置以求稳定，并应方便使用者就近拿取所需。也可在书桌邻近的上方布置一些横向隔板，代替部分书架，使拿取方便。

（3）书房的尺寸确定 在常见的住宅中，因受套型总面积、总面宽的限制，考虑必要的家具布置，并兼顾空间感受，书房的宽度一般不会很大，最好在2600mm以上。值得注意的是，随着数字化时代的发展，居住空间SOHO（居家办公空间）化，书房与其他空间（如起居室、卧室、餐厅）结合，其面积也有进一步扩大的趋势，而书房的进深大多在3~4m左右。因受结构对齐的要求及相邻房间大进深的影响（如起居室、主卧室等进深都在4m以上），书房进深若与之对齐，空间势必变得狭长。为了保持空间合适的长宽比，应注意相应地减小书房进深。控制书房进深的方式见图2-2-22。

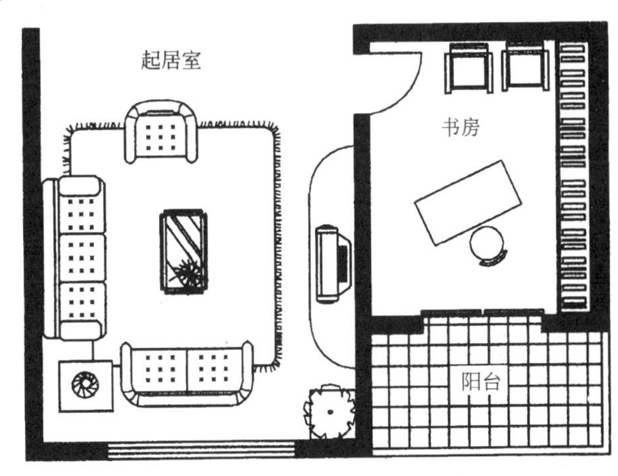

图2-2-22 控制书房进深的方式

生活水平的提高使得人们更加注重生活品质，有着不同兴趣爱好的住户便给书房赋予了各种新的个性化功能，从某种意义上讲，如今的书房已不再是传统意义上单纯用来“读书看报”的房间。不同面积的书房典型平面布置见图2-2-23。

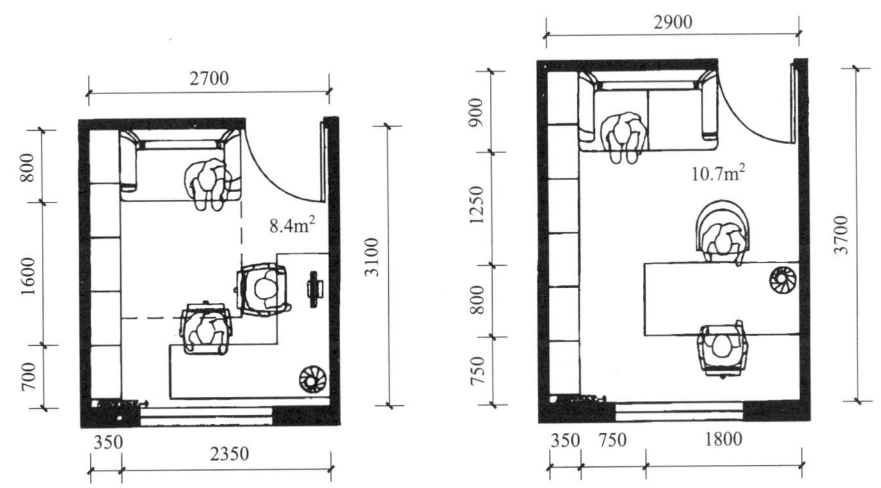

图2-2-23 不同面积的书房典型平面布置（单位：mm）

（四）餐厅

餐厅是家庭成员就餐的地方，是家里人最常聚集的地方，见图2-2-24。随着现代家庭人们生活和居住水平的逐步提高，套型中独立设置餐厅已成为必要。

在空间布局上，餐厅与起居室往往可分可合，可以和起居室合在一起形成DL（dining room-living room）空间，即使分割也采用比较模糊的方式，比如用几个踏步、一个博古架、活动推拉门、顶棚的不同处理等把连续的空间作不完全的分隔。有时甚至餐厅和起居室干脆就是一个空间，只通过各自的家具布置使空间的使用方式有所区别。

图2-2-24　餐厅

就餐应与厨房就近布置，要求和厨房要有紧密的联系，有时和厨房一起形成DK（dining room-kitchen）式空间，以减少交通面积。餐厅也可以结合厨房一起设计，利用厨房的空间扩大就餐面积，但这样易造成厨房封闭性差，易使厨房的油烟向屋内扩散。

餐厅因为同时与起居室和厨房有连接顺畅的联系，而使其成为起居空间与服务空间的连接空间。

餐厅基本的家具包括餐桌、座椅、酒柜、吧台等。对于餐厅的餐桌大小和餐椅数量，要以餐厅区域的空间大小和常进餐的人数为依据，要充分满足人们进餐便捷、就座宽松的要求。特别是餐桌的大小、高低尺寸要与餐椅的高矮、尺寸相匹配，以符合人体的尺度要求，见图2-2-25。

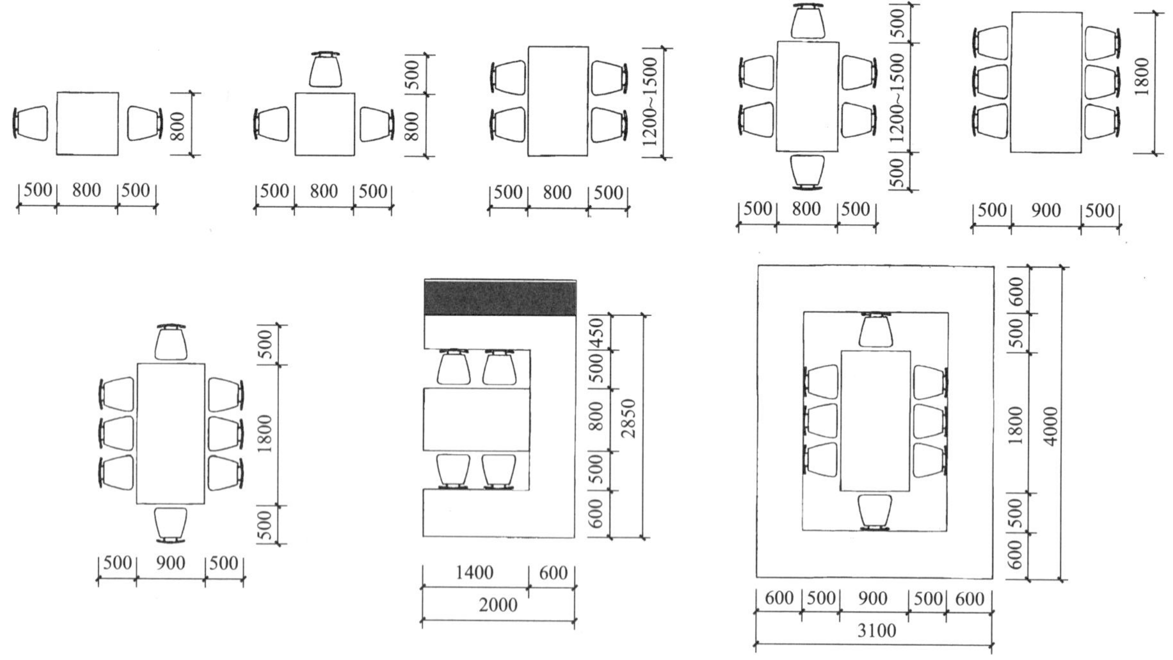

图2-2-25　餐桌椅组合方式的相应尺寸及活动空间（单位：mm）

餐厅应根据家庭人口的数量采用不同的餐桌椅组合方式，而且餐桌周围必须有一定的活动空间。当餐桌椅与墙面或高家具间留有通行过道时，间距不宜小于0.60m；当餐桌椅一侧为低矮的家具时，通行过道的宽度可以适当减小，但不宜小于0.45m，见图2-2-26。

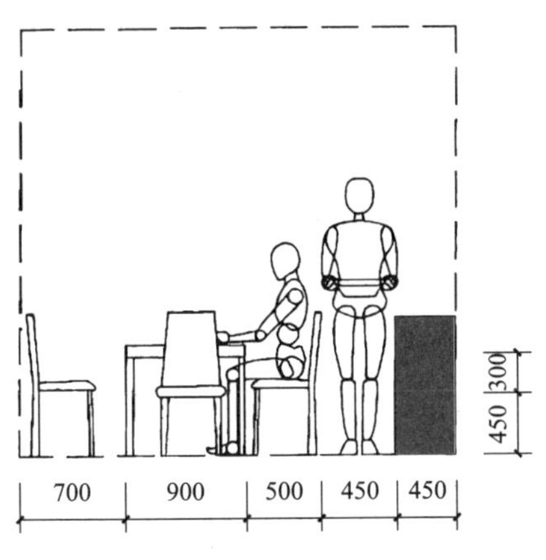

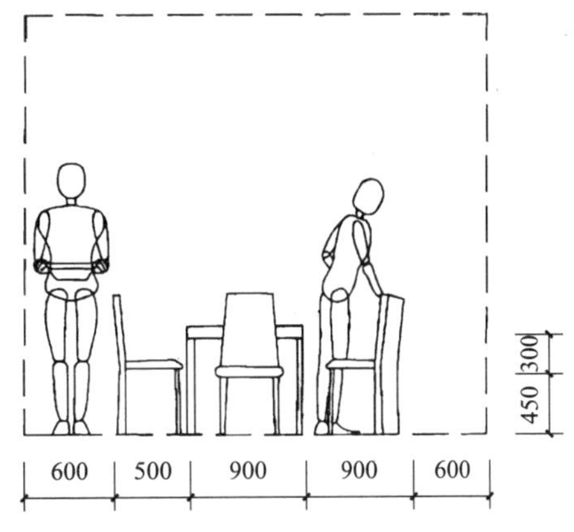

图2-2-26 餐桌椅与墙面以及其他家具的距离（单位：mm）

餐厅的平面尺寸应能满足一家人就餐需要，有条件还应满足来客就餐需要，应能摆放适当大小的餐桌。供3～4人就餐的餐厅，其面宽不宜小于2.7m，使用面积不宜小于10m²；供6～8人就餐的餐厅，其面宽不宜小于3.0m，使用面积不宜小于12m²。无直接采光的餐厅、过厅等，其使用面积不宜大于10m²。一般餐厅平面的尺寸可为：2700mm×2700mm、3000mm×3000mm，再小一点的为：2400mm×2400mm、2400mm×2700mm等。

厨房与餐厅有着天然的亲密关系，依时代、风格、规模等有各式各样的变化，但两者之间的缘分始终无法切断。过去，厨房与餐厅界限分明，厨房总是处在幕后，随着时代变迁，两者逐渐打通变成开放式厨房，进而两者合一成为岛形厨房等，厨房与餐厅的关系有了新的变化。原本厨房是烹饪的专用空间，餐厅是用餐以及家庭成员聚会的空间，但这种模式逐渐被颠覆。具体来说，就是厨房与餐厅的布局发生了变化。这也是很可能影响现在以及将来家庭形态的非常重要的设计课题之一。

二、厨卫空间

（一）厨房

厨房是家庭的必要空间，是处理膳食的工作场所，见图2-2-27。厨房设计的原则是，一要视觉干净清爽；二要有舒适方便的操作中心，要考虑到科学性和功能性；三要富有情趣。

图2-2-27 厨房

厨房在套型中的位置应考虑洁污分区的要求，方便运送鲜活食品、清运厨余垃圾。一般将厨房布置在套型入口附近，在流线上避免经过私密区或起居室达到厨房。厨房要求和就餐空间、服务阳台、储藏等空间有联系。在大型的别墅中，厨房通常附属一个餐具的储藏空间和一个冷藏室。

厨房空间应与其他空间尤其是餐厅空间要有视觉上的联系，视线覆盖区域及视野开阔程度对厨房空间的感受及与家人的交流有很大影响，厨房不仅是烹饪的地方，更是家人交流的空间。

厨房的类型按功能组合分为：工作厨房——仅安排炊事活动；餐室厨房——兼有进餐。

厨房功能分区的依据是人们在厨房的活动规律，空间安排应符合操作者的作业顺序与操作习惯，即食品购入⟶储藏⟶清洗⟶配餐⟶烹调⟶备餐⟶进餐⟶清洗⟶储藏，分为原材料区、粗加工区、细加工区和熟食区。厨房空间的设备主要有洗涤池、案桌、炉灶、储物柜，乃至排气设备、冰箱、烤箱、洗碗机、微波炉、餐桌等。

厨房操作流程见图2-2-28，厨房烹饪操作空间需求见表2-2-3，厨房主要设备尺寸见表2-2-4。

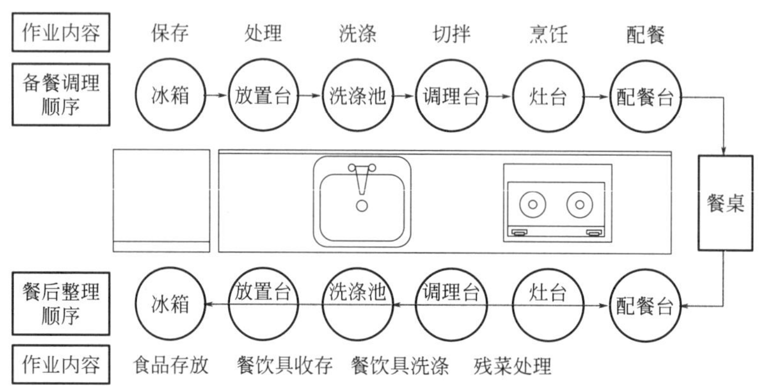

2-2-3

图2-2-28 厨房操作流程

表2-2-3 厨房烹饪操作空间需求

厨房空间	主要使用需求
烹饪空间	进行烹调操作活动的空间，主要集中在灶台前
清洗空间	进行蔬菜、餐具等的洗涤及家务清洗等活动的空间，主要在洗涤池前
准备空间	进行烹调准备、餐前准备、餐后整理及凉菜制作等活动的空间，主要集中在操作台及备餐台前
储藏空间	用于摆放、整理食品原料、饮食器具、炊事用具，对食品进行冷冻、冷藏的空间
设备空间	炉灶、洗涤池、吸油烟机、上下水管线、燃气管线及燃气表、排风道以及安装热水器等设备所需的空间
通行空间	为不影响厨房操作活动而必需的通道等

表2-2-4 厨房主要设备尺寸

设备名称	长/m	宽/mm	高/mm
灶台	800	500 ～ 550	650 ～ 700
洗涤台	900 ～ 1200	500 ～ 550	800
操作台	400 ～ 1200	500 ～ 550	800
吊柜	400 ～ 1200	300 ～ 350	≥500
排油烟机	800	300 ～ 350	根据排油烟机型号配合确定
冰箱	650 ～ 800	注意冰箱门的开启方向及冰箱散热	根据型号确定

厨房布置的最基本概念是“三角形工作空间”，指厨房内的冰箱、灶台、洗涤池三点连成的三角形（图2-2-29），用来表示人们在炊事行为中的走动方式。这三点安排得是否得当，影响人们操作的舒适性和便捷性。国际有关研究认为厨房工作三角形三边之和应为3.6 ～ 6m，以尽量缩短人在操作时的行走距离。在设计工作之初，最理想的做法就是把个人日常操作家务的程序作为设计的基础，按规律根据人体工程学原理，分析人体活动尺度，序列化地布置厨房设备和安排活动空间，见图2-2-30。

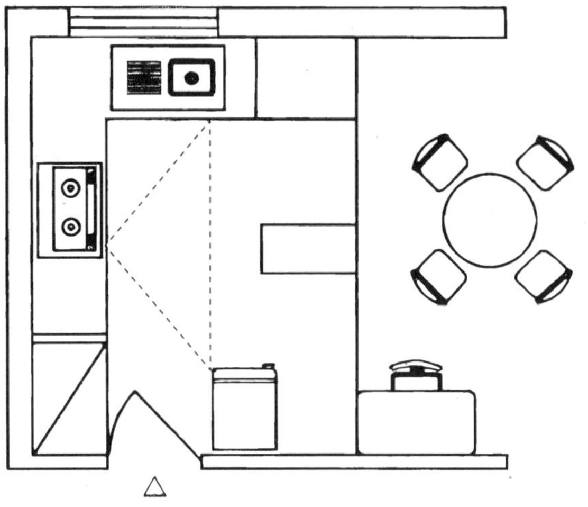

图2-2-29 厨房空间工作三角形

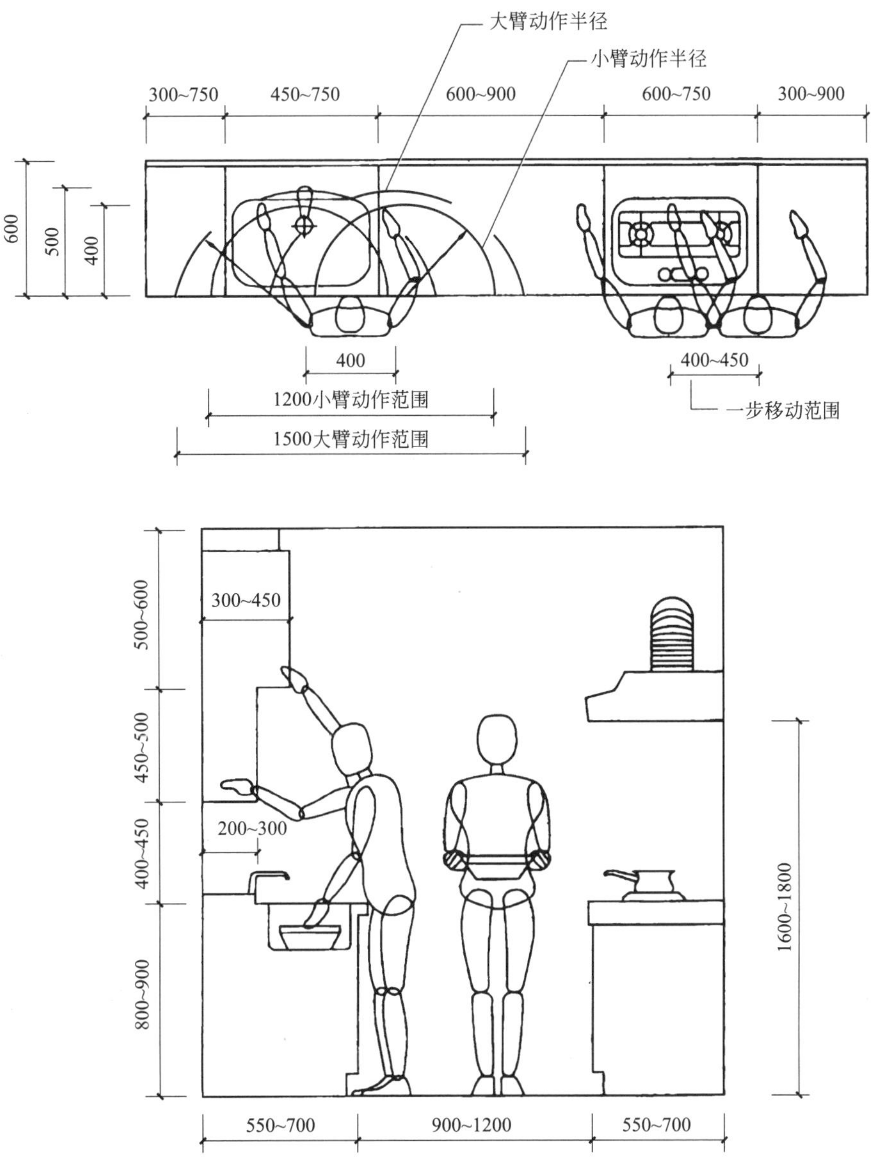

图2-2-30 厨房中的人体活动尺寸（单位：mm）

厨房通常开间尺寸为1800～3000mm，进深尺寸为2400～3600mm，面积为4～10m^2。一般小套型厨房的使用面积宜为4～6m^2，操作台总长不宜小于2.4m，面宽1.5～2.2m。冰箱可在厨房内布置，也可在厨房附近的过道或餐厅布置。中等面积套型厨房的使用面积宜为6～8m^2，操作台总长不宜小于2.7m，面宽1.6～2.2m，冰箱应在厨房内布置。大套型厨房的使用面积宜为8～12m^2，操作台总长不宜小于3.0m，面宽1.8～2.2m，冰箱应在厨房内布置，并考虑放置对开门冰箱的空间。

厨房的平面尺寸取决于设备布置形式和住宅面积标准，其设备布置方式分为一字形、双排形、L形、U形岛形，一般操作台的宽度为500～600mm。图2-2-31为不同面积的厨房典型平面布置。

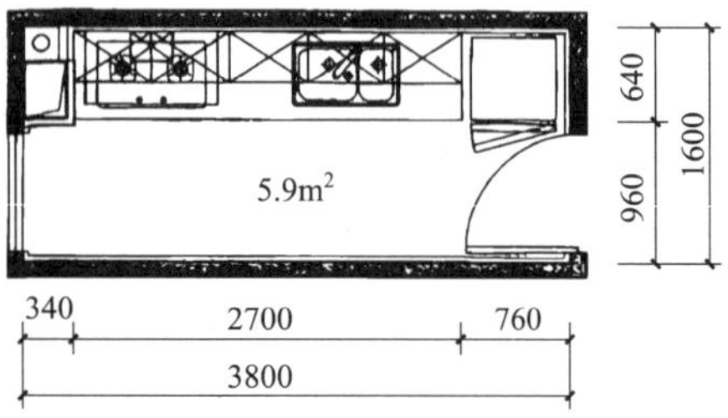

(a) 一字形布置

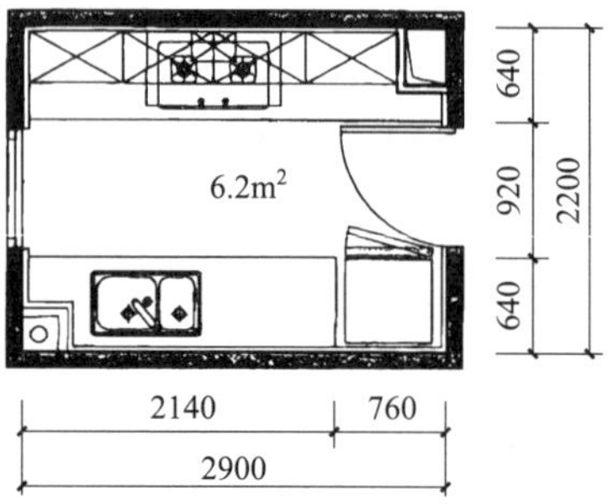

(b) 双排形布置

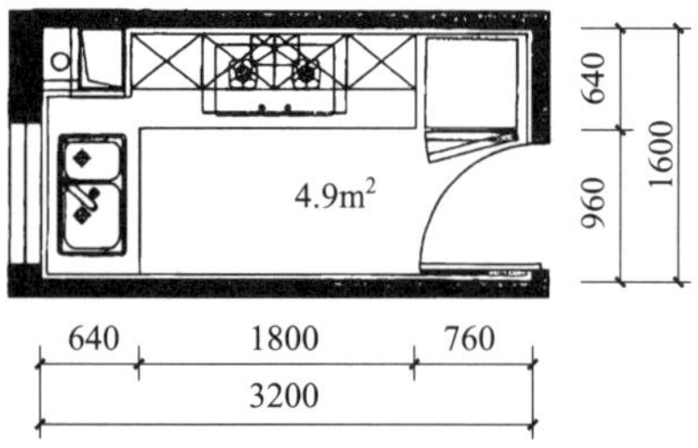

(c) L 形布置

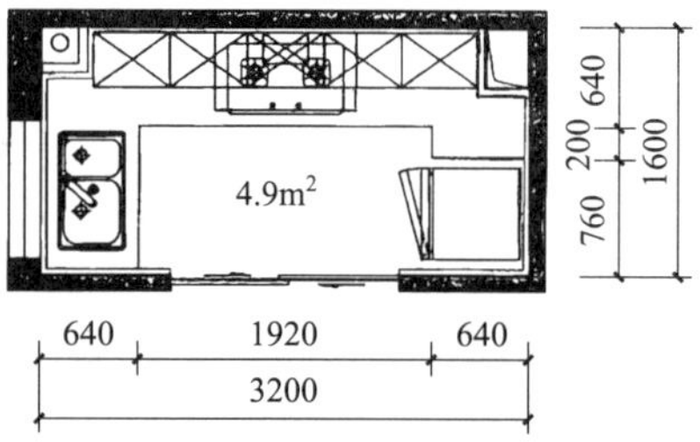

(d) 宽 U 形短边开窗布置

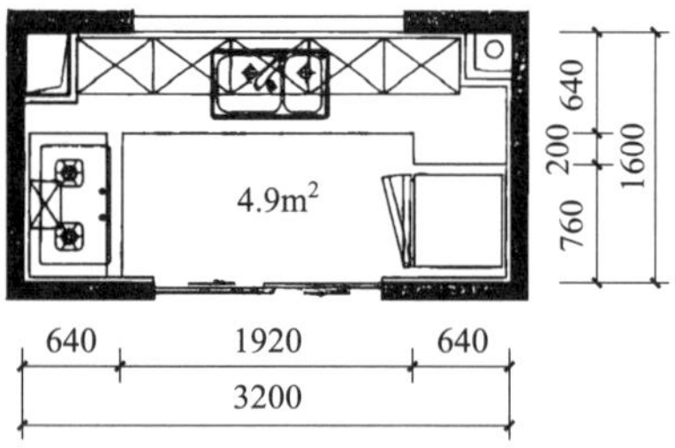

(e) 宽 U 形长边开窗布置

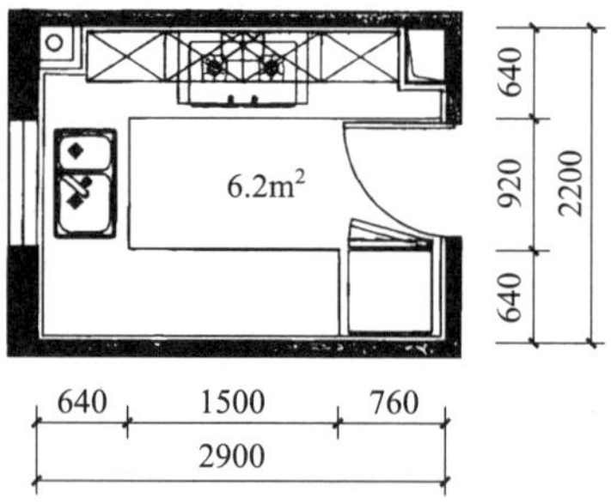

(f) 窄 U 形布置

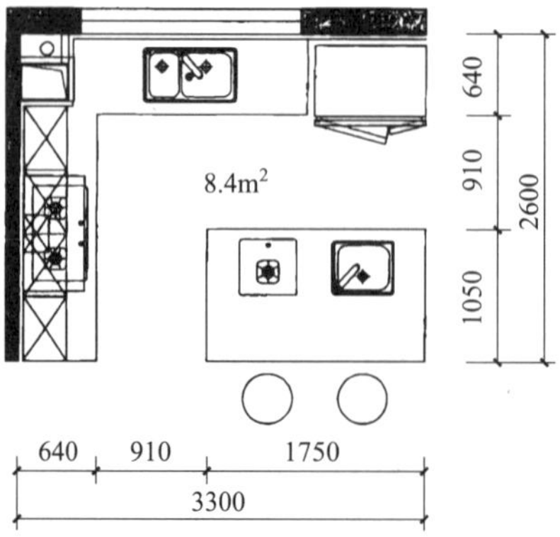

(g) 岛形布置

图2-2-31 不同面积的厨房典型平面布置（单位：mm）

① 一字形：把所有的工作区都安排在一面墙上，通常在空间不大、走廊狭窄的情况下采用。单排布置的厨房，其操作台最小宽度为0.50m，考虑操作人下蹲打开柜门、抽屉所需的空间或另一人从操作人身后通过的极限距离，要求最小净宽为1.50m。所有工作都在一条直线上完成，节省空间，但工作台不宜太长，否则易降低效率。

② 双排形：将工作区安排在两边平行线上。在工作中心分配上，常将清洁区和配餐区安排在一起，而烹调独居一处。双排布置设备时，两排设备之间的距离，按人体活动尺度要求，不应小于0.90m。

③ L形：将清洗、配餐与烹调三大工作中心，依次配置于相互连接的L形空间。最好不要将L形的一面设计得过长，以免降低工作效率，这种空间运用比较普遍、经济。

④ U形：工作区共有两处转角，和L形的功能大致相同，空间要求较大。水槽最好放在U形底部，并将配餐区和烹饪区分设两旁，使水槽、冰箱和炊具连成一个正三角形。U形之间的距离以1.2 ～ 1.5m为宜，使三角形总长、总和在有效范围内。此设计可增加更多的收藏空间。

⑤ 岛型：根据四种基本形态演变而成，可依空间及个人喜好有所创新。将厨台独立为岛型，是一款新颖而别致的设计；在适当的地方增加了台面设计，灵活运用于早餐、熨衣服、插花、调酒等。

相对平面布局的变化多样，厨房的立面就显得比较规格化。但是在设置操作台高度的时候，重视使用者的实际身高和使用情况，选择合适的操作台高度是非常必要的。操作台的高度一般为800 ～ 900mm，上部吊柜的高度可根据人体高度选择，做到取物方便、避免碰头等。排油烟机距灶眼一般为700mm高。

厨房设施技术设计要点如下。

① 通风方式：在烹饪的过程中排除大量的气体，应控制其排向厨房或其他房间的气体量，气体应最快、最大量排到室外去。一种是自然通风，通过开启窗扇的窗户排到室外，要注意北方的冬季不易开启窗扇；一种是通过垂直的竖向通风道排除，排风机的风直接连接通风道排除。抽油烟机应靠近排风道。还有一种是利用水平的排风道排除，由于下层厨房排除的油烟对上面住宅有干扰，一般管理好的小区不许采用这种形式。

② 垃圾处理：每天厨房都会产生大量的垃圾，一般采用塑料袋封扎的方式。规范规定住宅不宜设置垃圾管道，当设置垃圾管道时不应紧邻卧室、起居室。住宅的垃圾管道的净尺寸不小于400mm×400mm。

③ 上下水管道技术：厨房的竖向管道应布置在一角，应和洗涤池有直接的连接，装修后暗装的应注意维修要方便；另外厨房地面、墙面应做好防水处理，特别是竖管在楼板处的防水，一般采用套管处理。

④ 采光、照明、电器：《住宅设计规范》要求厨房直接对外通风、采光。由于厨房在套型内属于次要的功能空间，没有必要占据好的朝向，应当布置在差的朝向。厨房是照度要求比较高的地方，洗、切、烹饪都需要较高的照明，一般是整体照明和局部照明相结合。厨房内电器越来越多，在设置中对于插座的数量、位置、高度、插口的形式都有较高要求。

⑤ 燃气：城市住宅主要通过管道输送燃气，管道的位置、读表的方便性以及安全性对厨房设计都至关重要。

⑥ 供热水：高档小区提供热水，通过管道进入厨房或卫生间，目前大多数住宅还是通过电热水器或燃气热水器提供热水，一般放在厨房或卫生间内，对于燃气热水器应保证安全。

（二）卫生间

从广义来看，住宅卫生间是一组处理个人卫生的专用功能空间。目前，住宅卫生间在我国的含义相对比较模糊，它包括了卫生间、浴室以及洗脸和更衣间几种行为空间，是体现一个家庭和社会生活水平的空间，已经成为享受家庭生活的场所，见图2-2-32。现代居室的卫生间已由原来单一的如厕功能向洗漱、沐浴、化妆、如厕、换衣、洗衣等多功能方向发展。

图2-2-32 卫生间

卫生间已由最早的一套住宅配置一个卫生间——单卫到现在的双卫（主卫、客卫）和多卫（主卫、客卫、公卫）。主卫是供户主使用的私人卫生间；客卫是为满足来访者和其他家庭成员的使用所设置的卫生间；公卫是为充分显示现代家庭对个人隐私的尊重所设置的第二客卫。对于两代居住宅，老人卧室最好有专门的卫生间。

住宅卫生间是功能复杂、设备集中的空间，空间的平面布局与气候、经济条件，文化、生活习惯，家庭人员构成，设备大小、形式有很大关系。

此外，随着生活水平的提高，在住宅设计中已经逐渐将不同的功能空间分离开，相对独立布置，这样可以在同一时间使用不同的卫生设备，有利于提高功能质量。卫生间的如厕部分，应尽量按人的行为流程和生活习惯设置，功能空间可以划分为2～4个空间，标准越高，划分越细。卫生间空间划分见表2-2-5。

表2-2-5 卫生间空间划分

功能区	行为活动	相应设备
如厕区	就厕、清洁等	小便器、大便器等
洗脸区	洗脸、洗手、化妆等	洗脸池、化妆镜、放置架、毛巾及浴巾的挂杆等
洗衣区	洗涤衣物、晾晒、整熨衣物等	洗衣机、熨衣板等
洗浴区	淋浴、桑拿、药浴、日光浴等	浴盆（浴缸）、淋浴设备、蒸汽浴室、整体浴室、桑拿间等

卫生间内的基本设备有便器（分蹲便器和坐便器）、洗浴器（淋浴、淋浴间或浴盆等）、洗面器及台板、化妆镜以及洗衣机、上下水管道和冷热水管道等。卫生间常用设备尺寸见图2-2-33。

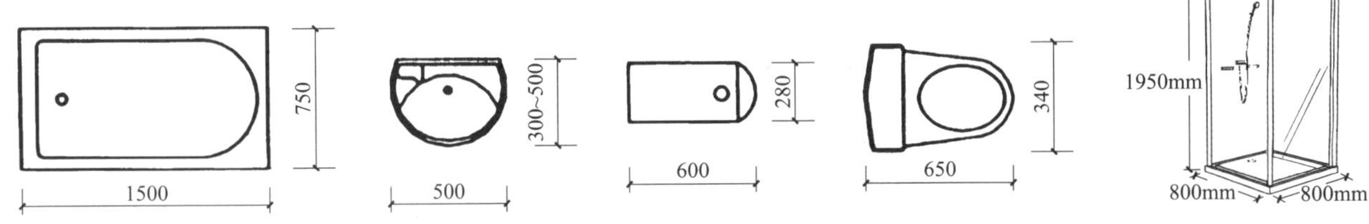

图2-2-33 卫生间常用设备尺寸（单位：mm）

① 便器：有蹲式和坐式两种，目前家庭常采用坐式。坐便器一般为650mm×340mm×（390～450）mm，坐便器和蹲便器所需最小空间为0.8m×1.2m。便器向下穿越楼板在下层空间连接到竖管，会影响下层住户。便器布置的尺寸要求见图2-2-34。

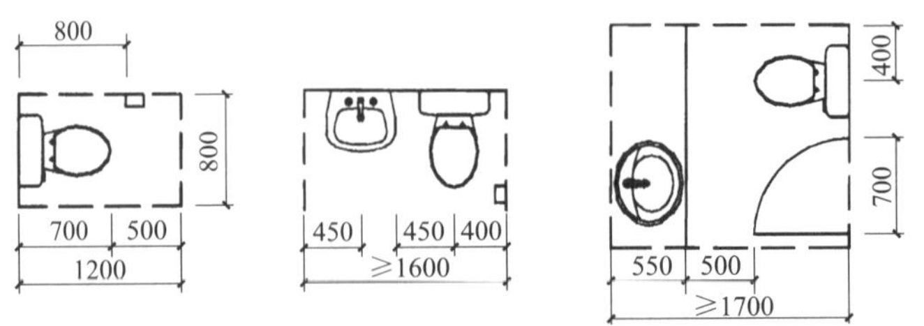

图2-2-34 便器布置的尺寸要求（单位：mm）

② 洗浴器：淋浴间或浴盆，或两者都有。虽然洗浴设备目前国内多使用热水器淋浴，使用浴盆的较少。但从住户的意愿调查表明，今后愿用浴盆的占相当大比例，对老人和小孩来说，也宜使用浴盆。考虑到卫生间今后改建的可能，在设计中仍应放置浴盆或预留浴盆位置。浴盆常见的尺寸是750mm×1500mm×（340～400）mm。而考虑到住户有可能将浴盆空间改为淋浴间，但是淋浴间的宽度大于浴盆宽度，因此，设计时最好按照淋浴间的宽度来预留宽度。淋浴间的最小尺寸为0.8m×0.8m，一般以0.9m×1.1m为宜，并应考虑门开启的空间。浴盆和淋浴间与坐便器之间的位置关系见图2-2-35。

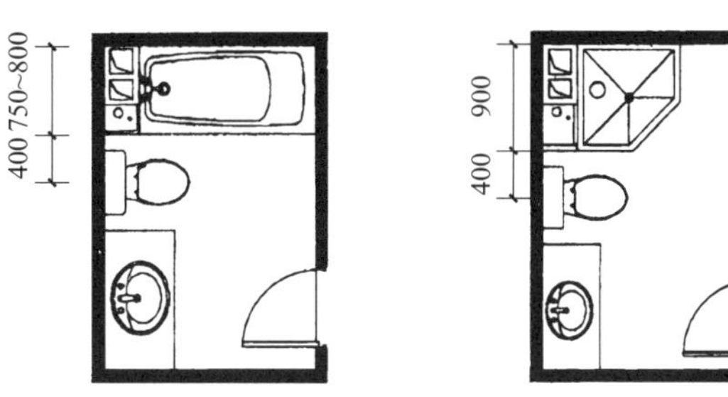

图2-2-35　浴盆和淋浴间与坐便器之间的位置关系（单位：mm）

③ 洗面器与化妆台：为必须设置的设施，一般将台柜、侧柜、镜子、化妆台、局部照明、剃须等结合一起考虑。

同时必须充分注意人体活动空间尺度的需要，仅能布置下设备而人体活动空间尺度不足，将会严重影响设备使用功能。坐便器和蹲便器前端到障碍物的距离应大于0.45m，以方便站立、坐下等动作。左右两肘撑开的宽度为0.76m，因此，坐便器、蹲便器、洗面器中心线到障碍物的距离不应小于0.40m。卫生间活动空间需求见图2-2-36。要适当考虑无障碍设计要求和为照顾儿童使用留有余地，见图2-2-37。

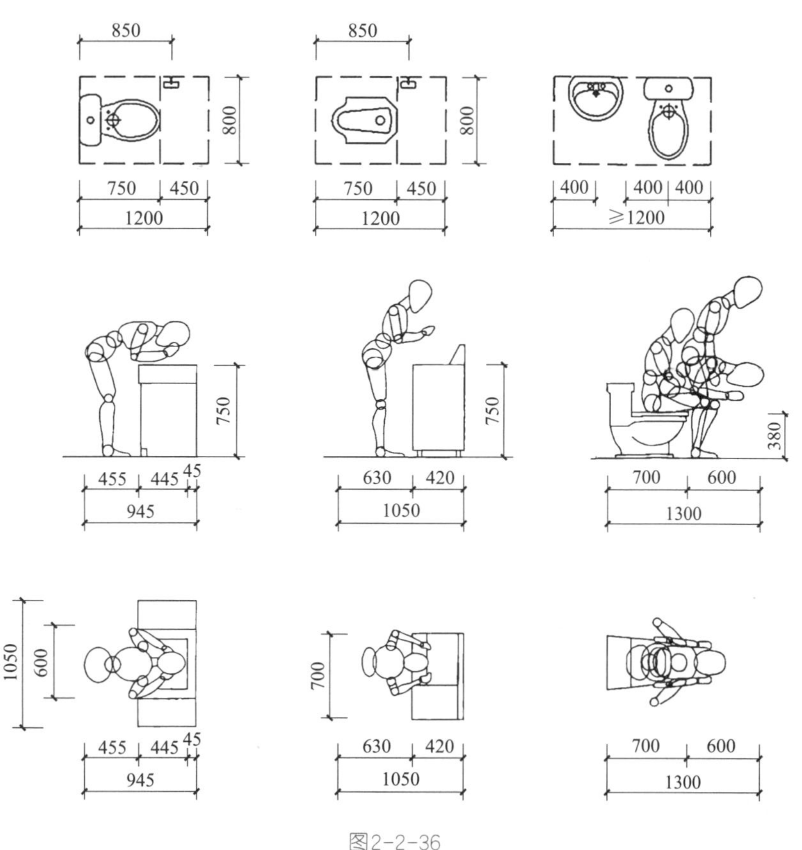

图2-2-36

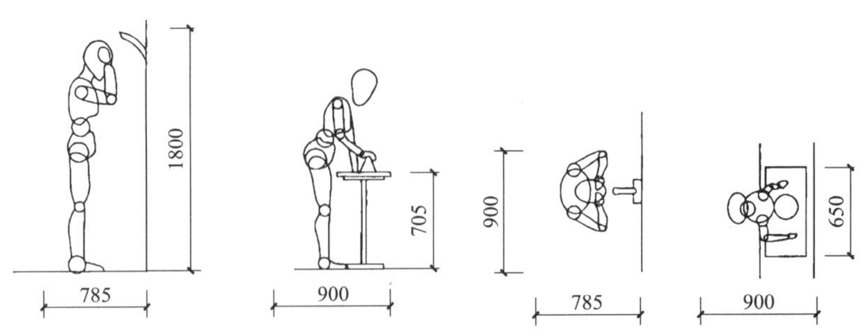

图2-2-36　卫生间活动空间需求（单位：mm）

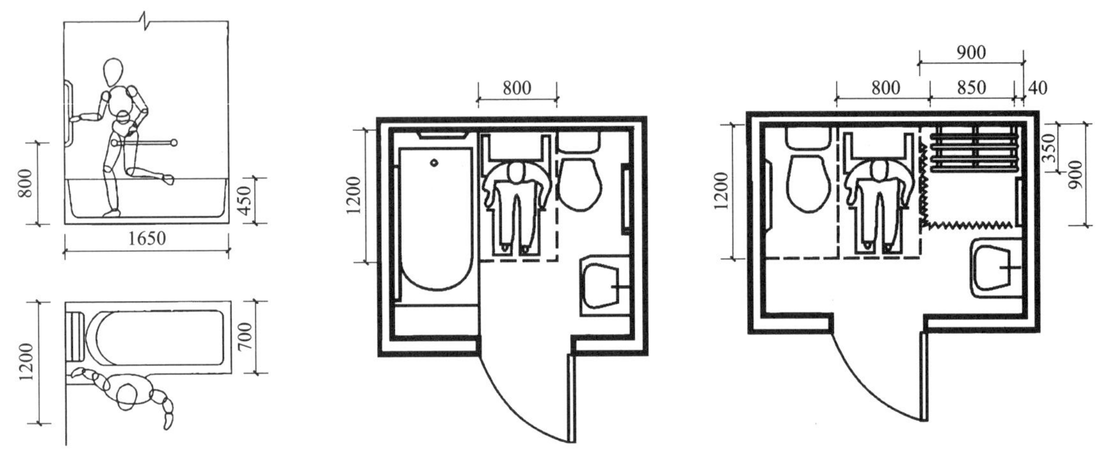

图2-2-37　卫生间无障碍设计（单位：mm）

卫生间常见的平面尺寸，开间取1500 ～ 2400mm，进深取1800 ～ 3000mm，面积一般为3 ～ $6m^2$。规范规定不同洁具组合的卫生间使用面积不应小于下列规定：设便器、洗浴器（浴盆或淋浴）、洗面器三件卫生洁具的为$3m^2$；设便器、洗浴器两件卫生洁具的为$2.50m^2$；设便器、洗面器两件卫生洁具的为$2m^2$；单设便器的为$1.10m^2$。小康示范小区规划设计指导规定为4 ～ $6m^2$。以上面积均不含风道、管道井的面积。三件套、四件套卫生间平面布置见图2-2-38、图2-2-39。

卫生间一般布置在公用空间和私密空间过渡的位置，既要方便人们使用又要放在相对隐蔽的地方，往往靠近卧室，并减少对起居室的干扰。为了避免卫生间窜味、漏水，无前室的卫生间的门不应直接开向起居室或厨房；不应直接布置在住户的卧室、起居室和厨房的上层。当卫生间布置在本套内的卧室、起居室、厨房和餐厅的上层时，均应有防水和便于检修的措施。

卫生间的地面、墙面应考虑防水措施。地面应防滑和排水，墙面应便于清洗。内部设置应考虑镜箱、手纸盒、肥皂盒等位置，还需考虑设置挂衣钩、毛巾架等。

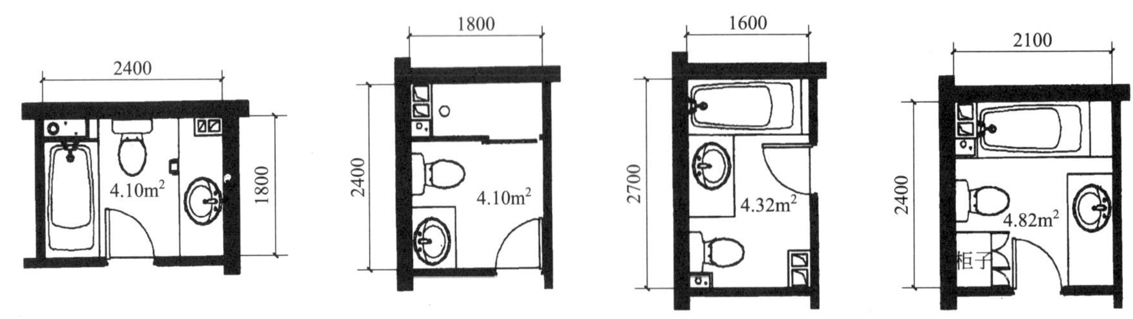

图2-2-38　三件套卫生间平面布置（单位：mm）

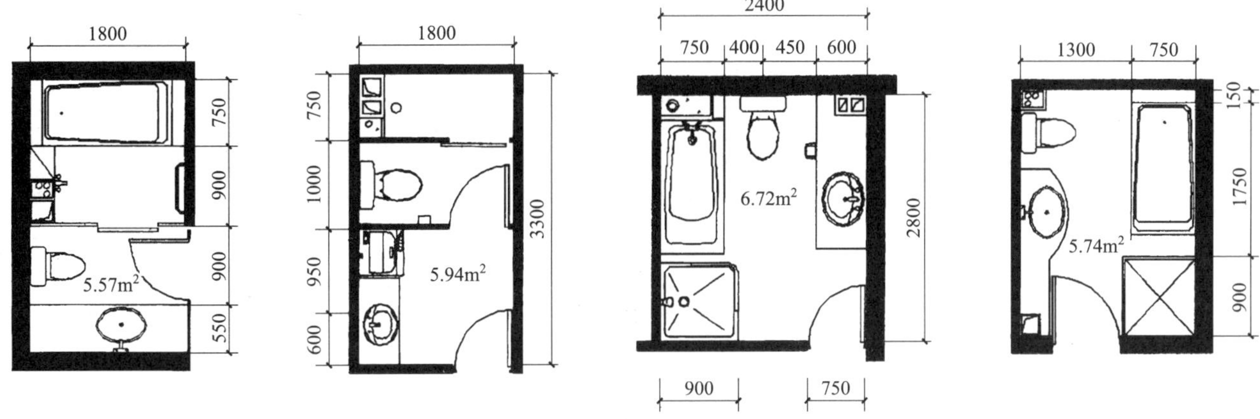

图2-2-39 四件套卫生间平面布置（单位：mm）

卫生间必须通风换气，有条件的利用自然通风。当卫生间不能直接对外通风采光时，应设置排气井道，并采用机械通风。排气井道分为主、副井道，以防止气体倒灌，在副井道上安装离心式通风器。需要注意的是，排气井道尺寸应不影响卫生间设备布置和使用。

由于卫生间的排污、给水的管道较多，往往在装修时都需吊顶，会造成空间的一些限制。卫生间内与设备连接的有给水管、排水管及热水管，需进行管网综合设计，使管线走向短捷合理，并应适当隐蔽，以免影响美观，可设置管道井，便于检修。给水排水立管位置、横管位置、地漏位置等均应进行综合设计，与设备工种统筹考虑。

此外，在我国燃气热水器使用较普遍，由于其燃烧时大量耗氧，并释放一氧化碳等有害气体，不能将其设置于卫生间中，应设置于通风良好的地方。套内空间应设置洗衣机的位置，通常位于卫生间，也有些套型设计在阳台上，或者设置单独的洗衣房。

住宅中卫生间的布置位置非常重要，对于住宅的整体套型设计有着很大的影响。一般来说，只要卫生间的位置能够得到妥善安排，其他房间就相对容易定位了，不同面积的卫生间典型平面布置见图2-2-40。总之，随着家庭生活质量的不断提高，人们越来越重视卫生间的设计，力求在功能、布置等诸多方面体现当代卫生间设计的合理性。

图2-2-40

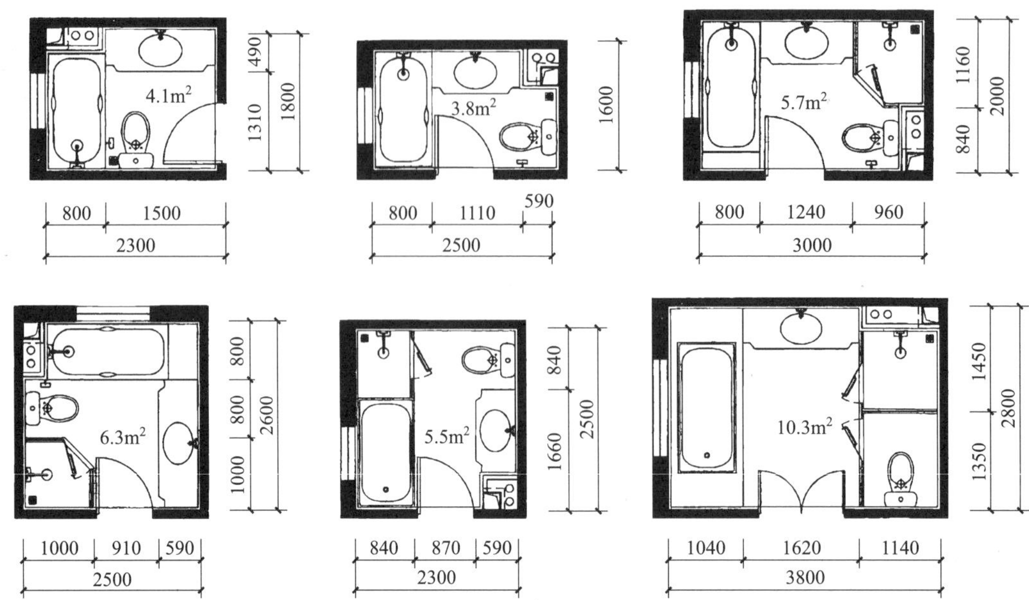

图2-2-40　不同面积的卫生间典型平面布置（单位：mm）

三、辅助空间

（一）储藏空间

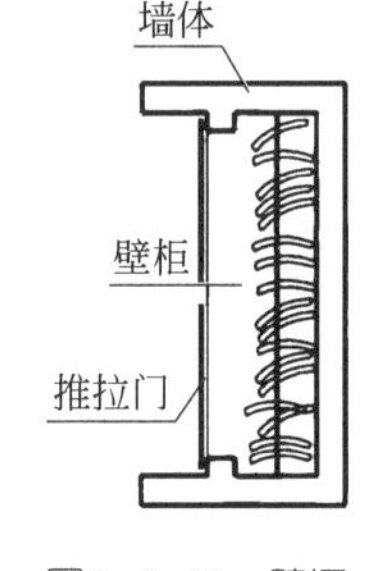

图2-2-41　壁橱

储藏空间，顾名思义，用来储藏东西，如日用品、衣物、棉被、箱子、杂物等。住户物品的贮藏需求因户而异，涉及人口规模、生活、习惯嗜好、经济能力等。常见的有储藏间、壁橱、地下室等。规范中定义如下。

① 储藏间：住宅内划分出的用于储物的独立性空间。

② 壁橱：住宅套内与墙壁结合而成的落地贮藏空间。见图2-2-41。

③ 地下室：室内地平面低于室外地平面的高度超过室内净高的1/2的房间。见图2-2-42（a）。

④ 半地下室：室内地平面低于室外地平面的高度超过室内净高的1/3，且不超过1/2的房间。见图2-2-42（b）。

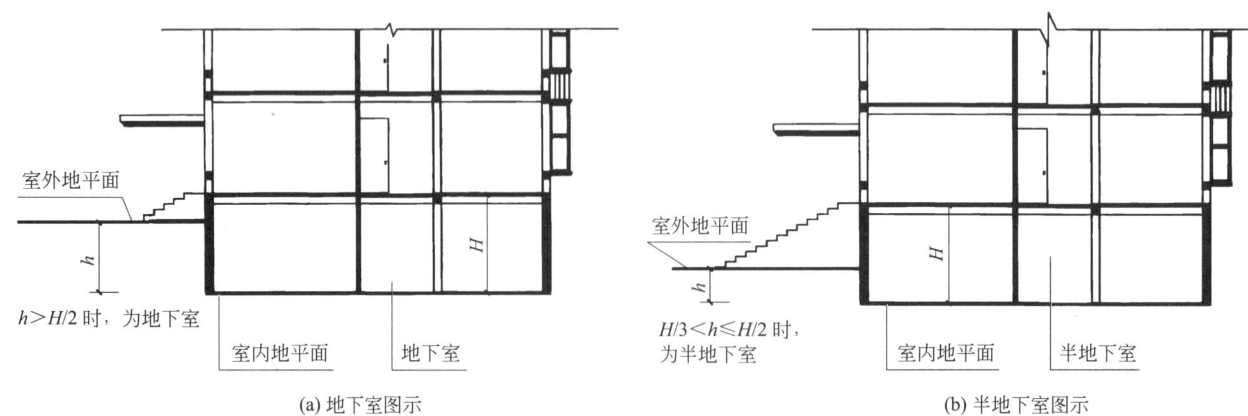

图2-2-42　地下室与半地下室

目前，很多面积宽裕的家庭出现了步入式衣帽间。步入式衣帽间（图2-2-43）是用于储存衣物和更衣的独立房间，起源于欧洲，可储存家人的衣物、鞋帽、包囊、饰物、被褥等。除储物柜外，一般还包含梳妆台、更衣镜、取物梯子、熨衣板、衣被架、座椅等设施。理想的衣帽间面积至少在4m^{2}以上，里面应分挂放区、叠放区、内衣区、鞋袜区和被褥区等专用储藏空间，可以供家人舒适地更衣。

图2-2-43　步入式衣帽间

在一套住宅中，合理利用空间布置储藏设施是必要的。如利用门斗、过道、居室等的上部空间设置吊柜，利用房间组合边角部分设置壁柜，利用内墙体厚度设置壁龛等。此外，坡顶的屋顶空间，户内楼梯的梯下空间等也可利用作为储藏空间。需要注意的是，每套住宅应保证有一部分落地的储藏空间，以方便用户使用。落地储藏面积因地区气候、生活习惯等因素而异，根据调查资料，一般设计可按0.5m^2/人左右来考虑。

（二）阳台与露台

1. 阳台

图2-2-44　阳台

阳台是建筑物室内的延伸，不仅是居住者接受光照、呼吸新鲜空气、摆放盆栽、进行户外锻炼、观赏、纳凉、晾晒衣物的场所，还可以变成宜人的小花园，使人足不出户也能欣赏到大自然中的色彩，在完善的住宅功能空间中是不可缺少的一部分，见图2-2-44。为了方便家庭室外活动和生活服务的需要，每套住宅都应设阳台或平台，同时也可以丰富建筑外观的艺术效果。

阳台按使用功能可分为生活阳台和服务阳台。生活阳台供生活起居用，设于起居室或卧室外部。服务阳台供杂务活动和晾晒用，通常设于厨房外部，见图2-2-45。阳台按平面形式可分为凸阳台、凹阳台和半凸半凹阳台，见图2-2-46。

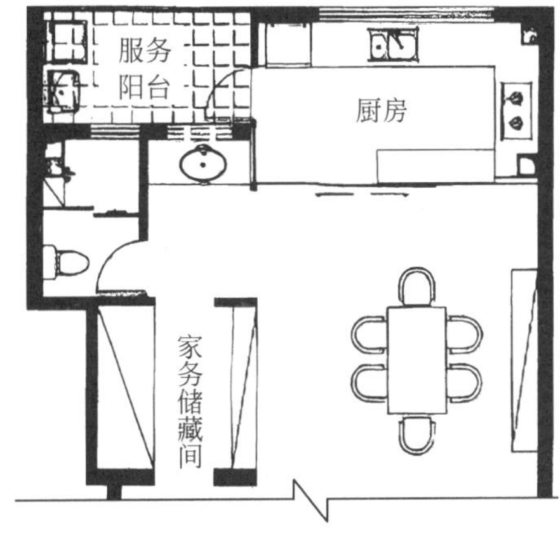

图2-2-45　服务阳台

① 凸阳台：悬挑出外墙，也称挑阳台，视野开阔，日照通风良好，但私密性较差，和邻户之间有视线干扰，可在两侧加挡板解决。凸阳台因受结构、施工与经济限制，出挑深度一般控制在1000～1800mm范围。出挑宽度通常为开间宽度，以利于使用和结构布置。

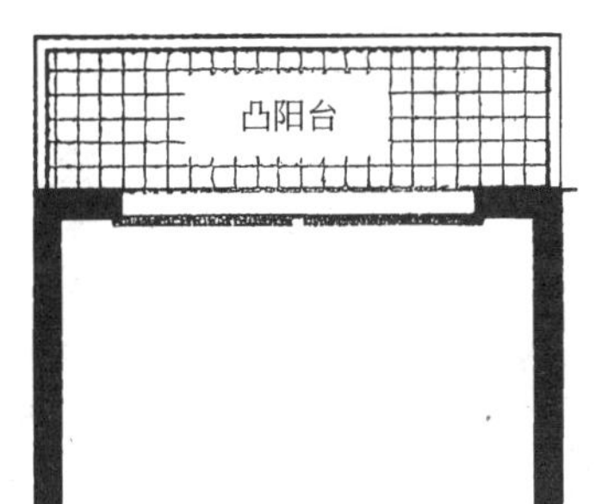

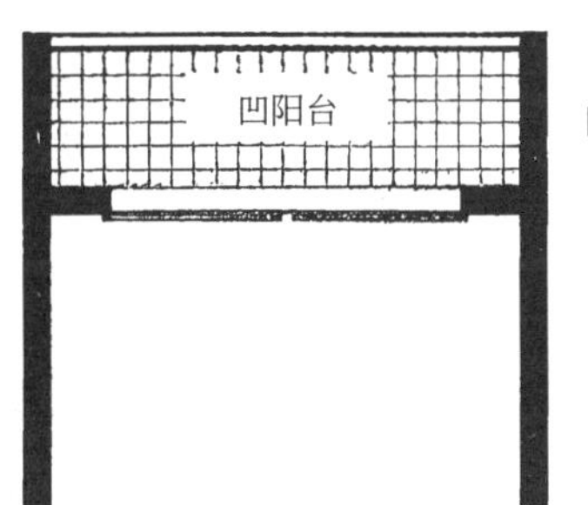

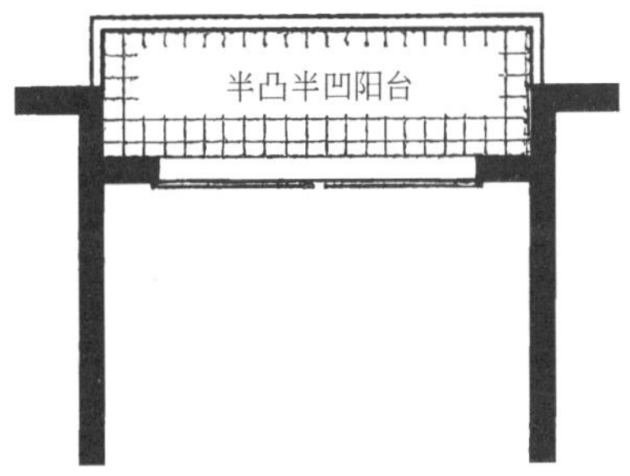

图2-2-46　不同的阳台平面形式

② 凹阳台：凹阳台凹入外墙之内，结构简单，深度不受结构限制，使用安静隐蔽。在炎热地区，深度较大的凹阳台是设铺纳凉的良好空间。

③ 半凸半凹阳台：兼有凸阳台和凹阳台的优点，同时避免了凸阳台出挑深度的局限。

④ 封闭式阳台：将以上三种阳台临空面装上玻璃窗，就形成封闭式阳台，可以起到阳光室的作用。当其进深较大时，也可作为小明厅使用。

阳台的构造处理，应保证安全、牢固、耐久，特别是阳台栏板，需具有抗侧向力的能力。阳台的地面标高宜低于室内标高30～150mm，并且应有排水坡度引向地漏。阳台除供人们进行户外活动外，兼有室内外空间过渡以及防火灾蔓延、意外救援的作用，如日本集合住宅的阳台分户隔板，在邻居家突发意外时可将其打破进入救援。此外，阳台的出挑也占用建筑物的红线尺寸，出挑过多，将相应地减少房间面积，因此需要综合考虑。

阳台是儿童活动较多的地方，因此，阳台栏杆设计应防止儿童攀登。根据人体工程学原理，栏杆垂直净距离应小于0.11m，才能防止儿童钻出，因此，栏杆的垂直杆件间净距不应大于0.11m。为防止因栏杆上放置花盆坠落伤人，放置花盆处必须采取防坠落措施。同时，住宅的阳台栏板或栏杆净高不应低于1.10m。

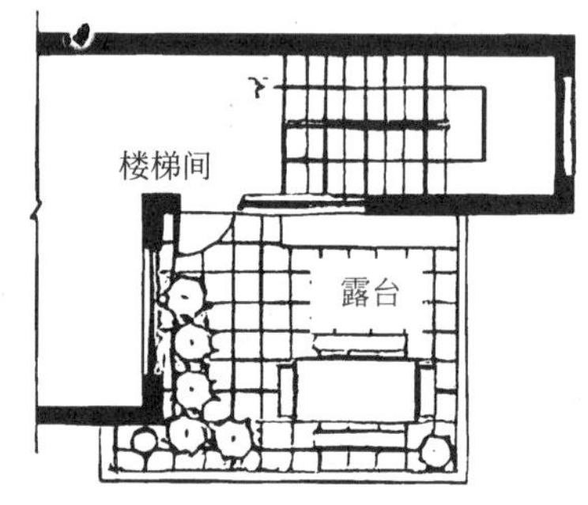

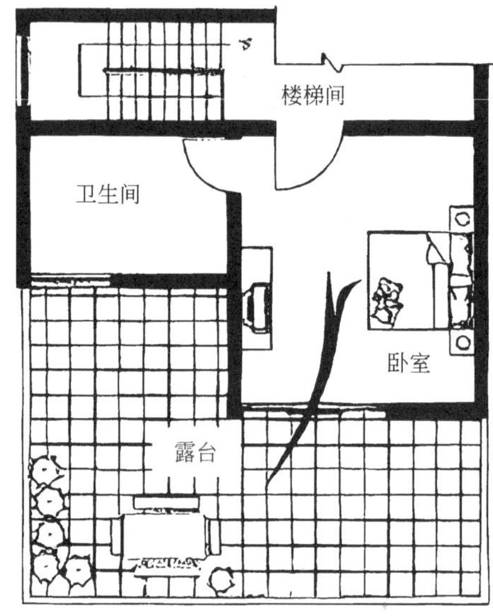

图2-2-47　露台

2. 露台

露台（图2-2-47）是指其顶部无覆盖遮挡的露天平台。如顶层阳台不设雨棚时即形成露台。在退台式住宅中，退台后的下层即形成露台。通常做成花园式露台，覆土种植绿化，为住户提供良好的室外活动空间，这种种植屋顶构造，既美化了环境，又加强了屋顶的保温隔热性能。

（三）门厅（玄关）

住宅的入口过道空间在现代设计中往往做成“玄关”（即门厅）的形式。门厅是从室外空间通过入口进入室内的过渡空间，是联系户内外空间的缓冲区域，供人们完成心理转换，门厅见图2-2-48。

日本住宅的玄关区地面与其他房间一般有6～10cm的高差，明确划分了换鞋的位置并实现了洁污分区。而且，日本玄关平面多为L形，即进门后有一转折，这一

图2-2-48　门厅（玄关）

过渡性的空间起到了保护住宅内部的私密性，为来客引导方向、缓冲视线的作用。门厅的功能需求见表2-2-6。

表2-2-6 门厅（玄关）的功能需求

活动	接待	过渡空间	储藏	装饰门面
换鞋更衣、整理衣装、暂存物品、鞋具护理、衣物清扫等	迎送客人、主客寒暄、递送礼物、快递接受、抄表签字等	避免公共走道对户内一览无余、避免起居餐厅看到杂乱的鞋子等	鞋、衣物、运动用品、鞋拔子、鞋油、鞋刷、书包、童车、钥匙、雨伞、雨衣等	展示主人情趣、个性、品位、审美、修养等

门厅应有足够的空间用以弯腰或坐下换鞋和伸展更衣，保证有合适的视距，以便居住者照镜整理服装，并应有足够的储藏空间。《住宅设计规范》规定套内入口过道净宽不宜小于1.2m。门厅主要家具尺寸见图2-2-49。

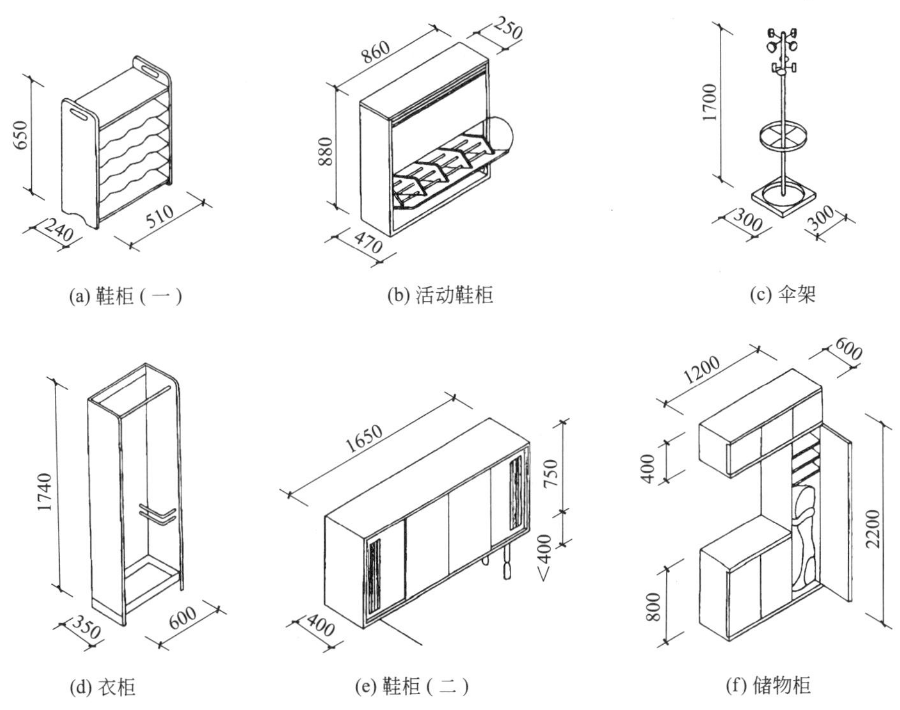

图2-2-49 门厅（玄关）主要家具尺寸

门厅应该与起居空间有最直接的联系，引导人流进入起居空间，同时也需要从门厅比较容易地找到楼梯，并尽量隐蔽通往服务空间或卧室空间的走廊，从而做到引导空间的主次有序。门厅的典型平面布局见图2-2-50。门厅是既给予外来者对住宅的第一印象，又是与各个空间相联系的重要的枢纽空间，因而在设计中需要精心而细致地思考。

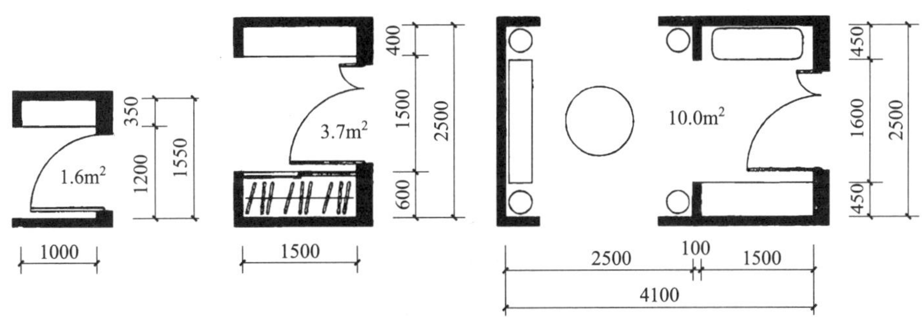

图2-2-50 门厅的典型平面布局

（四）过道

过道是住宅套内使用的水平交通空间。过道的功能是避免房间嵌套而造成各空间之间的穿插与干扰。

套内入口的过道，常起门斗的作用，既是交通要道，又是更衣、换鞋和临时搁置物品的场所，是搬运大型家具的必经之路。在大型家具中沙发、餐桌、钢琴等尺度较大，在一般情况下，过道净宽不宜小于1.20m。通往卧室、起居室（厅）的过道要考虑搬运写字台、大衣柜等的通过宽度，尤其在入口处有拐弯时，门的两侧应有一定的余地，该过道不应小于1.00m。通过厨房、卫生间、储藏室的过道净宽可适当减小，但也不应小于0.90m。建筑规范对过道净宽的要求见表2-2-7，过道与门的通行尺寸见图2-2-51。

表2-2-7　建筑规范对过道净宽的要求

套内入口过道	通往卧室、起居室的过道	通往厨房、卫生间、储藏室的过道
宜≥1.20m	应≥1.00m	应≥0.90m

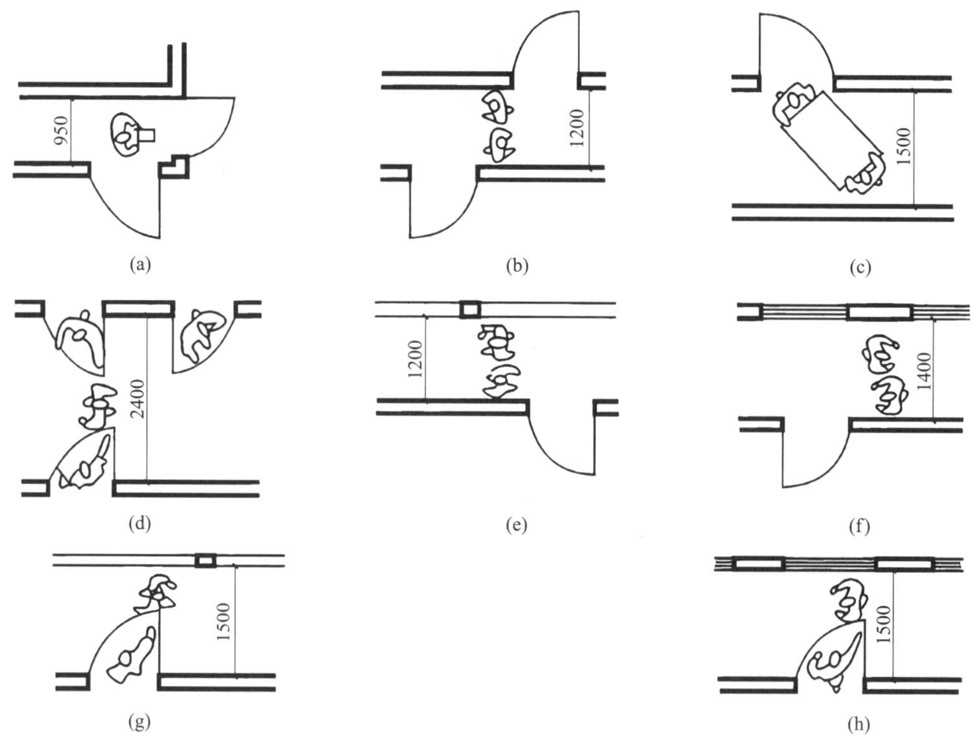

图2-2-51　过道与门的通行尺寸

在套型设计中应尽量减少非必要的过道交通面积，提高使用效率；空间内尽量不要出现内走廊，应将过道适当和其他空间合用，如将走道的空间结合在起居室内，起居室会感觉很大。

四、其他

（一）门

1. 门的相关尺寸

门是分割和联系相邻房间的重要手段。房间门的尺寸既要考虑人的通行，又要考虑家具搬运。其户门、起居室门和卧室门洞口最小宽度不应小于900mm，厨房门不应小于800mm，卫生间门不应小于700mm，门高度均不应小于2000mm。相关尺寸见图2-2-52、表2-2-8。

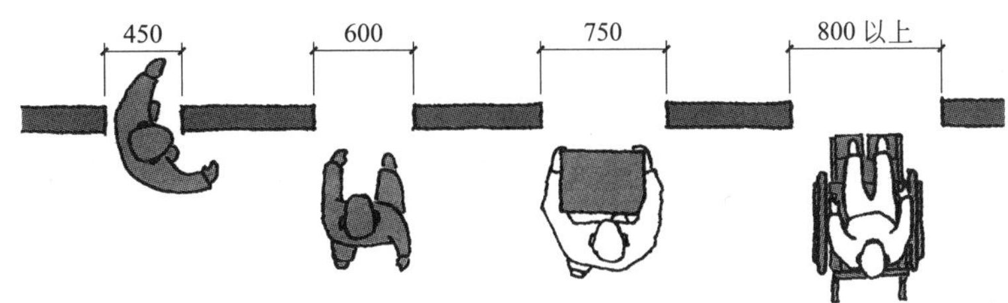

图2-2-52 不同的通行目的与门的尺寸

表 2-2-8 门的最小尺寸

类别	洞口宽度/m	洞口高度/m
公用外门	1.20	2.00
户（套）门	1.00	2.00
起居室门	0.90	2.00
卧室门	0.90	2.00
厨房门	0.80	2.00
卫生间门	0.70	2.00
阳台门（单扇）	0.70	2.00

2. 卧室门

当进卧室的门位于短边墙时，宜靠一侧布置，使开门洞后，剩余墙段有可能放床，并且最好能容纳床的长边。当其位于长边墙时，宜靠中段布置，或靠一侧布置，留出500mm以上墙段，使房间四角都有布置家具的可能。门与家具的关系见图2-2-53。

3. 起居室门

起居室作为户内公共空间，通常需联系卧室和其他房间，即在起居室的墙面上可能会有多个门洞，极易造成起居室墙面洞口太多，所余墙面零星分散，不利于家具布置。在设计中，特别需注意减少其洞口数量，并注意洞口位置安排相对集中，以便尽可能多地留出墙角和完整墙面布置家具。起居室开门的控制见图2-2-54。

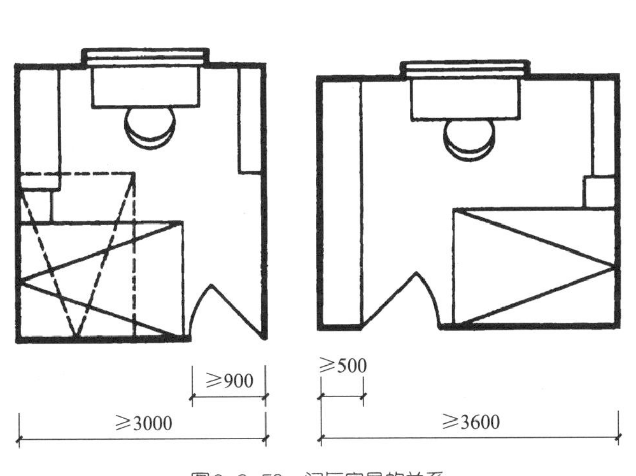

图2-2-53 门与家具的关系

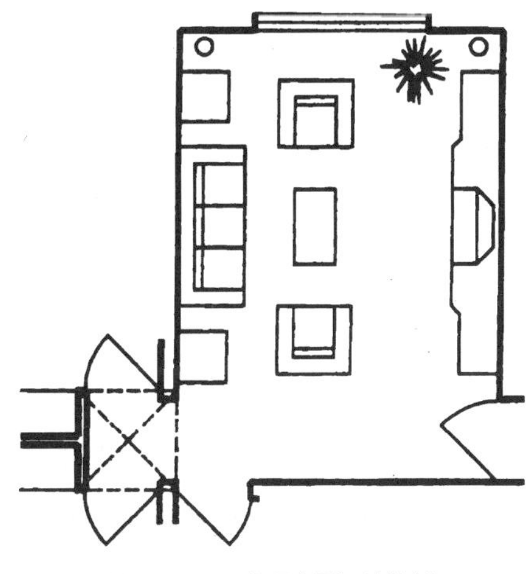

图2-2-54 起居室开门的控制

4. 阳台门

阳台门的大小一般仅考虑人员通行尺寸，因无大型家具搬运，其门洞口最小宽度不应小于700mm。卧室与阳台之间的门可与窗一起形成门带窗，也可以分别设置。其位置一般靠阳台一端，以利开启，如在一端留出500mm左右墙段再设门，可有利于在墙角布置家具。起居室与阳台之间的门可采用落地玻璃门，形成通透开阔的视野。阳台门的尺寸与位置见图2-2-55。

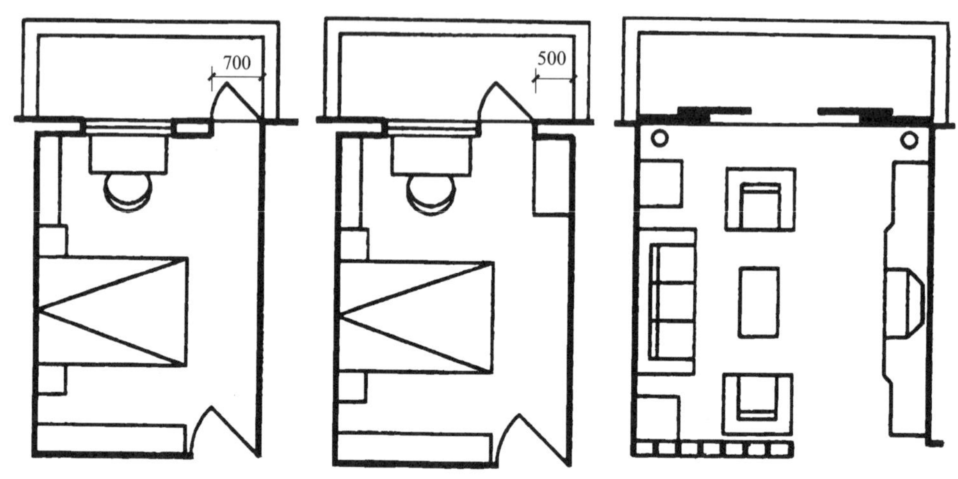

图2-2-55　阳台门的尺寸与位置

5. 门的开启方式

除了门的尺寸，门的打开方向也对空间和功能有着较大的影响。在设计时就应考虑建成后门的打开方向，以及和家具布置的关系。如图2-2-56所示，同样一扇门有4种开门方式，哪一种才是最合理的？只要大家稍微回想一下生活中的门，就很容易知道最佳答案。但是为什么非得这样开门？因为门的朝向对了，人就生活得舒适自在，比如图2-2-56中C这道门如果没有完全打开，人就很难顺利进入室内，而且通过时还会受到墙面与门板两侧的包围，产生压抑感。

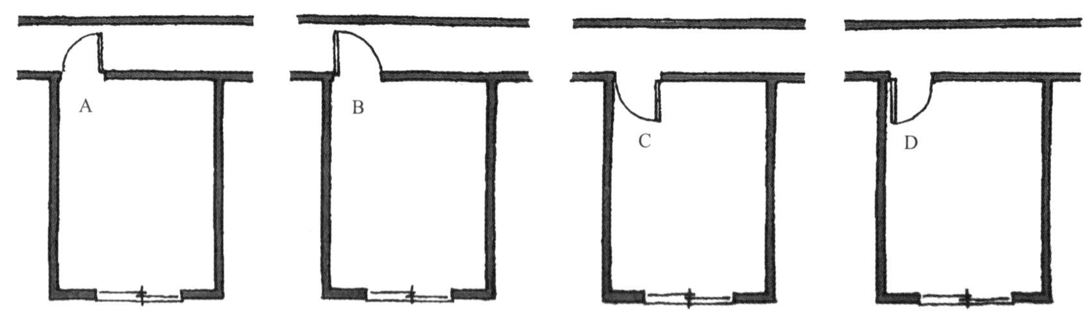

图2-2-56　选择正确的开门方式

（二）窗

目前，住宅建筑窗的形式主要有普通窗、凸窗、转角窗、落地窗、通高窗、高窗、老虎窗、天窗等，最为常用的是普通窗、凸窗、转角窗和落地窗，如表2-2-9所示。

表2-2-9 常见的窗的形式

	平面	剖面
普通窗	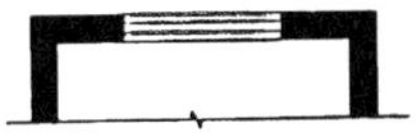	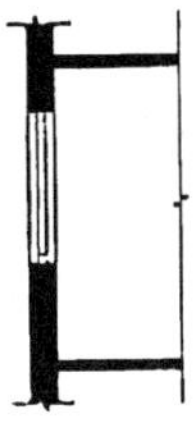
凸窗	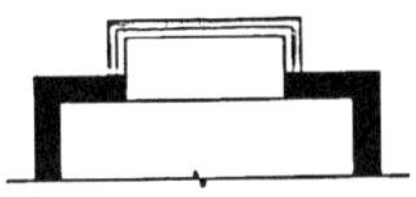	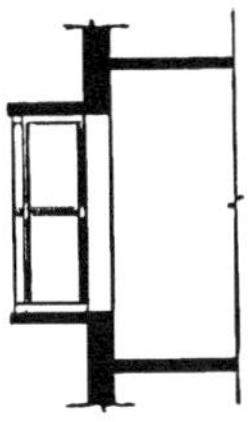
转角窗	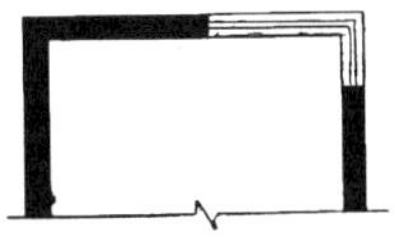	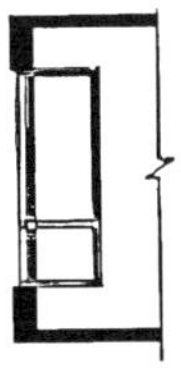
落地窗	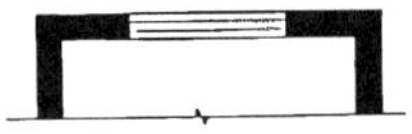	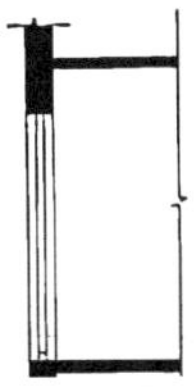

注意开窗的位置与室内开口位置的关系，争取做到当人位于内部房间时视线能够通过开口部位穿越多个空间延伸至窗外以增加通透感。同时也要确保居室的私密性，充分考虑与邻近窗户的平行对视，特别是斜上方俯视等视线干扰。卧室、起居室应尽量开南向窗，当东西向开窗时，必须考虑相应的遮阳措施。考虑到空调设备的必要性，应妥善处理窗与空调外机的位置关系。窗地比的最小值见表2-2-10，窗的高度与室内采光质量见图2-2-57。

表2-2-10 窗地比的最小值

房间名称	窗地比最小值
卧室、起居室	1/6
卫生间、过厅、楼梯间	1/10

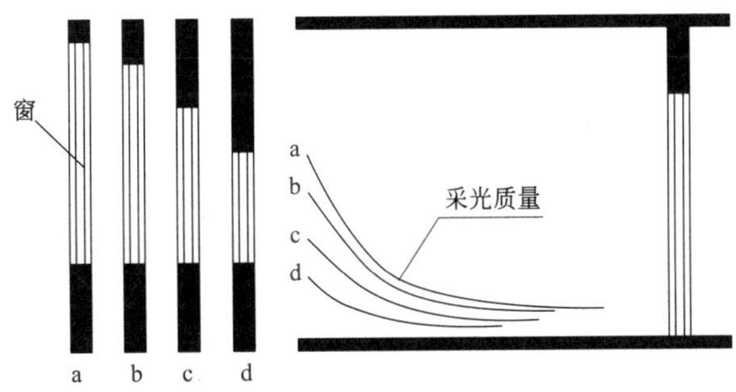

图2-2-57 窗的高度与室内采光质量

确定窗的位置和窗侧边墙垛尺寸时，要照顾家具布置，同时兼顾多种摆放的自由度，过多和过于分散的窗会影响家具的摆放，如图2-2-58所示。窗的大小尽量以100mm模数确定窗洞口尺寸，并与砌块组合的尺寸相协调。开窗面积应符合窗地比的要求——住宅卧室、起居、厨房等房间窗地面积比值不应小于1/7，楼梯间的窗地比应不小于1/12。还应尽量提高窗的上沿高度以增加进深方向的照度。从外立面考虑应注意窗自身及与窗间墙之间的比例关系以求形成虚实对比有节奏感的立面效果。

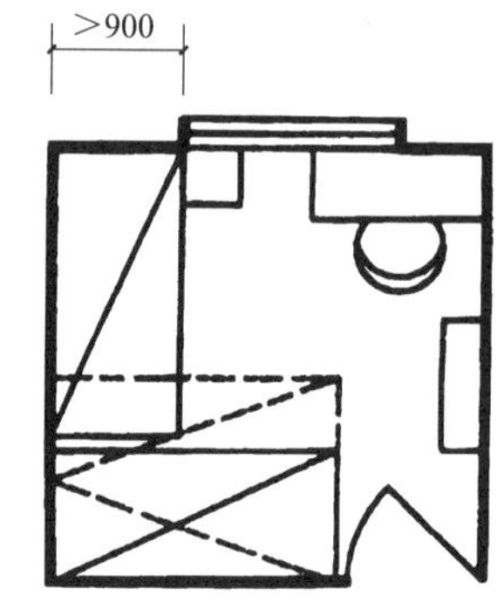

图2-2-58　窗边墙与家具的关系

（三）楼梯与楼梯间

在低层住宅中，楼梯是垂直交通联系的重要方式。低层住宅楼梯服务层数少，且常为独户使用，因而楼梯位置与形式相对灵活一些。楼梯的位置影响着低层住宅交通空间的组织效率，并决定着楼层空间的主要布局，合理的楼梯位置可以缩短楼层空间的走廊长度。户内楼梯在平面中的位置可靠近住宅入口，也可以位于住宅中部，由于穿行路线较长，位于住宅后部的情形较少采用。独户使用的楼梯常布置于客厅，作为客厅空间的一部分，取得较好的装饰效果，起到美化空间的作用。如果将楼梯间相对独立，上下楼不穿越客厅或起居室，可保障起居室或客厅的安宁。

低层住宅可采用各种不同的楼梯形式，包括单跑、双跑、三跑、弧形楼梯等，但不同的楼梯形式影响着住宅的空间组织方式和平面形态。梯段净宽，当一边临空时，不应小于750mm；当两侧有墙时，不应小于900mm。梯级踏步宽度不应小于220mm，高度不应大于200mm。套内楼梯的最小尺寸见图2-2-59。

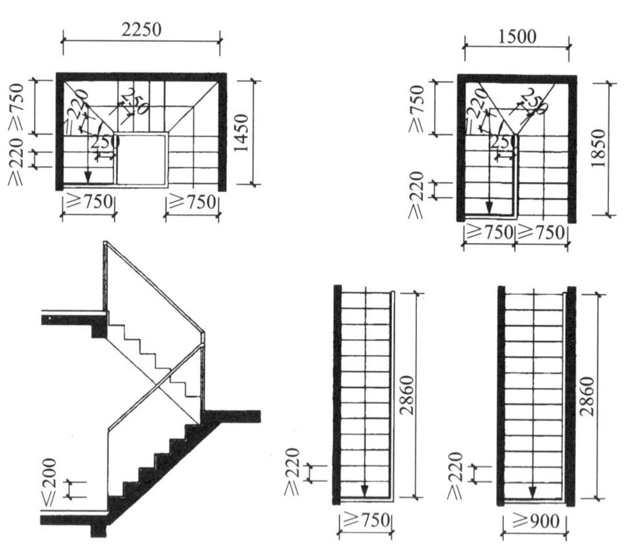

图2-2-59　套内楼梯的最小尺寸

（1）直跑楼梯　单跑楼梯使用较方便，结构简单，有利于利用楼梯下面的空间，有时可与客厅结合，处理成开敞式楼梯。但楼梯入口与出口的距离较远，交通路线较长，占用的面积也较大。另外，直跑楼梯上下楼的安全性以及视觉效果均不如梯段中间有休息平台的楼梯。

（2）平行式双跑楼梯与三跑楼梯　平行式双跑楼梯与三跑楼梯多处理成梯间式，其特点是楼梯较独立，使用方便，有时还可结合地形和不同空间的高差，通过利用楼梯休息平台的不同高度，对住宅平面进行错层式处理。但如梯段宽度较窄，则不利于家具和大体积物品的搬运。

（3）L形与T形楼梯　L形、T形楼梯在使用和与客厅结合方向效果均较好，一般较少处理成梯间式。

（4）弧形楼梯、圆形楼梯及螺旋式楼梯　弧形、圆形及螺旋式楼梯也常与客厅等室内空间结合，可起到美化空间的作用。但如梯级的内端太窄，会影响安全和方便，一般要求梯级距内侧250mm处的宽度不小于220mm。弧形楼梯、圆形楼梯在结构上较为复杂，楼梯所占的空间也较大，一般只在住宅面积较大时才考虑使用，其中圆形楼梯在住宅中较少采用。螺旋式楼梯占用空间不大，但在使用上不利于安全，常见于青年住宅，也可作为上阁楼的楼梯。

套内楼梯造型示意见图2-2-60。

图2-2-60　套内楼梯造型示意

（四）车库

随着社会的发展，家用汽车的拥有率越来越高，因此在进行住宅设计时，还应考虑使用者车辆的停放空间。如果在较为开阔的基地进行设计可以不必太介意，但如果打算在房屋密集的街区建造住宅，对于停放汽车的场所，即使是一辆小型轿车的停车空间，设计上也要大费功夫。所以不仅要掌握汽车的尺寸，也要研究如何反切方向盘才能顺畅地从道路倒车入库，甚至还要考虑车位与建筑物的关系，选出最合适的场所，以及考虑驾驶人该如何下车。由于人车分流的考虑，车库应设有单独的出入口，避免人车交叉。家用轿车的车库开间最小为3m，进深多为5.5～6m，净高不能小于2m，外门应采用卷帘或者翻板成品门，内门应通向室内空间。错误的车位空间见图2-2-61，正常的车位空间见图2-2-62。车位与周边环

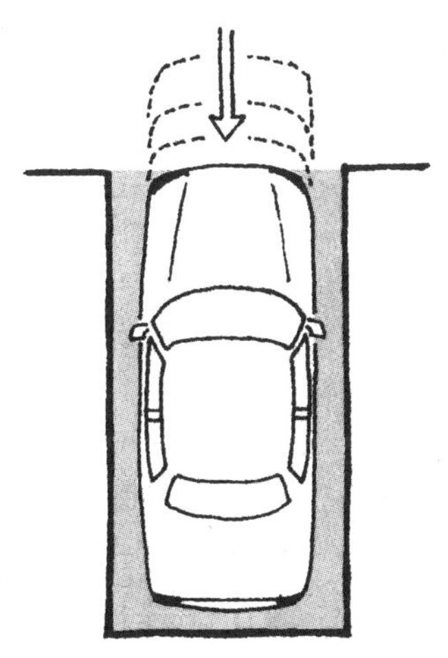

图2-2-61　错误的车位空间

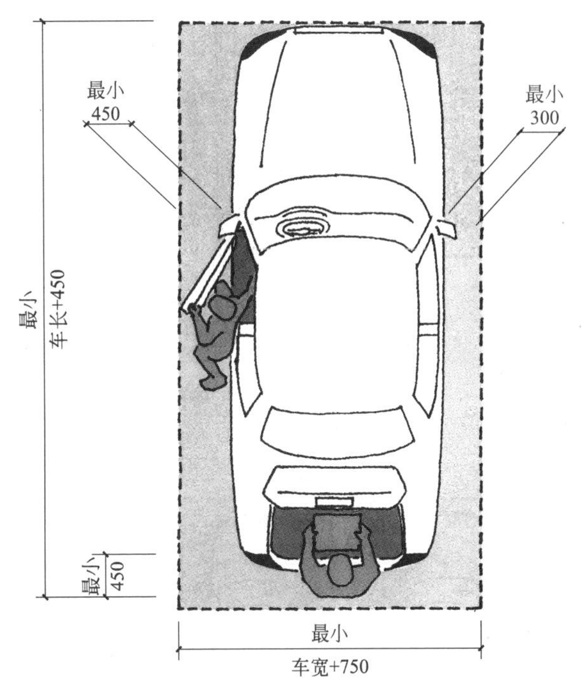

图2-2-62　正常的车位空间

境的关系见图2-2-63，车位与车位之间的关系见图2-2-64。

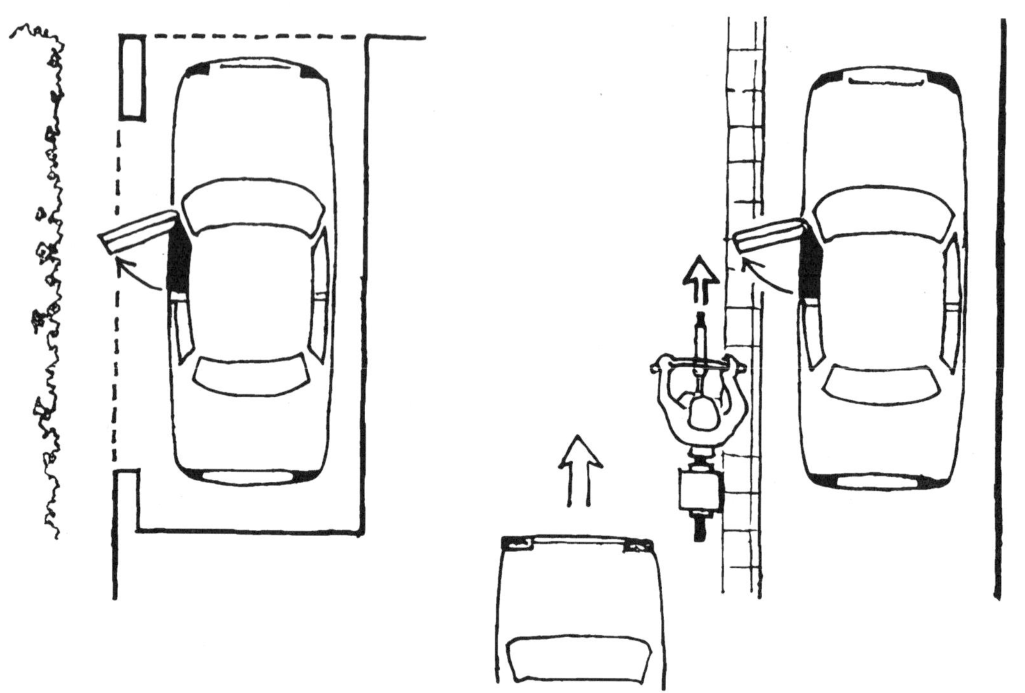

开门范围不能超出道路的停车空间。

(a) 不要向道路一侧开门

靠近驾驶室的墙面如能设计局部开口，有助于狭窄的停车空间使用。

(b) 局部墙面开口

图2-2-63 车位与周边环境的关系

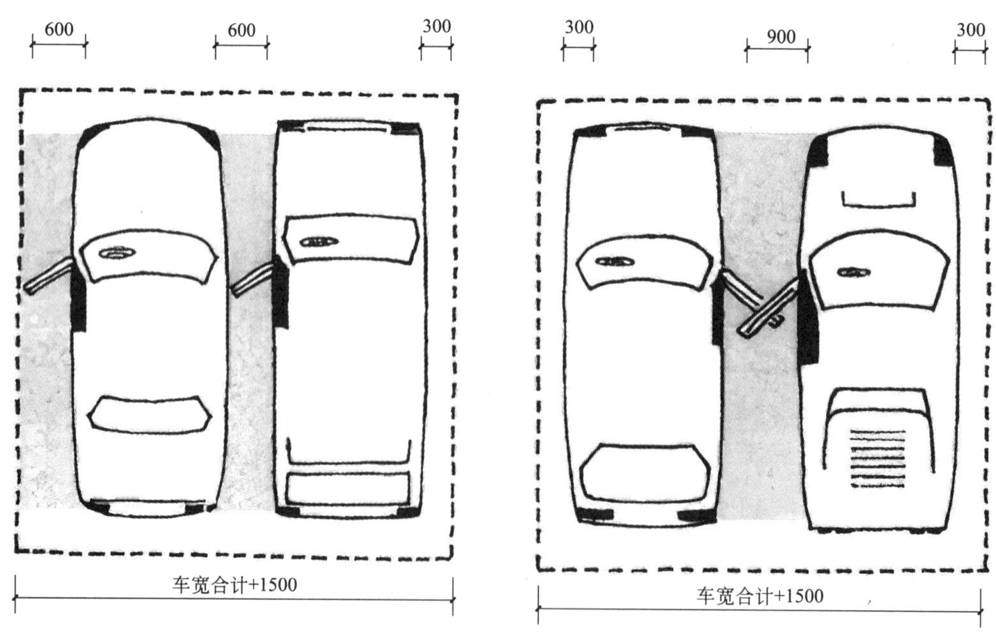

图2-2-64 车位与车位之间的关系

五、庭院

“生态”如今可以说是环境设计的首要条件。在城市环境中，居民普遍有在住宅附近进行室外活动的需求和愿望。应充分利用独立住宅与室外环境较为接近的特点，营造出富于浓郁生活气息的住宅室外环境。

室外空间是人们户外活动的场所，也是住宅与城市公共空间的过渡点，在可能的条件下，应设置较为集中的绿地，把自然环境引入住宅的空间范围之内，使居住者在院中活动时可以感受到亲切的自然气息；还应适当设置入户小径和铺地，有时还可配置花池、树池、水池、石桌、葡萄架等小品。根据对欧美独立住宅的统计，私人庭院是家庭住宅中重要的使用场地，其使用顺序大致是：用于起居、游戏、室外烹饪和就餐、晒衣、园艺、招待朋友和储存杂物。三岁以下的孩子，将在庭院内度过其大部分的户外时间。除此之外，庭院内还兼顾停车、停留、休息的使用要求。住宅庭院景观见图2-2-65。

图2-2-65　住宅庭院景观

庭院通常具有三部分内容：室外活动空间、花草园林空间及道路。室外的起居空间应该直接设于起居室和餐厅附近，有足够的硬质地面供室外的娱乐或进餐。小型的独立住宅多仅以花草树木塑造庭院，当住宅基地比较开阔时，独立住宅中的小园林也会以水池、花架、灯饰结合多样的地面铺装等布置，形成丰富的室外空间。值得注意的是，为了植物的生长和拥有生机盎然的庭院，最好不要把小园林布置于不见阳光的北面。庭院中的步行道路应与小园林结合设计，而车行道路必须相对独立，从而不会对室外活动和小园林造成干扰，并仔细考虑行人、车库的转弯半径、尽端回车道、室外停车位等的合理位置和合理设计。庭院举例见图2-2-66、图2-2-67。

图2-2-66　日式庭院——枯山水

图2-2-67　新中式庭院

前院是客人与主人都要使用的户外空间，其中的植物栽培是不可忽视的，可以充分利用树木、草坪、绿篱、棚架、水池、铺地等手法创造出丰富的庭院空间，使它们与相邻的室内空间有机地联系起来，形成统一的整体。随着四季的更替、气候的变化，向人们展示出一幅幅不同的自然画面。

内庭院一般面积较小，在设计上通常采用类似于盆景处理的方法，选择种植造型较为雅致的植物（如竹、小棕榈等体形修长的植物），并结合庭院小品和墙面，通常把视觉尽端的墙面以石（砖）纹处理作为背景，形成宁静、雅致的景观。如图2-2-68住宅内院。

图2-2-68　住宅内院

后院一般在居住条件较好的情况下不宜处理成杂物院，宜形成安静、整洁的气氛。它是主人使用的独立户外空间，花草树木也必不可少，也可考虑设置供家人休息的平台、座椅等，为家庭成员的户外聊天、散步、休憩等提供便利。

住宅的自然环境设计应按照“以人为本”的原则，保证清新的空气、便利的交通、充分的日照、良好的通风条件；尊重地形，因地制宜地发挥地段优势；满足生态平衡的要求，营造良好的生态系统。

综上所述，在住宅套型设计中，需要考虑户内整体空间形式，以及总面积大小的前提下，对各功能空间尺度、面积以及设计形式进行相互协调，综合设计，以期达到在满足各功能空间要求的同时，提升居住的整体品质。

课后思考 ?

1. 起居室设计的主要功能有哪些？
2. 卧室设计的要点有哪些？
3. 书房设计的空间类型有哪些？
4. 餐厅设计的主要家具有哪些？
5. 厨房设计的工作三角是什么？
6. 卫生间设计的常见设施有哪些？

任务三

小型住宅结构设计

知识点

常用的住宅建筑结构及特点

任务目标

注意建筑结构的合理性，根据结构形式合理调整设计方案。

一、建筑结构概念

建筑结构是建筑技术的组成内容，是保证房屋安全的重要手段。建筑结构的形式是为了满足建筑的功能要求，也是为塑造建筑的外形服务。

二、建筑结构与建筑设计关系

建筑结构与建筑设计是两个既相互独立又紧密联系的专业。建筑结构是解决坚固问题，处于服务地位，由结构设计师完成；建筑设计是解决功能、适用和美观的问题，处于先行与主导地位，由建筑师完成。建筑设计必须和建筑结构有机结合起来，只有真正符合结构逻辑的建筑才具有真实的表现力和实际的可行性，并富有个性。

2-3-1

三、建筑结构的组成构件及分类

低层住宅和其他形式的建筑一样，都是由屋盖、楼板、墙、柱、基础等结构构件所组成，这些构件互相支撑，互相扶持，直接或间接地、单独或协同地承受各种荷载。

建筑结构根据结构材料，可以分为钢筋混凝土结构、砌体结构（砖砌体、石砌体、小型砌块、大型砌块、多孔砖砌体）、钢结构、木结构、塑料结构和薄膜充气结构。常用结构体系见图 2-3-1。

建筑结构根据主要结构形式，可分为以下几种：砌体结构（或称墙体结构，以墙体作为支撑水平构件，即承担水平力的结构）、框架结构、剪力墙结构、框架 - 剪力墙（抗震墙）结构、筒体结构（由剪力墙组成或密柱框筒组成）。

四、低层建筑常用的结构形式

低层建筑常用的建筑结构有木结构、砌体结构和框架结构等。

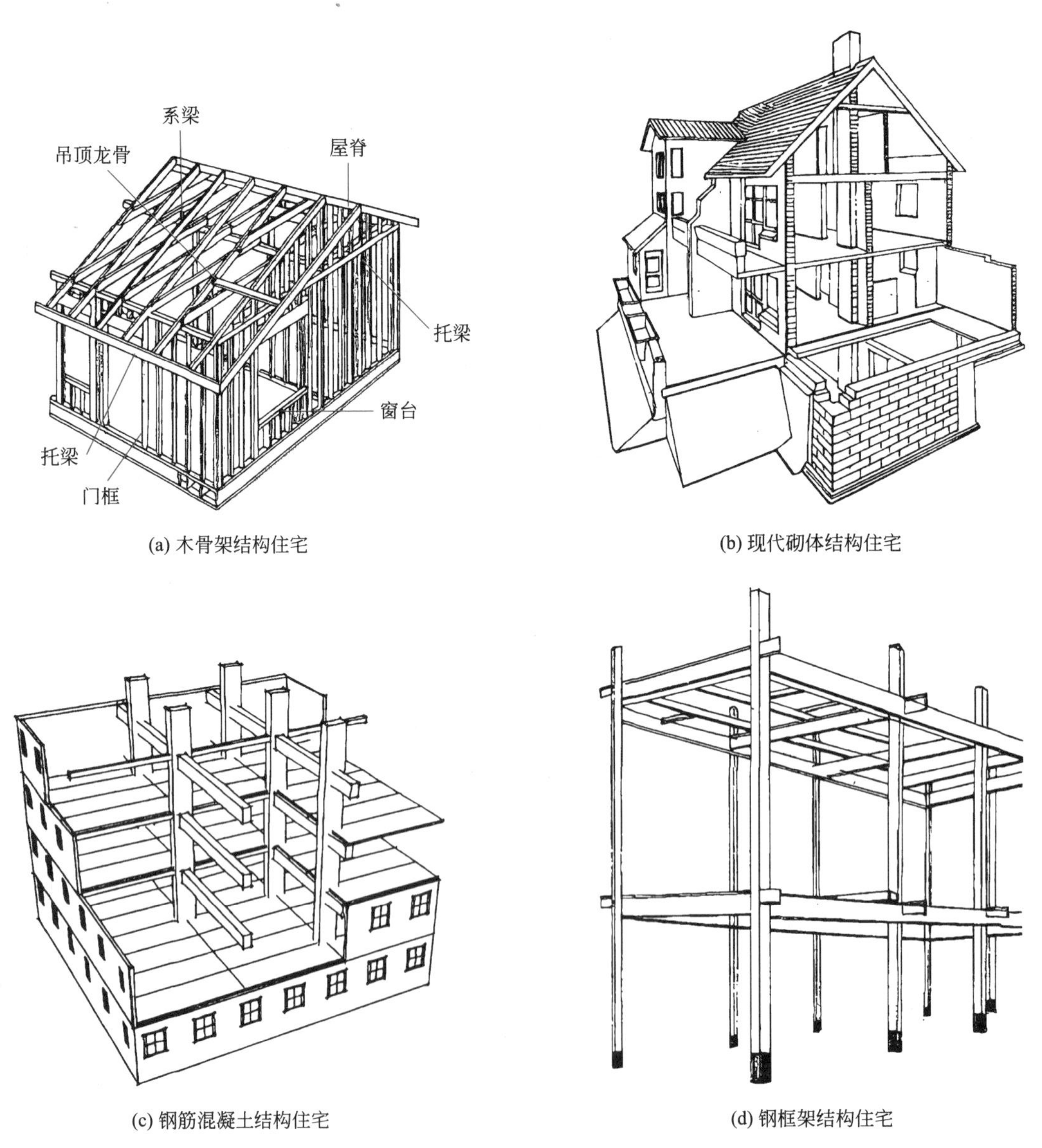

(a) 木骨架结构住宅

(b) 现代砌体结构住宅

(c) 钢筋混凝土结构住宅

(d) 钢框架结构住宅

图2-3-1　常用结构体系

1. 木结构

木结构住宅在住宅发展历史中占有非常重要的地位。木结构住宅具有取材方便、制作简单、自重轻、容易施工等优点，因此，在山区、林区和农村等地方普遍应用。

砖石结构历史悠久、成本低廉、耐久性好，但是砌筑进度缓慢，由于结构自身的局限性，对于室内空间的创造有较大的约束。

2. 砌体结构

砌体结构一般是指采用钢筋混凝土楼（屋）盖和砌体（砖或其他块体，如混凝土砌块）砌筑的承重墙组成的结构体系，也称墙承重结构体系。比如砖混结构是由砖承重墙、构造柱、钢筋混凝土梁、钢筋混凝土楼板组成。

砌体结构具有以下特点：砌体结构的墙体具有承重和围护的双重作用，所用材料便于就地取材，施工比较简单，施工进度快，技术要求低，施工设备简单。由于砌体抗拉抗剪强度低，因此，砌体结构的抗震性能差，一般不适用于大型建筑。砌体结构一般不适用于高层建筑及需要大空间的建筑。由于墙体承重，在其上开设门窗洞口受到限制，建筑立面效果显得厚实、封闭性强。为了保护土地资源，我国多数大中城市都已经严格限制黏土砖的使用，因此，近些年砖混结构的住宅已越来越少见。采用其他砌体结构，一般需要专门进行砌体排列设计，比较复杂。此外，砌体结构在抗震区还需要设置梁和构造柱。

3. 框架结构

框架结构则是由钢筋混凝土柱、非承重填充墙、钢筋混凝土梁、钢筋混凝土楼板组成，是由梁和柱刚性连接的骨架结构。这类结构耐久性、抗震性好，而且具有较好的可塑性和灵活性。

框架结构的特点如下：

① 框架结构的承重结构和围护、分隔构件完全分开，墙体只起围护和分隔作用。

② 框架结构平面布置灵活，能够满足生产工艺和使用功能的要求。

③ 框架结构采用的材料是型钢和钢筋混凝土，有很好的抗压和抗弯能力，由于梁、柱刚性连接，抗侧移和抗振动能力强，因此，其抗震性和整体性较好。

框架结构的柱网由柱距和跨度组成。框架结构的柱网尺寸和层高主要由使用功能的要求决定，并应符合建筑模数，力求柱网平面简单规则，便于布置模板。对于一般建筑，过去柱网常以300mm为模数，柱距可采用6.3m、6.6m和6.9m，跨度可采用4.8m、5.1m、6.0m、6.6m和6.9m，层高可为3.0m、3.3m、3.6mm、3.9m和4.2m。如今，框架结构建筑的模数可以用100mm，住宅建筑的楼板屋盖较少为预制，多采用现浇方式。

框架柱网布置简单、规则、整齐，对结构非常有利，经济效果也好。但有些建筑试图采用复杂的平面形式来提高建筑的艺术效果，这就出现了在复杂的建筑平面上力求简单的柱网布置的矛盾。

五、住宅结构形式与住宅造型的关系

住宅结构的主要形式和选材同时还与住宅的造型有紧密的联系。

在进行结构设计的同时，还要考虑到建筑的层高问题。我国规范要求住宅层高宜为2.80m。卧室、起居室（厅）的室内净高不应低于2.40m；局部净高不应低于2.10m，且其面积不应大于室内使用面积的1/3。利用坡屋顶内空间作卧室、起居室（厅）时，其1/2面积的室内净高不应低于2.10m。层高的需求见图2-3-2。

把住宅层高控制在2.80m以下，不仅是控制投资的问题，更重要的是关系到住宅节地、节能、节水、节材和环保。把层高相对统一，在当前住宅产业化发展的初期阶段很有意义，例如，对发展住宅专用电梯、通风排气竖管、成套橱柜等均有现实意义。

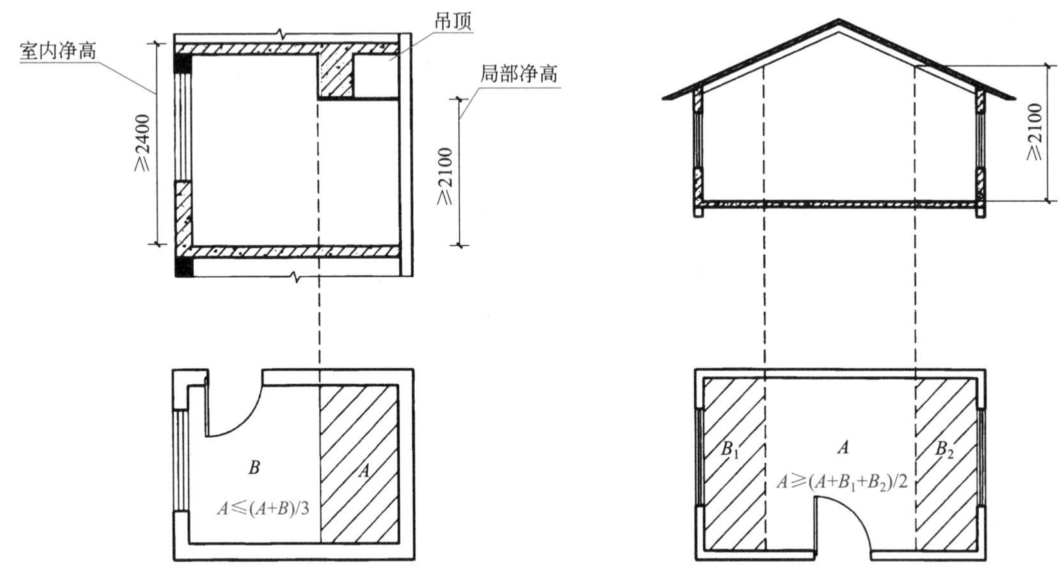

图2-3-2　层高的需求

厨房和卫生间人流交通较少，室内净高可比卧室和起居室（厅）低。但有关燃气设计安装规范要求厨房不低于2.20m；卫生间从空气容量、通风排气的高度要求等考虑，也不应低于2.20m；另外，从厨、卫设备的发展看，室内净高低于2.20m不利于设备及管线的布置。

课后思考 ?

1. 常用的住宅建筑结构及其特点是什么?
2. 观察并分析生活中的住宅建筑结构体系。

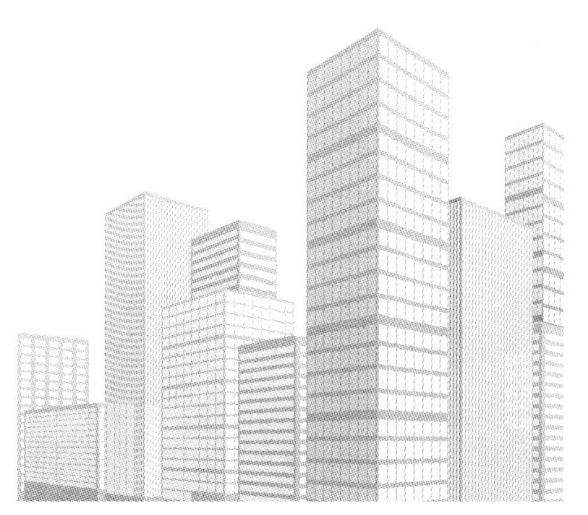

任务四 小型住宅立面与造型设计

知识点

平面与住宅造型的关系　造型设计规律　造型细部的设计　材料对造型的影响　多种多样的建筑风格

任务目标

运用形式美的规律，结合景观环境，进行立面及体形设计。在平面布局大致合理的基础上，通过推敲建筑的体形组合，进一步调整平面和立面，使方案逐步完善。确定建筑风格、材料与色彩，创造得体又具有特色的建筑形象。

住宅是居民生活、休息的场所。与人们的生活息息相关的不仅是住宅的使用功能，其美观问题也是住宅设计的一个重要方面，尤其当人们的生活和文化素养达到一定的水平，人们对住宅外观的要求也会日益提高。根据马斯洛需求理论，人们不仅要求住宅功能完善、居住舒适，更希望居住在一个美好、优良的环境中。设计优秀的住宅，不仅可以为家庭生活提供舒适的物质环境，还可以营造亲切、温暖、宁静的家庭气氛，给人以精神、感官上的愉悦。

随着新思想、新知识、新材料、新技术的大量出现，为住宅建造提供了更多的手段、更大的可能性，使住宅造型异彩纷呈、争奇斗艳，呈现出多样性以及更加强烈的个性。人们对住宅的理解也更加多元化、多角度、多层次。影响住宅造型的因素是很多的，如自然、地理、气候、经济、社会、功能等。建筑界对造型原理也有诸多思考，产生了诸多理论，比如形式追随功能，艺术与科学等。这些都反映出住宅造型的复杂性。

一、平面与住宅造型的关系

住宅的整体形象是指住宅外观造型。它不是凭空产生的，也不是由设计者随心所欲决定的，而应当是建筑物内部空间的反映，有什么样的内部空间，就必然产生什么样的外部形体，二者之间是相互作用、相互影响、相辅相成的。因此，在设计之初的平面构思阶段，就应将平面布置与外观造型融合在一起同时考虑。换言之，平面形式决定外观造型的基本样式，虽然一种平面形式可以设计出很多立面造型，但这些各不相同的立面造型仅是在局部或某些细节方面有所差异，在整体形式上则是大同小异、不可改变的。因此，平面、外观综合考虑，相互补充、完美结合，才能设计出既能满足平面功能要求，又能满足立面造型要求的完美建筑。在设计过程中，不仅要追求住宅平面功能的尽可能完善，也要在经济条件允许的情况下，将住宅设计得尽可能美观，利用不同造型、色彩、质感营造出与周围环境和谐的优雅、温馨的住宅氛围，以满足人们对美好生活的追求，适应现代城市发展的趋势。

二、造型设计规律

塑造住宅优美的整体形象，设计出成功的外观造型，基本包括以下几种手法和处理方式。

1. 使用基本几何形状塑造建筑物形体

自然界中存在着无数物体，它们的基本形状几乎都可看作是由简单的几何图形所构成的，这些圆形的、三角形的、方形的及各种形状的组合和叠加，使自然界中的美无处不在，而这些自然界产物往往给人以创新的启迪。例如，最初人们在建造家园时，在方形墙顶上加上山形屋顶，既解决了避风挡雨的问题，又使房子更为美观，这无疑是受到大自然的启示而萌发的创意。在古代建筑中，人们利用各种简单的几何形状的组合叠加，使建筑物更加美观。中国的天坛、埃及的金字塔、古罗马的神庙、西方的大教堂、印度的泰姬陵等，无一不是采用简单的几何形状而达到高度完整和统一的境地。到了近现代，建筑的形体更加丰富，不仅突破了古典建筑单一形式的约束，更加丰富了简单几何形状的运用，使建筑物的外形更加统一和完整。图2-4-1为基本几何形状造型住宅实例。

图2-4-1　基本几何形状造型住宅实例

2. 体量组合的对比和变化

体量是建筑内部空间的反映，为适应复杂的功能要求，建筑内部空间必然具有各种各样的差异，而这种差异又不可避免地反映在外部体量的组合上。巧妙利用这种差异的对比作用，可以破除单调，求得变化。

体量组合中的对比作用主要体现在四个方面：方向的对比、形状的对比、数量的对比、曲与直的对比。①最常见的是方向的对比，组成体量的各要素，由于长宽之间的比例关系不同而各具一定的方向性，交替改变各要素的方向，可借此求得变化。②与方向的对比相比，不同形状的对比往往更引人注目，因为人们比较习惯于方方正正的建筑形体，一旦发现特殊形状的体量，总不免有几分好奇。③至于曲与直的对比，直线的特点是明确、肯定，并给人以刚劲挺拔的感觉，而曲线的特点是柔软、活泼而富有动感，在体量组合中，巧妙运用直线与曲线的对比，可以丰富建筑体量的变化，给人耳目一新的感觉。

在建筑设计领域，为了求得统一和变化，都离不开对比与变化的设计手法，但对比与变化也是有限度的。没有对比会使人感到呆板和单调，过分强调对比则失去了相互协调性，可能造成混乱。因此，适度的对比与变化，把握体量的共性，以求得和谐统一，才能达到既有变化又和谐一致的目的。图2-4-2为体量的对比和变化住宅实例。

图2-4-2 体量的对比和变化住宅实例

3. 主从分明，有机搭配

秩序产生美。常用的秩序法则还包括主从关系和多样统一。所谓主从关系，就像一部戏剧，有主角还要有配角，通过配角的衬托使主角的形象更突出。建筑也是一样，在若干形体要素组成的整体中，每一要素所占的比重和所处的地位必须有所区别。主从关系必须分明，倘若各要素都竞相突出自己，不分主次，将大大削弱建筑物的整体统一感。如图2-4-3为主从搭配住宅实例。

图2-4-3 主从搭配住宅实例

一栋建筑，不论形体如何复杂，都是由一些基本的几何形体组合而成的，只有使这些要素巧妙地结合成一个有机整体，才具有完整统一的效果。在建筑设计实践中，从平面组合处理、内部空间到外部形体，从细部装修到群体组合，为了达到统一都应当抓住主要矛盾，处理好主与从、重点与一般的关系。传统的构图理论，十分注重主从关系的处理，并认为一个完整统一的整体，首先意味着组成整体的要素必须主从分明而不能平均对待、各自为政。

特别是对称布局的建筑表现最为明显，中央部分较两翼的地位要突出得多。实践中以各种方法来突出中央部分，使其成为整个建筑的主题和重心。突出主体的方法很多，一般都是使中央部分具有较大或较高的体量，或者设计特殊形状的体量来达到削弱两翼、加强中央的目的。

不对称的体量组合也必须主从分明，组成不对称组合的主体部分按不对称均衡的原则展开，其重心不在建筑的中心，而是偏于一侧，它也是通过加大或加高主体部分的体量或改变主体部分的形状等方法达到主从分明的目标。

明确主从关系后，还必须使主从之间有良好的连接。也就是说，应把所有的要素巧妙地连接成一个有机整体，形成相辅相成的有机结合，呈现出既相互依存又互相制约的关系，从而显现出一种明确的秩序感。

4. 稳定与均衡

建筑的体形要有安全感，就必须遵循稳定与均衡的原则。所谓稳定，就是像山一样具有下大上小的形体，像树一样下粗上细，即重心在下。所谓均衡，就是具有左右对称的体形，像鸟一样具有双翼。凡是符合这些原则的建筑，不仅在使用中是安全的，在感觉上也是令人舒适的。在体量组合中，建筑物一旦失去平衡，就会使人产生轻重失调、不稳定、不安全的感觉。

从静态均衡来讲，有两种基本形式：一种是对称式，另一种是非对称式。对称式天然就是均衡的，而非对称式的均衡显然要比对称式灵活得多。左右对称在建筑艺术中有大量应用，但是完全的左右对称显得太死板，设计师常采用各种技巧打破严格的左右对称。

除静态均衡外，有很多现象是依靠运动来求得平衡的，这种形式称为动态均衡。即人们对某些建筑的观赏不能以静止的眼光来看，要运用时间和运动这两方面的因素，在连续运动的过程中，渐渐转换视野和角度，来观赏建筑的形体和外轮廓的变化，即三维空间的均衡。

均衡所涉及的主要是建筑构图中各要素左右、前后之间相对轻重关系的处理，稳定所涉及的则是建筑形体上下之间的轻重关系处理。如图2-4-4为稳定与均衡住宅实例。

图2-4-4 稳定与均衡住宅实例

5. 虚实与凹凸的对比结合

虚与实、凹与凸在构成建筑形体中互相对立，又相辅相成。虚的部分，如窗，可透过其看到建筑的内部，因而使人感到轻巧、通透；实的部分，如墙，从视觉上讲，它是力的象征。在建筑立面的处理中，虚和实缺一不可，没有实的部分，建筑就会显得脆弱无力，没有虚的部分，则会使人感到呆板、沉闷，只有两者结合到一起，并借各自的特点相互陪衬，才能使建筑外观轻巧通透且坚实有力。

在体形和立面处理上，为了求得对比，应避免虚实双方处于势均力敌的状态，而应充分利用功能特点，把虚的部分和实的部分集中到一起，使某一部分以虚为主，虚中有实；另一部分以实为主，实中有虚，不仅虚实对比比较强烈，也可构成良好的虚实对比关系。如图2-4-5为凹凸的对比住宅实例。

图2-4-5 凹凸的对比住宅实例

除相对集中外，虚实两部分还应巧妙穿插。将实的部分环绕虚的部分，或在虚的部分穿插若干实的部分，或在大面积虚的部分中有意识配置若干实的部分，这样就可以使虚实两部分相互交错、穿插，构成和谐悦目的图案。

如果把虚实、凹凸等双重关系结合在一起考虑并巧妙地交错成图案，则不仅可以借助虚实的对比，而且可借助凹凸对比来丰富建筑体形的变化，从而增强建筑物的体积感。此外，凡是向外凸起或内凹的部分，在阳光的照射下，都必然会产生光和影的变化，这种光影变化可以构成意想不到的美妙图案。有的建筑会把其中某个部分挖空，形成一个通透的空间，使人可以透过建筑的形体，从一侧看到另一侧的景物，可谓奇思妙想。

6. 外轮廓线的控制

外轮廓线是反映建筑形体的一个重要方面，给人印象极为深刻，特别是从远处或在晨曦、黄昏、雨天、雾天、逆光等情况下观赏建筑时，建筑物的外轮廓显得更加突出。因此，在考虑体量组合和立面处理时，应当力求使建筑具有优美的外轮廓线。

中国传统建筑物的屋顶形式极富变化，各具不同的外轮廓线，加之呈曲线形的飞檐，在关键部位设置的走兽等，极大地丰富了建筑物外轮廓线的变化。

图2-4-6 建筑轮廓线控制住宅实例

当然，单靠一些细小的装饰求得外轮廓线的变化，效果并不理想，还应从大处着眼来考虑建筑物的外轮廓处理，要通过体量组合来研究建筑物的整体轮廓，而不是单纯追求烦琐的细节变化。

例如常见的方盒子式建筑，其屋顶平坦，外形呆板，没有任何起伏曲折变化，建筑给人的印象单调乏味，像一组堆砌的火柴盒。如果对这类建筑稍加处理，赋予屋顶变化，使其外轮廓起伏有致，对外墙面进行装饰使其凹凸分明，这样建筑才能显现出生机，给人以美的享受。如图2-4-6所示为建筑轮廓线控制住宅实例。

7. 比例与尺度的把握

建筑物的整体及局部都应根据功能的效用、材料结构的性能以及美学法则被赋予合适的比例和尺度。在设计中，首先应考虑建筑整体的比例关系，从体量组合入手来推敲各基本体量长、宽、高三者的比例关系，以及各体量之间的比例关系。

一切造型艺术都存在比例关系是否和谐的问题，和谐的比例可以激发人们的美感。在建筑设计中，无论是整体还是局部，都存在大小是否适当，高低是否适当，长短是否适当，宽窄是否适当，厚薄是否适当，收分、斜度是否适当等一系列数量关系问题。如果这些关系都处理得恰到好处，就意味着已具备良好的比例关系，只有这样才能达到和谐并产生美的效果。

与比例联系紧密的是对尺度的处理，两者都涉及建筑要素之间的度量关系，所不同的是，"比例"是讨论各要素之间相对的度量关系，而"尺度"则主要讨论要素相对于人体的度量关系。

从一般意义上讲，凡是和人有关系的物品，都存在尺度问题。建筑尺度处理所包含的要素很多，如门窗洞口、窗台、栏杆、扶手、踏步、坐凳等，为适应功能要求，都应基本保持恒定不变的大小和尺度，利用这些熟悉的物件去衡量建筑物的整体或局部，有助于获得正确的尺度感。例如，可以通过窗台的高度（约1m）

量出建筑整体的大小。在设计中，切忌把各种要素按比例放大，因为一些要素在人们心中已确定了大小，一旦放大过度，会使人对整体的估量得不到正确的尺度感，反而使整体建筑变小了，使得事与愿违。

8. 韵律及节奏的变化

韵律本来是用来表达音乐和诗歌中音调的起伏和节奏感的，自然界中许多事物有规律地重复出现或有秩序地变化，也会形成一种富有韵律的节奏感，从而激发人们的美感。例如，把一颗石子投入水中，就会激起一圈圈的波纹由中心向四周扩散，这种波纹的扩散就形成了一连串的韵律。建筑也一样，如果把某些要素或构件有规律地重复运用，或者有秩序地逐渐变化，就形成了一定的韵律感。例如，某些建筑立面上连续出现的异型阳台、连续的遮阳板、连续的外凸窗等，都赋予建筑整体抑扬顿挫的节奏，而那连续出现的光与影，使建筑呈现迷人的韵律和美感。

韵律美有以下几种不同类型。

（1）连续的韵律　以一种或几种要素连续、重复排列而成，各要素间保持恒定的距离和关系，可无止境地连续。

（2）渐变韵律　连续的要素按一定的秩序而变化，如逐渐加长或缩短、变宽变窄、变密变稀等，由于这种变化具有渐变形式，因此，形成一种渐变的韵律。

（3）起伏韵律　渐变的韵律如果按照一定的规律，时而增加，时而减小，如波纹起伏，即为起伏韵律，这种韵律较活泼而富有一定动感。

（4）交错韵律　各组成部分按规律交错穿插而成。各要素相互制约，一隐一显，表现出一种有组织的变化。

以上四种变化虽各有特点，但都具有极其明显的条理性、重复性和连续性，借助这一点既可加强建筑整体的统一性，又可求得丰富的变化。

韵律美在建筑中的体现极为广泛，也正因如此，有人把建筑比喻为“凝固的音乐”。

9. 色彩和质感的处理

在视觉艺术中，直接影响效果的因素从大的方面讲，无非就三方面——形、色、质。在艺术设计中，“形”所联系的是空间与体量的配置，而“色”与“质”仅涉及表面的处理。

对于建筑色彩的处理，似乎可以把强调和谐与强调对比看成是两种互相对立的倾向。对比可以使人感到兴奋，但过分的对比也会使人不适；人们一般习惯于色彩的调和，但过分的调和则会使人感到单调乏味。根据建筑物的功能性质和特征，分别选用不同的色调，强调对比求统一的原则，强调通过色彩的交错穿插以产生调和，强调色彩间的呼应等，这些都是合理的处理方法。

质感是建筑材料本身所固有的材质、纹理、质量等特性带给人的感觉。各种材料给人的感觉不同，例如，木材、砖、水泥、石材、钢材、玻璃、铝材、PVC等，有的坚硬，有的柔软；有的粗糙，有的平滑；有的温暖，有的冷酷。质感的对比变化主要体现在粗细之间、坚柔之间以及纹理之间的差异性上。

三、造型细部的设计

相对整栋住宅而言，屋顶、外墙、门窗、阳台、入口、壁柱等只是住宅的某一组成部分，属于住宅的细部，但正是由于这些细小部分的有机组合、相互关联、互相衬托，整栋建筑才得以形成。没有细部的陪衬，再好的建筑形体也只是一个粗糙的外壳，像一个未完成的毛坯。因此，建筑细部是整个建筑不可或缺的重要组成部分，对其处理得是否恰当，是否合理，也是关系到建筑整体形象是否出色、是否具有特色的一个重要因素。

此外，建筑要想给人留下深刻印象，必然要有吸引人的地方。体量大的建筑，经过对细部的精心雕琢、独具匠心的深入刻画，往往具有巧夺天工的效果。因此，在建筑细部的处理上做文章是美化建筑形体、塑造优美的建筑外形的重要手法。

要使细部的处理起到画龙点睛的作用，就要灵活运用一些方法和手段，如区分主次、融洽结合、适度对比、营造焦点、把握均衡、求得和谐、控制尺寸、协调统一、创造韵律、激发节奏、强调凹凸、妙用虚实、丰富轮廓、造就动感等。当然，并不是将各种手法简单堆砌到同一件作品上来，不适当的运用也会适得其反。区别情况、适度选择，才是正确的方法。

1. 屋顶

屋顶是建筑物的顶盖，是建筑物的最高部，最引人注目。屋顶除了防雨、遮阳、隔声的功能以外，还可以表示该住宅的个性，是住宅的象征。屋顶种类包括坡屋顶、平屋顶、坡屋檐等。如图2-4-7、图2-4-8所示的别墅屋顶。

图2-4-7　坡屋顶实例

图2-4-8　异型顶实例

（1）坡屋顶　常见的坡屋顶有单坡顶、两坡顶、四坡顶、攒尖顶、坡檐顶（如盝顶）等。其形状有平顶形、弧形、折线形，根据坡度可以做成平坡、缓坡、尖坡等形式；根据檐口部的形状可做成封檐形、马头墙形、出檐形；根据屋脊线相交的形式可以做成一字形、垂直相交形或屋脊线不等高的垂直相交形；根据坡顶上开窗的形式可做成老虎窗和坡形窗。屋顶的常用材料有彩色釉面瓦、小曲瓦、水泥彩瓦、小青瓦、彩色瓷砖、彩色金属板等。

与平屋顶相比，坡屋顶有三个优点：其一，造型美观，可与周边环境很好地融合，色彩丰富，具有吸引力；其二，可有效解决屋顶漏水与顶层住户的隔热问题；其三，有利于坡顶下的空间使用，可做成阁楼或复式住宅，提高土地利用率。因此，目前坡屋顶在全国各地应用率非常高。其缺点是造价比平屋顶略高。

坡屋顶对建筑的整体造型起到很好的装饰作用，一般坡屋顶都使用彩色瓦，如红色、蓝色都很常见，装饰效果明显，在距离很远的地方就可以看到。同时，可以使用多种方式来丰富立面效果，改善大面积坡面易形成的单调乏味现象，如使用单坡屋顶、长短坡屋顶、折线形屋顶、不等高屋顶、垂直相交屋顶、局部镂空屋顶、尖坡屋顶、缓坡屋顶、异型屋顶、弧线形屋顶、锥形屋顶等。还可在坡顶增加造型，使多种形状有机结合，以丰富建筑物的空间轮廓线和整体效果。例如，在坡顶增加老虎窗或翻窗，会比一般的坡顶效果明显；在坡顶添加一段垂直向上的墙，或者一个垂直向上的山花、方尖塔或圆屋顶，并对墙或塔用对比的颜色和质地不同的材料进行装饰，这样立面造型给人的视觉效果就丰富了许多；或者用不等高的坡屋顶，中部或一侧高一些，其他部分低一些，呈现不同层次组合的屋顶，再配合一些不同形状的墙或其他实体，使某个部位挖空一部分形成一个露天平台，会使建筑更加美观；还可在屋顶处理中增加一些变化，将某处屋檐向上翻起一个三角形或其他形状，或增加一段山墙，或在屋檐下方的墙面上增加一些向上的壁柱，结合窗边的窗框线脚与山墙面临街部分的三角形墙面处外露造型墙筋，共同组成富有力量感的造型。但是，任何创新都离不开与环境的有机结合，与周围环境不融洽的建筑永远是不成功的，同时应注意，超过六层的屋顶不能完全做成坡顶，需要留出适当的部分做供人们紧急情况下疏散的平台。

（2）平屋顶　平屋顶的造型也有很多处理方式，如平屋顶上增加实体或墙段，增加花廊架、亭子，增加大飘板，增加各种异型空构架，在女儿墙上增加各种造型，利用凸出或凹进增加立体感，利用色彩和质感的变化丰富整体层次等，或者直接利用女儿墙的出檐获得光影变化，利用各种线脚装饰女儿墙的上下檐口，也可以丰富建筑的整体效果。

（3）坡屋檐　坡屋檐是介于坡屋顶和平屋顶之间的一种形式，实际是将平屋顶的女儿墙做成斜坡形式，其高度只比女儿墙略高，从地面看就具有了坡顶的意味，从远处看也只是倾斜的女儿墙，屋顶还是平顶，其造型和装饰作用较明显。

（4）其他屋顶　还有一种造型和装饰用的异型顶，可以做成各种直线或曲线屋顶，或局部造型的屋顶，如球面形、曲面形、圆弧形、折板型等各种形状，所使用的材料除上述几种外，还可以用水泥浇筑后饰彩色面漆，或者使用半透明的阳光板、彩色铝板、安全玻璃等作为面层。

此外，中国传统建筑的屋顶别具特色，曲线形的屋面，金碧辉煌的琉璃瓦，斗拱、飞檐、雕梁画栋，处处体现出庄重和威严。但这种形式目前一般使用较少，只在特殊要求的场合才会使用，以避免与周围环境不协调。

2. 外墙

早期的现代建筑，外墙就是外观的全部，至今外墙依然占很重要的地位。外墙的材料多种多样，有木材、黏土砖、空心水泥砖、混凝土以及各种金属板、复合材料板，外面还可以喷油漆，做各种抹灰、彩色喷涂、贴面砖或石材等。

外墙就像建筑物的外衣，在这个建筑“表皮”风行的年代，外墙的形式、墙体的装饰、所用材料的质感和墙面采用的色调都对建筑物的立面效果起着重要作用。

也许有人认为外墙不过就是一块单调呆板的平板，没什么特点，不大可能做出什么花样。但是，可以通过设计构思赋予它形象，使它富有生气，也可以将外墙当作建筑物的外衣来处理。例如，可以把结构上的柱、梁露出墙面，形成凹凸的感觉，还可以增加壁柱、遮阳板，横向、竖向的窗套等，形成横向或竖向的线条，使外墙的感觉发生变化；可以结合平面布置，使大片墙面凸出或凹进，形成光与影的反差和对比，使呆板的墙面显得有活力；可以将需要大面积开窗的墙面集中到一起，将开窗小的墙面汇集到一处，甚至将大片的墙做成局部的玻璃幕墙，虚的窗与实的墙形成虚实对比关系；还可以利用不同材料形成质感对比，采用不同的色调搭配形成色彩的对比，这样处理的外墙，形象更丰富，特点更突出，立面效果更为明显。此外，同样可以利用窗、阳台等的处理达到这种效果，手法要根据具体情况来区别对待。

3. 门窗

窗户相当于住宅的眼睛，不仅有采光、通风的作用，从窗内还可以眺望外面的景色，而且窗是影响住宅外观的重要因素，直接影响立面的构图和虚实对比，也是影响住宅风格的重要方面。如图2-4-9所示别墅的窗子。

门窗处理最简单的方法是根据内部房间的布置，均匀地排列窗洞，由此产生的构图是整齐的，具有一种整齐划一的秩序感。某些建筑并不强调单个窗洞的变化，而是把重点放在整个墙面线条的组织上，这也是获得韵律感的一种手段。还可以采用图案化的散点构图，具备抽象主义绘画的风格。

图2-4-9 门窗造型实例

窗户的形式也是可以变化的，例如，单个窗户可以采用飘窗、转角窗、落地窗，可做成正方形或长方形，顶部做成弧形或半圆形，也可以处理成连续的水平带形窗，如为连续封闭的阳台窗，还可以处理成成片集中的窗，如将客厅和主卧室布置在一起，采用落地窗，相邻一户也同样布置，就可以组成局部的玻璃幕墙。

单个的窗可以在四周增加窗套、窗楣、窗台，在窗前增加百叶、格栅。窗套的样式也是多种多样的，有欧式的，也有普通形式的，窗口的下沿可以处理成窗台或者是小型的花斗，窗的上沿可以增加窗楣，窗楣的样式也是多种多样的，可与屋顶使用同一种符号或母题，使上下呼应，增加韵律感。窗的四周可增加装饰筋，一般为120mm×120mm，可以采用垂直方向或水平方向，也可两种方式组合使用，使建筑的整体效果更加丰满。

4. 阳台

阳台有封闭和不封闭之分，封闭的阳台属于窗的范畴。阳台的处理主要是处理栏板部分，其形式可以分为栏板式、栏杆式和栏板栏杆式，造型方式异常丰富。栏板可由砖砌，经粉刷形成各种图案和造型；栏杆可做成水泥栏杆、钢栏杆和木栏杆等，还可在栏板外增加小型花池，点缀些花草，使建筑充满生气。栏板的造型应当和整个建筑的主题形象统一，如横线条的建筑造型，其阳台栏板也应该做出横向的效果，以便和整个建筑的风格统一。栏板的颜色、材料也可以变化，如围绕一种母题，采用渐变或相似的手法，或者自上而下用色彩渐变的方法，还可以采用玻璃板、金属板等材料，创造出活跃的个性风格，使建筑物的立面效果引人注目。

5. 入口

入口是建筑造型的一个重要方面。相对来说，如果是公共建筑入口则更为重要。对于住宅建筑来说，由于入口往往设在建筑物的背面或北面，相对而言不太引人注意，但入口的重要性仍然不可忽视。入口的设计应当鲜明突出、具有可识别性，并与周围环境融合，与屋顶造型统一。入口的造型手法多种多样，如结合入口上方的墙体、雨棚，地面的台阶、无障碍坡道等，也可突出墙外做箱体、拱门等造型处理。最常见的处理方式是与屋顶的造型协调，以便上下之间遥相呼应，形成一个统一的整体。重要的是，入口的设计要有导向性，便于人们从很远的地方就能看到，尤其对于认知能力偏弱的老人、儿童等，应当有利于他们准确方便地辨识。例如，对于外形接近的楼栋或单元，入口可以采用有差别的设计。

另外，小住宅的一些局部构件，如挑台、壁炉、花台、围墙等若处理得当，不仅可以调整水平或垂直方向的构图，还能丰富住宅的形象。

各细部根据其所处的位置与所担当的作用，具有各自的典型特色，可以把这些造型特点统一到一种符号下或相似的固定母题下，使其在同一栋建筑形体中风格一致，协调统一，上下左右遥相呼应，统一的信息使建筑整体和谐相连、风格突出，使人过目不忘。

四、材料对造型的影响

建筑材料对住宅的造型也有很大的影响。虽然建筑物整体比例及其外形上的虚实处理，一般较少受建筑材料的约束和影响，但是不同的建筑材料仍会表现出不同的甚至差异很大的外形。砖、钢筋混凝土、大型壁板、大模板以及框架轻板等不同材料，也可产生不同的住宅形式。这些材料的质地、色泽不尽相同，构成的建筑外形也以其特有的质感、材料对比和色彩变化，给人以不同的印象。

2-4-1

1. 砖

砖一直是建筑的宠儿，在古代中国、欧洲的住宅中都常见砖制的住宅。历史上长期的使用造就了砖的传统感，甚至具有符号般的意义。中国传统的砖主要是预制黏土砖以及烧结黏土实心砖，这类砖从视觉上让人感受到整齐、自然、淳朴，心理上让人觉得亲切、温馨。砖石的基础形式常是小尺寸砌块，通过砂浆的粘接形成大尺寸构件，各式各样的砌筑方式产生了不同的肌理，使得砖石建筑表现力十分的丰富。它能表达多种设计概念，给人以不同的心理感受。比如它的坚固给人以厚重的感觉。比如清水砖墙的表面，细部与它的砌筑方式紧密相关，砌筑方式的灵活性直接决定了清水砖墙细部的丰富程度。在北方的气候环境中，砖为人们提供围护的躯壳；而在气候较热的地方，它可被用来做花格墙。砖墙既是结构材料又是装饰材料，有青色、灰色、红色不同的颜色。砖可以和很多不同的材料组合，创造出独特的语言。例如，和石材营造出华丽的感觉，和涂料营造出质朴的气氛。图2-4-10为砖材住宅实例。

2. 瓦

瓦的应用同样广泛，有金属瓦、陶土瓦、油毡瓦、水泥瓦等。在坡顶建筑中应用广泛，效果自然亲切，热工性能好。见图2-4-11的瓦材住宅实例。

图2-4-10　砖材住宅实例

图2-4-11　瓦材住宅实例

3. 面砖

面砖是一种用于装饰和保护墙面的砖，用表面上釉或不上釉的陶土坯烧制而成；常用水泥砂浆贴砌于墙表面。面砖的种类很多，其形式、规格、质感、颜色丰富多种。特别在中国，由于现在已经禁止使用黏土砖作为建筑结构，人们往往拿面砖作为替代材料，模仿砖的质感，来感受那份质感和厚重。其耐久性、耐候性、自洁性均较好。面砖在立面运用中可以有多种处理和排列方式，如横贴、竖贴、分格等，创造不同的效果。见图2-4-12的建筑面砖实例。

4. 涂料

涂料具有整体性好、施工简便、安全等优点，几乎可以提供人们想要的任意色彩。但耐候性、防污性一般，需要在设计时注意防污设计。同时由于涂料本身不能提供太多的视觉细节，在设计中需要通过体块组合、虚实对比、色彩对比、阴影效果、分缝形式及比例推敲等手法创造出形式的美感。

图2-4-12 建筑面砖实例

5. 木材

木材属于多孔材料，表面有许多的凹凸，在光线的照射下，会呈现出漫反射现象，或者吸收部分的光线，光仿佛渗透进木材的表面，使其产生出柔和的光泽，表现出温暖而亲切的性格。木材是住宅的传统材料，无论中外，都有长期使用木材建造住宅的历史。比如，现存较好的中国安徽宏村古建筑、江南园林式住宅，日本的和式住宅，欧洲大量的木质民居等。作为结构材料，木材良好的力学性能使它成为优秀的结构材料。同时，其榫接的柔性特点也为住宅的抗震提供了变形空间。俗话说“房倒屋不塌”，就是地震时木结构不易倒塌特点的写照。木材还是一种可以完全回归自然的生态材料，因此，现代木材仍然受到人们的青睐。人们运用木头做成结构构件、围护构件、装饰构件，创造出坚固、舒适、美观的住宅。见图2-4-13的别墅。

6. 石材

石材外表粗糙坚硬，色彩鲜明，纹理清晰，给人感觉坚固厚重，在活跃的建筑时代，石材一直以其特有的历史感、人情味和自然感，为人所喜爱。石材材料直接取自大自然，自身质朴的美使其外露的材料质感成为感人的艺术形式，无需刻意的装饰，充分利用石材自身的纹理和天然颜色，便可达到美轮美奂的效果，石材柔和的颜色、略显粗糙的表面质感、不规则的肌理图案，以及由这些元素所构成的建筑实体和造型，形成了无法抵挡的艺术感染力，尤其是在创造亲切的住宅环境时，作用更是明显。如图2-4-14别墅。

图2-4-13 木材实例

图2-4-14 石材实例

7. 玻璃

玻璃作为一种有独特个性的现代建筑材料，有其与众不同的特点。玻璃清澈明亮，自身光洁、细腻、致密的结构使得玻璃显得简洁明快、坚硬、冷漠、富有动感，而其透明的物理特性，又使它显出温柔而浪漫的一面，对光线可以进行透射、折射和反射等多种物理特性，使得它在众多材料中脱颖而出，在建筑中被广泛使用。

玻璃材料最显著的特征就是其透光性，同时半透明的玻璃，比如玻璃砖、磨砂玻璃，其透明度介于墙体和透明玻璃之间，它的半透明性既能保证室内外空间的明确界限，又避免了传统建筑过于沉闷。见图2-4-15住宅。

图2-4-15　玻璃住宅实例

8. 混凝土

混凝土已使用了几千年，在古罗马时期就是建筑师的宠儿，人们运用纯混凝土创造了古罗马建筑的代表作万神庙。而混凝土的大发展时期，正是现代主义建筑思潮盛行的时期，混凝土被广泛地运用在建筑的结构、造型、外墙材料中。混凝土逐渐从单纯的结构材料发展成为一种富有外在表现力、功能齐全的建筑材料。现代混凝土和钢筋混凝土的使用为人们的住宅设计提供了有力的手段。钢筋混凝土具有很好的力学性能，且抗震性好，可以用作结构材料，可用于建造多种住宅。另外，混凝土也可以成为装饰材料，利用其可塑性制造多种外观和质感，比如清水混凝土、水磨石、表面粗糙的装饰混凝土等。如今，人们更是利用多种科技手段，研制出可以透光的玻璃纤维混凝土等。混凝土的家族成员越来越多。见图2-4-16、图2-4-17。

图2-4-16　混凝土实例

图2-4-17　玻璃纤维混凝土实例

9. 钢

钢结构也可以用于住宅建造，其优良的受力性能和截面形式，能为住宅创造出工业感极强的现代造型。如图2-4-18所示住宅。

伴随着建筑技术的发展和建筑材料的创新，可用于建筑的材料种类越来越丰富。除了传统钢材、木材、混凝土、砖石、玻璃外，甚至一些以前不可能用于建筑的材料，如纸、塑料等也已经被用于建筑之中。建筑师的理念和意图，不仅可以通过建筑空间和造型来体现，还可以利用建筑材料去塑造。可以说，建筑材料是建筑形式的语言表达。如图2-4-19、图2-4-20所示住宅和结构节点。

图2-4-18 钢结构住宅实例

图2-4-19 纸结构住宅实例

图2-4-20 结构节点

材料表面的处理也涉及住宅的色彩与质感。不同材料的质感具有不同的建筑表现力，给人以不同的感受。比如，粗糙与光滑、浅色与深色、暖色与冷色等。比如，粗糙——厚重（混凝土、石、砖）；光洁、细腻——轻巧（玻璃、金属）；白色、浅色——明快、清晰；深色——端庄、稳定；暖色（红、橙）——温暖、兴奋；冷色（蓝、绿）——宁静、清爽。

充分利用材料本身的色彩和质感，比如钢材、玻璃、木材的对比，涂料、面砖的对比，能收到很好的效果。有些住宅墙面上深浅和色调不同的水平或垂直色带、色块，可以使住宅的外形更为生动。有些住宅的各层以水平色带有规律地层层划分，这些色带或与结构相对应，或者按照构件的各组成部分安排，如大板的板缝、过梁或水平的圈梁。这是一种能清晰表达结构特征的手法。

材料的色彩可以表达出不同的设计主题。有清新明快的白色、有沉稳的深色、兴奋热烈活泼的红、黄、蓝等。在墨西哥民居中，其色彩往往来自于传统自然成分染料，比如花粉和蜗牛壳粉混合的粉红色，它常年不会褪色。

另外，当考虑住宅的色彩外观时，除了注意其自身的效果之外，还与它所处的地域有联系。目前人们也在这个领域进行探索，研究一个地区、城市或国家的代表性的色彩组成，期望以此说明建筑色彩与地方性的自然地理环境以及人文地理环境的密切关系。

为了更好地运用材料，要从多方面了解材料的特点，既要充分了解新材料的应用、发展，又要发掘传统材料的潜力。“材料是文明的交汇点，每种文明都有独特的材料表现，看人们怎样选砖、怎么运用。即使像砖这样中性的东西，也能看出历史、人类学、技术和文脉。它是各种文明了不起的交汇点。如果仔细考察背景，为什么发明这些材料，人们怎样运用，在不同的文化中都用来做什么。对建筑师而言，能获得十分广泛的视角”，从这段话中可以看到材料具有丰富的内涵。只有对材料有了充分的了解。才可能更好地创造性地把它运用到实践中。

五、多种多样的建筑风格

1. 古典主义与新古典主义

古典传统风格起源于古希腊神庙建筑和古罗马公共建筑风格。

西方的古典风格建筑多以希腊、罗马建筑造型与设计细部为基础，以严格的古典构图原理指导设计建筑形态，符合建筑形式美的原则，具有和谐的比例和尺度，形态均衡。反映在造型细节上，多使用一些古典的符号，比如坡屋顶、老虎窗、山花、柱子、屋角等，比例准确，造型典雅。古典风格其雄伟的古典柱廊、高大的柱头、匀称的比例、朴实的质感、高贵的品质和突出的个性，令世人称赞。古典风格已经发展成为古典建筑理论的思想根基，是许多完美主义者的追求境界。

新古典主义的设计风格，其实就是经过改良的古典主义风格，把古典的设计元素和构图与现代建筑结合。高雅而和谐是新古典风格的代名词。白色、金色、黄色、暗红是欧式风格中常见的主色调，少量白色糅合，使色彩看起来明亮、大方，使整个空间给人以开放、宽容的非凡气度，让人丝毫不显局促。新古典主义一方面保留了材质、色彩的大致风格，仍然可以很强烈地感受传统的历史痕迹与浑厚的文化底蕴，严格遵循古典的构图原则和形式法则，同时又摒弃了过于复杂的机理和装饰，简化了线条，把新的材料，比如玻璃、金属、混凝土等，运用于古典形式中。

新古典风格（图2-4-21）从简单到繁杂、从整体到局部，精雕细琢，镶花刻金，都给人一丝不苟的印象。将怀古的浪漫情怀与现代人对生活的需求相结合，兼容华贵典雅与时尚现代，反映出后工业时代个性化的美学观念和文化品位。

2. 地中海风格

所谓地中海风格，是特指沿欧洲地中海北岸一线的建筑风格，地中海住宅多使用淳朴的颜色，红瓦白墙，有着众多的回廊、穿堂、过道。住宅中的回廊一方面增加海景欣赏点的长度，另一方面利用风道的原理增加对流，形成穿堂风这样的所谓被动式的降温效果。

省略繁复的雕琢和装饰，地中海建筑的线条简单且修边浑圆，给人感觉格外返璞归真、与众不同，这与地中海风格本身代表的极其休闲的生活方式是一致的。

西班牙蔚蓝色的海岸与白色沙滩，南意大利金黄的向日葵花田，法国南部蓝紫色薰衣草田，希腊碧海蓝天下的白色村庄，还有北非沙漠及岩石的红褐和土黄，在地中海充足的光照下，简单

图2-4-21　新古典风格

却明亮、大胆、丰厚，呈现出色彩最绚烂的一面，也构筑了地中海风格中最典型的三种色彩搭配：蓝与白、金黄与蓝紫、土黄与红褐。

门廊、圆拱和镂空，这是地中海建筑中最常见的三个元素：长长的廊道，延伸至尽头然后垂直拐弯；半圆形高大的拱门，或数个连接或垂直交接；墙面通过穿凿或半穿凿形成镂空的景致。如图2-4-22所示地中海风格。

图2-4-22　地中海风格

3. 西班牙风格

西班牙的建筑与其多元的文化有着很明显的关联性，多元文化的碰撞更给西班牙艺术带上了奇异的色彩，而且西班牙民族天生就有一种热情、奔放和狂野的个性，在建筑上就反映出诗意的、幻想的、神话的风格，往往充满了丰富的想象力和浪漫情怀。

蓝紫与金黄，蓝与白，土黄与红褐是地中海建筑最基本的色彩搭配。西班牙作为地中海国家，基本色彩也在此范畴，采取更为质朴、温暖的颜色，使外立面色彩明快、醒目，却不过分张扬，给人阳光、活力、柔和、踏实的感觉，多采用是红与黄的搭配，红顶、黄墙构成外立面的基本色彩体系。

红陶筒瓦、圆弧檐口、红色坡屋顶、手工抹灰墙、文化石外墙、马蹄窗、弧形墙及一步阳台，还有铁艺、陶艺、圆拱、长廊、镂空等，都是西班牙建筑的基本元素，和谐统一地融入在外立面、建筑结构和细节处理中。

西班牙建筑通常以远高近低的层级方式排布，高低错落，符合人的空间尺度感。外立面设计着重突出整体的层次感，通过空间层次的转变，打破传统立面的单一和呆板，其节奏、比例、尺度符合数学美。典型的西班牙建筑一般每户都有两个庭院——入户庭院和家庭庭院，入户庭院突出了会客的气氛，院门为仿旧铁艺门；家庭庭院则体现了家人交流空间的特点，同时有一定的私密性。

图2-4-23　西班牙风格

西班牙建筑采用的建筑材料一般都会给人斑驳的、手工的、比较旧的感觉，但却非常有视觉感和生态性，像陶瓦，由泥土烧制，具有环保、吸水等特点，可以保持屋内温度。无论是在地形处理还是铁艺、门窗及外墙施工工艺方面，西班牙风格建筑能体现出手工打造的典型特征。热情奔放却又不失温暖和谐、做工考究又坚守环保实用，是西班牙建筑特点的最好归纳，见图2-4-23。

4. 托斯卡纳风格

托斯卡纳建筑是意大利建筑的代表，它让人想起沐浴在阳光里的山坡、农庄、葡萄园以及朴实富足的田园生活。这片地区的特点是它的多样性。

托斯卡纳风格是乡村的、简朴的，但更是优雅的。与大自然的有机组成，反映了这片地区的农业渊源。

通过采用天然材质，如木头、石头和灰泥，表现建筑丰富的材质肌理，将这种风格发扬光大。这些几个

图2-4-24 托斯卡纳风格

世纪的老房子有着高低朝向各不相同的赤陶屋顶，这产生一种节奏感的视觉效果，而一般乡村给人的感觉只有一种建筑风格。

通常托斯卡纳风格的住宅在入口有一个戏剧性的塔或是圆形大厅，高于其他屋脊线，给人一种强烈的等级、永恒与威严感。

当地风格还被广泛运用于喷泉、壁饰、壁炉和庭院。岩石与灰泥戏剧性地表现光与影的关系，也是托斯卡纳风格的精髓之一。铁艺、百叶窗和阳台，尤其是爬满藤蔓的墙，同样表达了托斯卡纳风格，在温暖的金色调中寻找一种斑驳不均的颜色。

无论在优雅的别墅中还是简朴的农舍里，托斯卡纳前门倾向于用简朴的、粗犷的厚木板制造，车道与小路边种植着一排排高大挺拔的剑松，这一切使托斯卡纳的生活方式无拘无束而实际。见图2-4-24托斯卡纳风格。

5. 意大利风格

图2-4-25 意大利风格

意大利建筑在建筑技术、规模和类型，以及建筑艺术手法上都有很大的发展，无论在建筑空间、建筑构件还是建筑外形装饰上，都体现秩序、规律、统一的空间概念。

流行于19世纪下半叶的意大利式风格，一般为方形或近似方形的平面，红瓦缓坡顶，出檐较深，檐下有很大的托架（也称牛腿）。檐口处精雕细琢，气势宏大，既美观又避免雨水淋湿檐口及外墙而变色，使外观看上去始终保持鲜艳亮丽没有污浊。普通的意大利风格的建筑，朝向花园的一面有半圆形封闭式门廊，落地长窗将室内与室外花园连成一体，门廊上面是二楼的半圆形露台。

意大利建筑在细节的处理上特别细腻精巧，又贴近自然的脉动，使其拥有永恒的生命力。其中，铁艺是意大利建筑的一个亮点，阳台、窗间都有铁铸花饰，既保持了罗马建筑特色，又升华了建筑作为住宅的韵味感。尖顶、石柱、浮雕……彰显着意大利建筑风格古老、雄伟的历史感。见图2-4-25意大利风格。

6. 法国风格

法国建筑强调屋顶的美感。源于拿破仑三世统治时期巴黎的建筑风格，最初作为公共建筑的主要形式，后来逐渐在花园别墅中采用。

法式建筑往往不求简单的协调，而是崇尚冲突之美，呈现出浪漫典雅的风格。

法式建筑还有一个特点，就是对建筑的整体方面有着严格的把握，善于在细节雕琢上下功夫。法式建筑是经典的，而不是时尚的，是经过数百年的历史筛选和时光打磨留存下来的。法式建筑十分推崇优雅、高贵和浪漫，它是一种基于对理想情景的考虑，追求建筑的诗意、诗境，力求在气质上给人深度的感染。风格则偏于庄重大方，整个建筑多采用对称造型，恢宏的气势，豪华舒适的居住空间，屋顶多采用孟莎式，坡度有转折，上部平缓，下部陡直。屋顶上多有精致的老虎窗，且或圆或尖，造型各异。外墙多用石材或仿石材装饰，细节处理上运用了法式廊柱、雕花、线条，制作工艺精细考究。见图2-4-26法国风格。

图2-4-26 法国风格

7. 英国风格

英式建筑空间灵活适用、流动自然，蓝、灰、绿富有艺术的配色处理，赋予建筑动态的韵律和美感。淡绿的草场、深绿的树林、金黄的麦地，点缀着尖顶的教堂和红顶的小楼，构成了英国乡村最基本的图案。

英国的建筑大多保持着红砖在外，斜顶在上，屋顶为深灰色。也有墙面涂成白色的，是那种很暗的白或者可以叫作“灰色”。房子一般是由砖、木和钢材等材料构成，很少看见钢筋混凝土的建筑。英国的建筑保暖性或者说隔热性很好，主要是由于房屋建筑的墙是三层的，外面一层是红砖；中间层是隔热层，用的是厚的海绵，或者是带金属隔热层的薄海绵；里面那层是轻质量的灰色砖，比较厚。到了冬天，房间只要开暖气，马上就热起来了，房间的保暖性很好。见图2-4-27英国风格。

英式住宅具有简洁的建筑线条、凝重的建筑色彩和独特的风格，坡屋顶、老虎窗、女儿墙（指房屋外墙高出屋面的矮墙）、阳光室等建筑语言和符号的运用，充分诠释着英式建筑所特有的庄重、古朴。双坡陡屋面、深檐口、外露木、构架等为英式建筑的主要特征。郁郁葱葱的草坪和花木映衬着色彩鲜艳的红墙、白窗、黑瓦，显得优雅、庄重。建材选用手工打制的红砖、铁艺栏杆、手工窗饰拼花图案，渗透着自然的气息。

8. 德国风格

德国建筑在住宅方面最具有代表性的风格要数德式和城堡式（德国目前工地仍保留许多原型），城堡式可归入古堡风格。德式风格是从中世纪德国民间住宅基础上发展起来的。见图2-4-28。

德国现代建筑简朴明快，色彩庄重，重视质量和功能，在现代世界建筑中占有重要的地位。

图2-4-27 英国风格

图2-4-28 德国风格

9. 美国风格

美国是一个移民国家，几乎世界上各民族的后裔都有，带来各式各样的建筑风格，其中尤其受到英国、法国、德国、西班牙以及美国各地区原来传统文化的影响较大。互相影响，互相融合，并且随着经济实力的进一步增强，适应各种新功能的住宅形式纷纷出现，各种绚丽多姿的住宅建筑风格应运而生。美国风格住宅的主要特征是重建筑居住功能，轻风格特征。

美式住宅的建筑体量普遍比较大，风格的明显特点是：大窗、阁楼、坡屋顶、丰富的色彩和流畅的线条。街区氛围追求悠闲活力、自由开放。美式住宅多为木结构，运用侧山墙、双折线屋顶以及哥特式样的尖顶等比较典型的建筑视觉符号体现乡村感。见图2-4-29美国风格。

图2-4-29　美国风格

10. 中国风格

（1）中式古典风格　中式古典风格常给人以历史延续和地域文脉的感受，它使室内环境突出了民族文化渊源的形象特征。中国是个多民族国家，所以谈及中式古典风格实际上还包含民族风格，各民族由于地区、气候、环境、生活习惯、风俗以及当地建筑材料和施工方法等不同，具有各自独特的形式和风格，主要反映在布局、形体、外观、色彩、质感和处理手法等方面。

中式古典风格主要是以木材为主要建材，充分发挥木材的物理性能，创造出独特的木结构或穿斗式结构，讲究构架制的原则，建筑构件规格化，重视横向布局，利用庭院组织空间，用装修构件分合空间，注重环境与建筑的协调，善于用环境创造气氛。运用色彩装饰手段（如彩画、雕刻、书法）和工艺美术、家具陈设等艺术手段来营造意境。见图2-4-30。

（2）现代中式风格　现代中式风格，也被称作新中式风格，是中国传统风格文化意义在当前时代背景下的演绎；是对中国当代文化充分理解基础上的当代设计。新中式风格不是纯粹的元素堆砌，而是通过对传统文化的认识，将现代元素和传统元素结合在一起，以现代人的审美需求来打造富有传统韵味的事物，让传统艺术的脉络传承下去。其特点是常常使用一些现代的材料作为表现中国传统的元素，如雕花玻璃来表现古典图案，将银色的金属镶嵌在传统的家具中等。见图2-4-31。

图2-4-30　中式古典风格

图2-4-31　现代中式风格

11. 现代主义风格

现代主义建筑风格，主张建筑师摆脱传统建筑形式的束缚，大胆创造适用于工业化社会的条件和要求的崭新的建筑。强调建筑要随时代而发展，应同工业化社会相适应，强调建筑的实用功能和经济问题，主张积极采用新材料、新结构，坚决摆脱过时的建筑式样的束缚，放手创造新的建筑风格，主张发展新的建筑美学，创造建筑新风格。现代主义建筑的最大特色是强调时代感，以简洁的造型和线条塑造鲜明的建筑表情。现代主义建筑提倡功能主义，使一栋建筑物在结构框架的支撑下，可任意组合，达到功能上的满足，布局简单轻松，舒适自然。

现代主义建筑多采用简单的几何形体为构图元素，以不对称布局，自由灵活，设计中追求非对称的、动态的空间。现代主义美学观建立在机械美学的基础上，并符合古典的建筑形式美法则。因而，现代主义风格的作品符合统一、均衡、比例、尺度、对比、节奏、韵律等美学的基本原理，作品具有简洁、明朗、纯净的审美效果。见图2-4-32。

图2-4-32　现代主义风格

课后思考 ?

1. 住宅建筑造型设计规律有哪些?
2. 住宅建筑设计中常选用的建筑材料有哪些?
3. 观察并分析生活中看到的住宅建筑设计风格。

任务五

小住宅赏析

一、住吉的长屋——安藤忠雄

图2-5-1 住吉的长屋

位于日本大阪旧区的很多长屋之中，住吉的长屋是安藤忠雄的成名作，于1979年获得日本建筑学会奖，同时也是他之后的建筑创作的起点。长屋是日本关西地区特有的一种住宅形式，其为竖长条形，数家住房紧密依靠在一起，共用同一地基。住吉的长屋于1976年建造，面积为3.3m×14.1m，是一栋两层楼的建筑。这个小户型住宅巧用空间，与自然共存，用材经济、环保等特点，深得人们喜爱，常为众人津津乐道。图2-5-1为住吉的长屋。

1. 整体风格

住吉的长屋的整体风格通常被人们评价为独特而冷冽深刻，具有抽象、洗练、自我内向性压缩的审美情趣，其实是一定程度上禅宗思想简素、朴实的体现。平面图、建筑模型、空间示意分别见图2-5-2～图2-5-4。

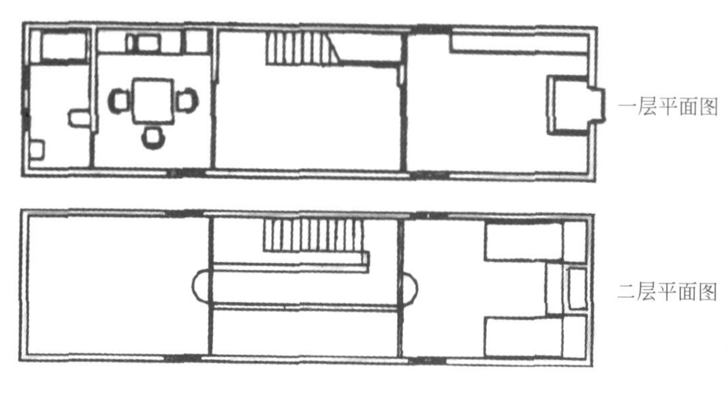

图2-5-2 平面图

2-5-1

2-5-2

图2-5-3 建筑模型

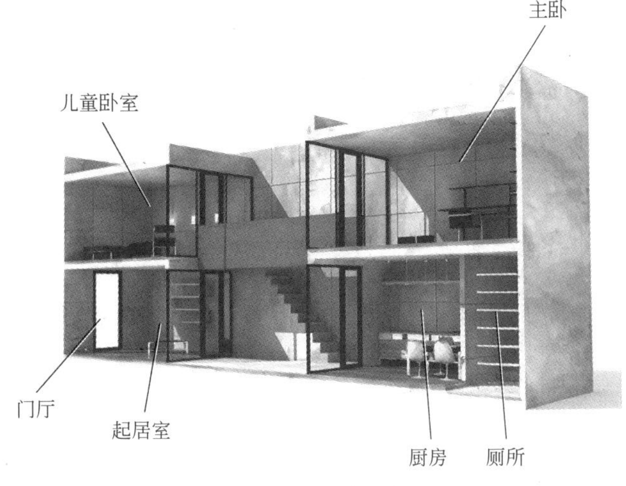

图2-5-4 空间示意

2. 平面布局

住吉的长屋建成平面占地面积34m^2，总建筑面积65m^2。在这个宽约3m，长约14m的狭长建筑用地里，安藤忠雄切掉部分长屋，插入混凝土盒子，将传统长屋置换成现代建筑。平面布局上，建筑师首先用混凝土的墙壁把狭窄而细长的基地围合了起来，从而限定了内部空间作为一个特别的场所和栖居的场所。接下来，把这一似长方体的箱子进行了三等分，前和后为两层，中间部分为向天空开放的庭院。前后部分的二层用无顶的桥连接起来，并有楼梯通向底层庭院，每个房间都向中庭开窗，且所有的墙面都开有通风的小窗，风和阳光从中庭开口进入长屋，进而引进各个房间里。

3. 中庭

住吉的长屋虽继承了传统中狭长的特点，却远比传统的要封闭。完全靠中庭产生的内部光线来突出建筑的丰富性。传统长屋中的庭院往往有两种风格，天井式的内置庭院和与天然树林相接的自然后院。住吉的长屋开放的庭院是整个建筑的核心部分，它将自然元素融入住宅中，让人直接感受到自然的变化。自然光、风、雨、白云、黑夜和四季变换的色彩都是此建筑的组成部分，长屋与天空、大地有机地融为一体，形成非常丰富的层次感。见图2-5-5中庭。

图2-5-5 中庭

4. 立面

住吉的长屋设置成了严格对称的形式：立面的对称十字分割，内部空间对称的功能空间，同时，平面上矩形相互照应的对称与周围环境也取得统一。

5. 材料

住吉的长屋采用的建筑材料是非常普通的混凝土和钢材，其受力体系十分清楚简单。钢筋混凝土现浇板和钢筋混凝土现浇的二层过道，经混凝土剪力墙传到基础，十分经济。现浇模拆除后会留下很多矩形图形，安藤忠雄就将这些巨型图案做一些简单处理而使其成为内外墙的饰面，淡雅、朴素。屋内则采用自然材料，地板为木材或者石材，家具全部采用木质材料，充分体现出日本人对自然的热爱，让住户得到精神上的慰藉。

6. 细部

住吉的长屋所有的墙面都开有通风用的小地窗，体现了对日本传统建筑文化中“墙底窗”的继承和应用。墙底窗是起源于日本农家，由于日本茶室的墙壁由砂土掺稻秸抹成，内部须有一个由竹棍、叶茎组成的固定架作为墙底。因此，于抹灰时，故意留下一部分，称为“墙底窗”。另外，住吉的长屋与相邻的住宅之间留有10cm的缝隙通风。这些细部降低了建筑的成本，使其成为一座没有空调装置也可以生活的节能型住宅。如图2-5-6户外楼梯、图2-5-7室内空间。

图2-5-6　户外楼梯

图2-5-7　室内空间

7. 精神

住吉的长屋可以说是安藤忠雄在受到禅宗思想的潜在影响，吸取日本传统文化、弥生文化及传统建筑文化的基础上，运用现代设计手法、现代建筑材料，创作出的冷静而又传统的日本建筑。他准确地把握了“和魂”，摒弃了形式上对和风、和式的追求，说明了传统文化与现代建筑之间灵魂和精神的继承和发展关系。

二、玛利亚别墅——阿尔瓦·阿尔托

玛利亚别墅是Gullichsen夫妇于1936年委托阿尔托设计的私人别墅（图2-5-8），它位于诺尔马库一个长满松树的小山顶上。Gullichsen家族拥有芬兰大量的木材、矿藏、水力资源等，夫妇二人均是现代艺术及应用艺术和建筑的热心支持者与热爱者。

(a)

(b)

图2-5-8 玛利亚别墅

在计划建造这座别墅的时候，Gullichsen夫妇要求不仅要有符合时代特色生活的形式，还要有独特的个人魅力。他们允许阿尔托在设计中进行大胆的创新和实验。在具体的设计中，阿尔托在这座建筑中将现代主义与地方传统、大陆先锋与原始主题、朴素简洁与沉稳世故、手工业传统与工业化产品等看似矛盾的元素完美地融合在一起。

2-5-3

2-5-4

如图2-5-9所示，别墅共两层，底层包括一个矩形服务区域和一个正方形的大空间，其中有高度不同的楼梯平台、接待客人的空间、由活动书橱划分出来的书房（图2-5-10）和花房。书橱放在毡制品上，可以保证隔断轻易地移动。用这种方法，一层平面可以在一夜之间从一个私人住宅变成艺术画廊，反之亦然。这些墙也可以储藏绘画和雕塑。

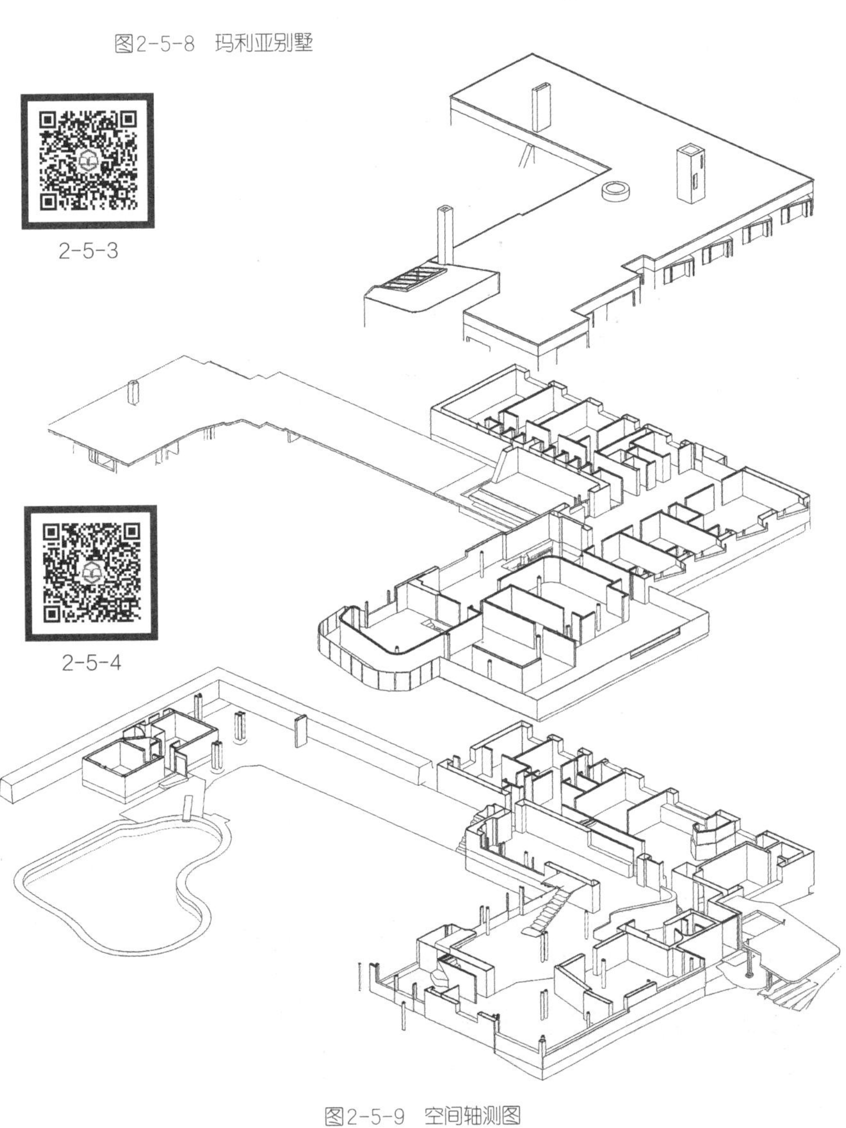

图2-5-9 空间轴测图

图2-5-10 一层书房

如图2-5-11、图2-5-12所示，公共空间和私人起居空间由中间的餐厅和降低的入口门厅分隔开来。除了服务区之外，整个空间是开敞的。L形的别墅和横放着的桑拿房、不规则形的游泳池围合成一个庭院。桑拿房位于院子的一角，连接着门廊。一道L形毛石墙强调了院落的空间。

如图2-5-13、图2-5-14所示，入口处，未经修饰的小树枝排列成柱廊的模样，雨篷的曲线自由活泼，从浓密的树叶中露出一角，颇有几分乡村住宅的味道。从入口门厅过去就是起居室，位于起居空间内的楼梯由不规则地排列的柱子围合，柱子上围绕绿色藤条，形成亦虚亦实的情趣空间，而不是做成普通的全封闭楼梯间。楼梯直达二层的过厅，过厅把二层的游戏区、主卧室、画室分开。游戏区连接四个小卧室和餐厅上方的室外露台。其余则是保姆房间和储藏室。这座建筑的特别之处在于，二层平面布局和底层有着很大的区别，在建筑结构上没有必然的联系。

图2-5-11 一楼玄关

图2-5-12 一层餐厅

图2-5-13 一层入口

图2-5-14 入口楼梯

二层的画室像是从底层升起的一座塔楼，外表覆盖着深褐色的木条，立面的其他部分是白色砂浆抹灰。同时木材本身的纹理颜色也有细微变化，看上去不至单调呆板。在餐厅外墙和挑台，经过防腐处理的圆木棍横竖交叉着组成露台的栏杆，衬在背后的白粉墙上形成有韵律的线条。白粉墙的顶上还有白色的金属栏杆。平地上露台的楼梯扶手嵌在餐厅的外墙上，底衬是宝蓝色釉面砖，脚下的台阶是未经打磨的碎石，典型的北欧原始粗犷的风格。外观细节见图2-5-15。

总之，在整个建筑的设计中，阿尔托各种曾经尝试过的设计语汇，如L形构图、变化的地坪高度、碳化木饰面、多种材料的并置、粗糙木柱和木桁架、可动隔断墙、深色钢柱、森林空间等，在此融会贯通。如图2-5-16所示。

图2-5-15 外观细节

图2-5-16 立面斜窗

阿尔托注重室内外空间的流动意向。在联系一层起居室与庭院的界面时，采用了大面积玻璃窗和无底框的玻璃门，而在餐厅处选择用通往桑拿房的长廊作为过渡，这使得人作为感知的主体可以最大限度地穿越建筑表皮，创造了行为上往返于室内外空间的可能性。“步入、步出房间”这一动词化的意图，在这里被视为空间体验的个体，而不是对门或廊最简单的视觉理解。玛利亚别墅在空间的流动意向、体量及光影变化上均体现了阿尔托对现代理性主义的批判性思考。而这种区别于常人的思考能力的源泉，则是建筑师对古典、传统和自然的敏锐捕捉和强有力的融合。如图2-5-17所示。

图2-5-17 室外空间

这座建筑不仅是阿尔托对现代主义精神的独特诠释，同时也是阿尔托为创造一种区别于现代主义建筑主线而极具芬兰当地地域色彩的建筑风格体系的成功尝试。其原创性的空间见解与形式直接影响了其后数代北欧建筑师。即便在今天看来，无论从历史的角度还是从建筑本身上来研读这座经典的现代主义作品，它仍然能够带给人们内心的愉悦和较大的启示作用。

三、三号别墅——崔恺

长城脚下的公社是由十二位亚洲杰出建筑师分别设计建造的当代建筑艺术作品群，是中国第一个被威尼斯双年展邀请参展并荣获“建筑艺术推动大奖”的建筑作品。其中三号别墅（图2-5-18）是由中国建筑师崔恺设计的建筑作品，也是崔恺的代表作之一。三号别墅建筑位于北京市延庆区水关村，与北京市中心、火车站、机场、高速公路均有较便捷的联系，建筑面积约390m^2，于2002年建成。

图2-5-18 三号别墅

三号别墅曾有个诗意的名字——“看与被看”。三号别墅室内室外相通，开阔视野与私密生活浓缩于方寸之地。人看山，山看人，室内看室外，室外看室内，邻里之间在看与被看的互动往来中享受无穷乐趣。充分展现了人与自然的和谐对话。

2-5-5 2-5-6

如图2-5-19，住宅用地的景观为北向及东北向，视野开阔、层次丰富，近景是一号别墅，中景有会所，远景则是层层叠叠的山脉。建筑整体形成一种“看”与“被看”的关系，也就是我国自古以来所说的“对景”关系。于是，客厅和餐厅向北，卧室部分向东北且全面开敞，这样山里的景色可以最大限度地收入人们的视线之中。为了避免其他别墅对自然景观的遮挡，客厅和餐厅部分利用台地下沉，“蹲”在草丛之中，上部覆土植草，土坎变成“玻璃坎”。居室部分平行山体布置，保持山沟的视野畅通，而架空使山地得以延续。

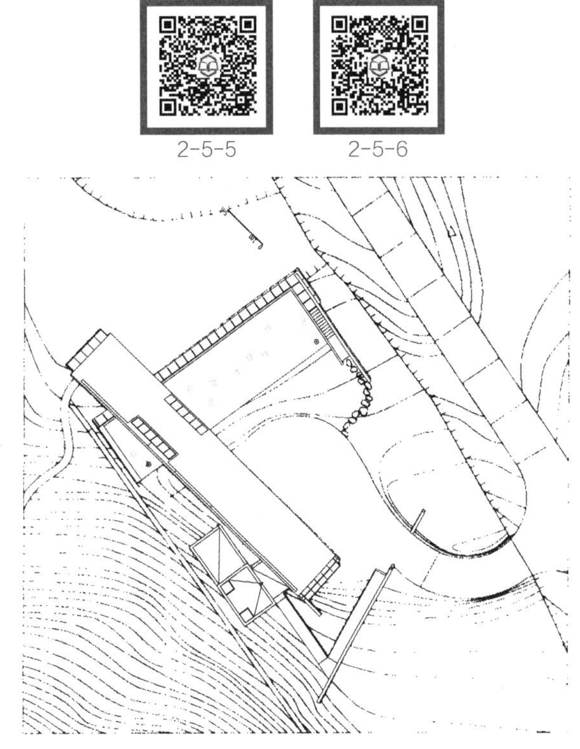
图2-5-19 总平面图

住宅的客厅、餐厅向北，居室部分向东北且全面敞开。从主入口进入之后，首先是通向餐厅和客厅的楼梯，极强的导向性。客厅与餐厅相连，室内室外相通，也可以提供聚会的场所，厨房为开放式的，聚会时，会所准备的佳肴会通过专用出口提供，与客人活动区不干扰。室内共四间卧室，主卧附带独立卫生间，主卧的浴室配有整面的落地玻璃，山景扑面而至，在入浴时也不会错过难得的田园野趣。主卧挑出台地上方，也可独享开阔的视野和生活的私密空间。除了主卧室，其他部分可自由分隔组成不同大小的房间。卫生间有两个，必要时可分男女。室内两层高的空间，形成了客厅和居室共享的光庭。庭内，随着时辰的变化，阳光、灯光、格栅、树影在墙上作画；庭外，随着季节的更迭，青草、绿藤、黄叶、冰花，景色变幻，表现出人与自然的和谐对话。另外别墅内还有司机房、洗衣房、设备间和车棚。如图2-5-20、图2-5-21所示。

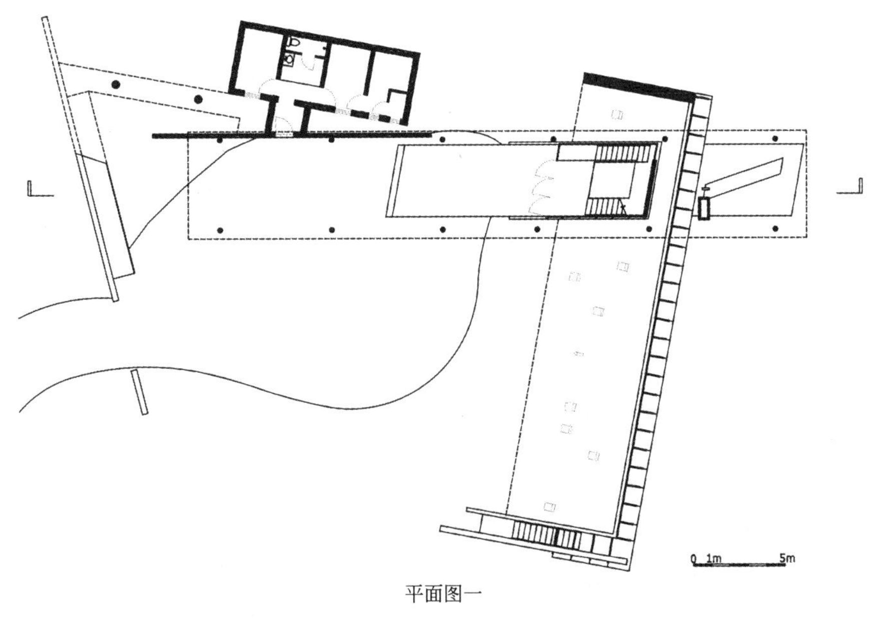

平面图一

图2-5-20

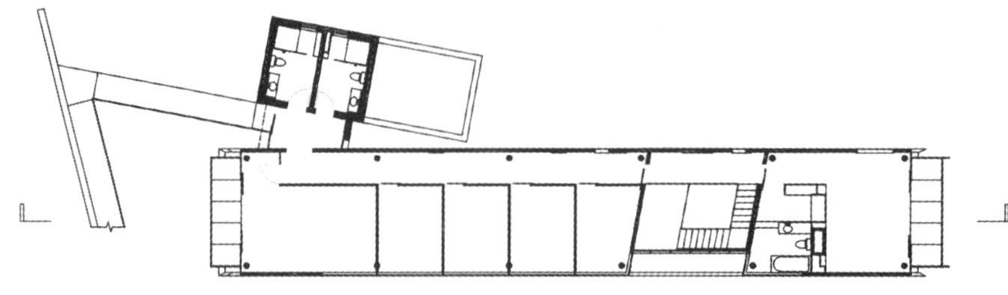

平面图二

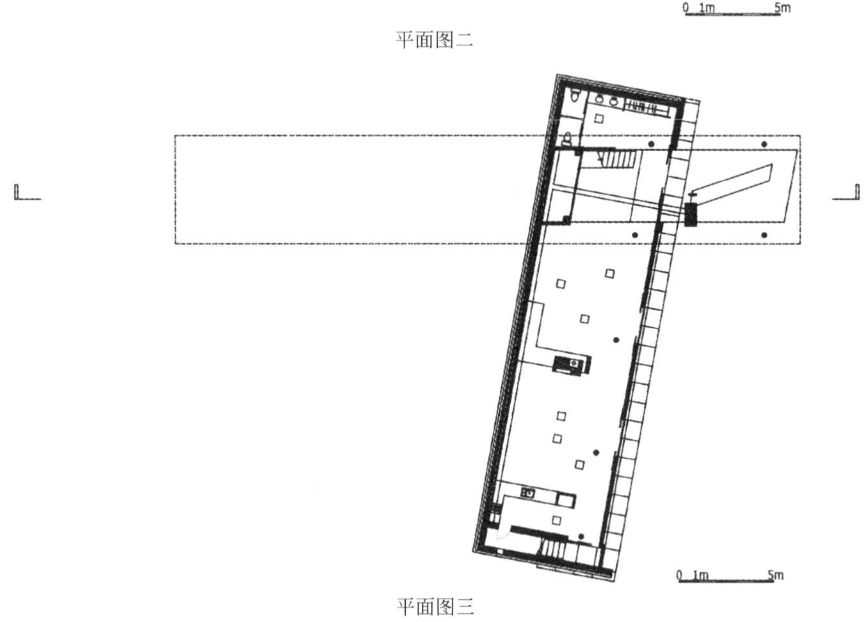

平面图三

图2-5-20 平面图

三号别墅在体量上形成了一种横向的大体量。大面积的横向长窗，为室内赢得了充足的阳光，让人产生那种清新宁静之感。同时，底层独立的支柱架空，为建筑的停车和设备用房提供了充足的空间。在建筑外部，通过一条小通道可直接来到“玻璃坎”餐厅的前方室外平台。因为通道狭小，当观察角度不同时，使人产生不同的感觉：从上往下看，有种江南私家园林中那种曲径通幽的神秘；反之，则有一种山河壮丽一线天的开阔。如图2-5-22、图2-5-23所示。

室内楼梯

客厅

开敞厨房

图2-5-21 室内局部布置图

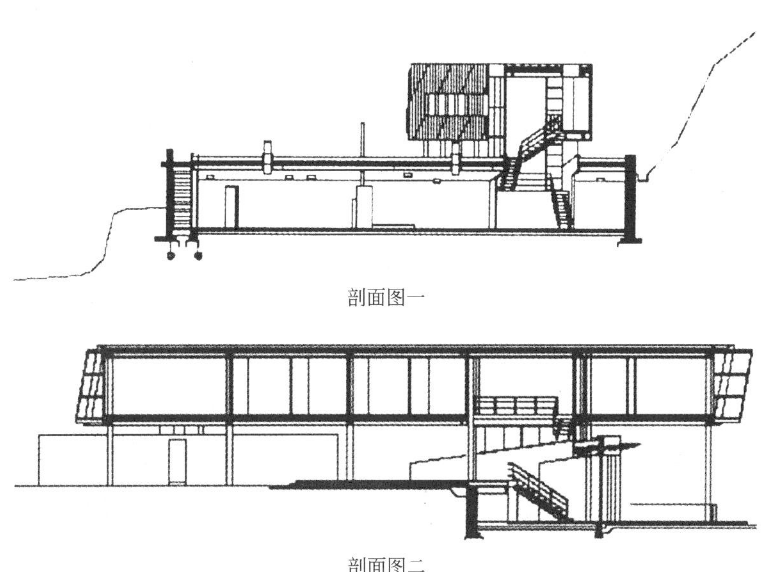
剖面图一

剖面图二

图2-5-22 剖面图

图2-5-23 横向长窗及底层支柱

建筑空间中运用了大量的“重复和差异”的设计手法，如地形空间高差的变化、卧室与客厅之间的角度可变、内饰玻璃可变（透明、磨砂、印刷、嵌色）、居室的隔间可变、面积可变、固定陈设可变、室内用料可变等，使建筑空间充满变化的趣味。

住宅建造时，项目规模小，又在远离城市的山沟里，使用商品混凝土现场浇注造价高，施工不便，因此建筑的客厅和卧室采用钢结构，附属用房采用砖混结构。

在建筑材料的选用上，建筑的结构和楼梯部分使用了钢材；楼板、顶板和平台采用了木材；挡土墙和地面以石材为主；建筑外饰面使用了铝板和埃特板装饰；窗、隔断以玻璃为主。客厅下沉部分施工时挖出的土方就地用作平整庭院和屋顶覆土，砂砾用作了庭院地面，不需外运，经济便捷。而建造时挖掘的岩石，可经过设计和处理，作为客厅室内家具和陈设。如图2-5-24所示。

建筑围护结构考虑了保温和节能的问题：如采用覆土，保温楼板和屋面，以及使用了三层中空玻璃窗门，尤其是钢结构室内外交界处进行了冷桥处理。

图2-5-24　玻璃窗

别墅有着强有力的建筑表现却谦卑地置于其所处的环境之中，没有对其周边的风景造成任何遮挡。从内部看，建筑是开放的，与此同时，将室外的景观以不同方式，框进建筑来，此外，被绿色覆盖的屋顶使该建筑成为环境的一部分。这种尊重环境的设计充分体现了崔恺的设计理念，坚持在建成环境中维护和彰显本地身份、文化和传统的必要性。

项目任务书

小住宅建筑设计

拟在某城市郊外建造度假小住宅一幢，共有山坡地、溪边用地各两处供自选。使用者身份、职业特点、家庭结构和生活习惯自定。建筑可为1～3层，结构形式和材料选择不限。建设地段内有水电设施，冬季采暖可以用壁炉或空调等。

一、设计要点

（1）研读项目任务书，首先自行确定使用者的身份（如画家、天文学家、演员、服装设计师……）和对建筑有无特殊的功能要求。

（2）本设计地段的地理位置、气候条件、景观环境特点以及地形地貌特征各不相同，在思考时，分析地段环境特点（气候、朝向、景观、地形、道路……），使建筑布局与自然环境有机结合，利用地段环境和景观特色来构思室内空间和室外休闲环境，使主要空间有良好的视野、朝向、采光及通风等，使室内外空间流通、渗透，相互因借，创造优美、舒适的度假休闲环境。

（3）分析该住宅的房间组成及在功能上的主次关系，将相关房间划分为建筑的不同功能分区。结合功能分区、房间组成及房间的主次关系，推敲建筑的布局形式。

（4）了解家庭生活、人体活动尺度的要求，合理组织室内空间并布置家具，营造亲切而舒适的生活氛围。

（5）掌握结构体系与建筑形式间的相互关系，注意建筑结构的合理性，尤其是楼房承重结构的上下对应关系，及楼梯的结构关系。

（6）运用形式美的构图规律，结合景观环境，进行立面及体型设计。在平面布局大致合理的基础上，通过推敲建筑的体型组合，进一步调整平面和立面，使方案逐步完善。确定建筑风格、材料与色彩，创造得体又具有特色的建筑形象。

二、设计内容

表2-6-1设计内容，可根据使用者的不同特点自行调整，各部分房间面积亦可自定，总建筑面积控制在200～350m^2，平台不计面积，有柱外廊以柱外皮计100%建筑面积，阳台计50%建筑面积。

表2-6-1　设计内容

空间名称	功能要求	面积
起居空间	包含会客、家庭起居和小型聚会等功能	自定
*工作空间	视使用者职业特点而定，可做琴房、画室、舞蹈室、娱乐室、健身房和书房等，可单独设置亦可与起居室结合	自定
主卧室（1间）	要求设置独立卫生间和步入式衣帽间	自定
次卧室（2～3间）	要求带壁柜	不小于10m^2
客人卧室（1间）	与主卧适当分开。要求带壁柜	不小于10m^2
餐厅	应与厨房有较直接的联系，可与起居空间组合布置，空间相互流通	自定
厨房	可设单独出入口，可设早餐台	不小于6m^2
卫生间（3间以上）	可考虑主卧、次卧分设卫生间，次卧亦可共用，其公共卫生间至少设三件卫生设备（浴缸、坐便器、盥洗池）	自定
储藏空间（一处或多处）	供堆放家用杂物，或存放日常用品等	自定
洗衣房	设洗衣机、盥洗池。可结合卫生间设置或阳台也可分开	不小于3m^2
车库	放小汽车一辆。可与主体分设。必须有屋顶	3.6m×6m^2

注：带*者为可设可不设，其他房间均应满足。

三、地形图

某城市郊外地形图见图2-6-1

四、图纸内容要求

1. 平面图（1 ： 100）

（1）注明房间名称，主要建筑构件尺寸，绘制出家具布置及厨、卫布置。

（2）表明门的开启方向。

（3）首层绘制出台阶、平台、花池、散水、绿化、铺装和建筑小品等环境设计内容。

（4）二层绘制出首层、屋顶平面可见线。

（5）绘制箭头标明主次入口，注明剖切线、楼梯、台阶上下方向等。

2. 剖面图（1个，1 ： 100）

（1）剖切位置应选在标高显著变化处。

（2）屋顶等部分只给出轮廓线，不必绘制构造。

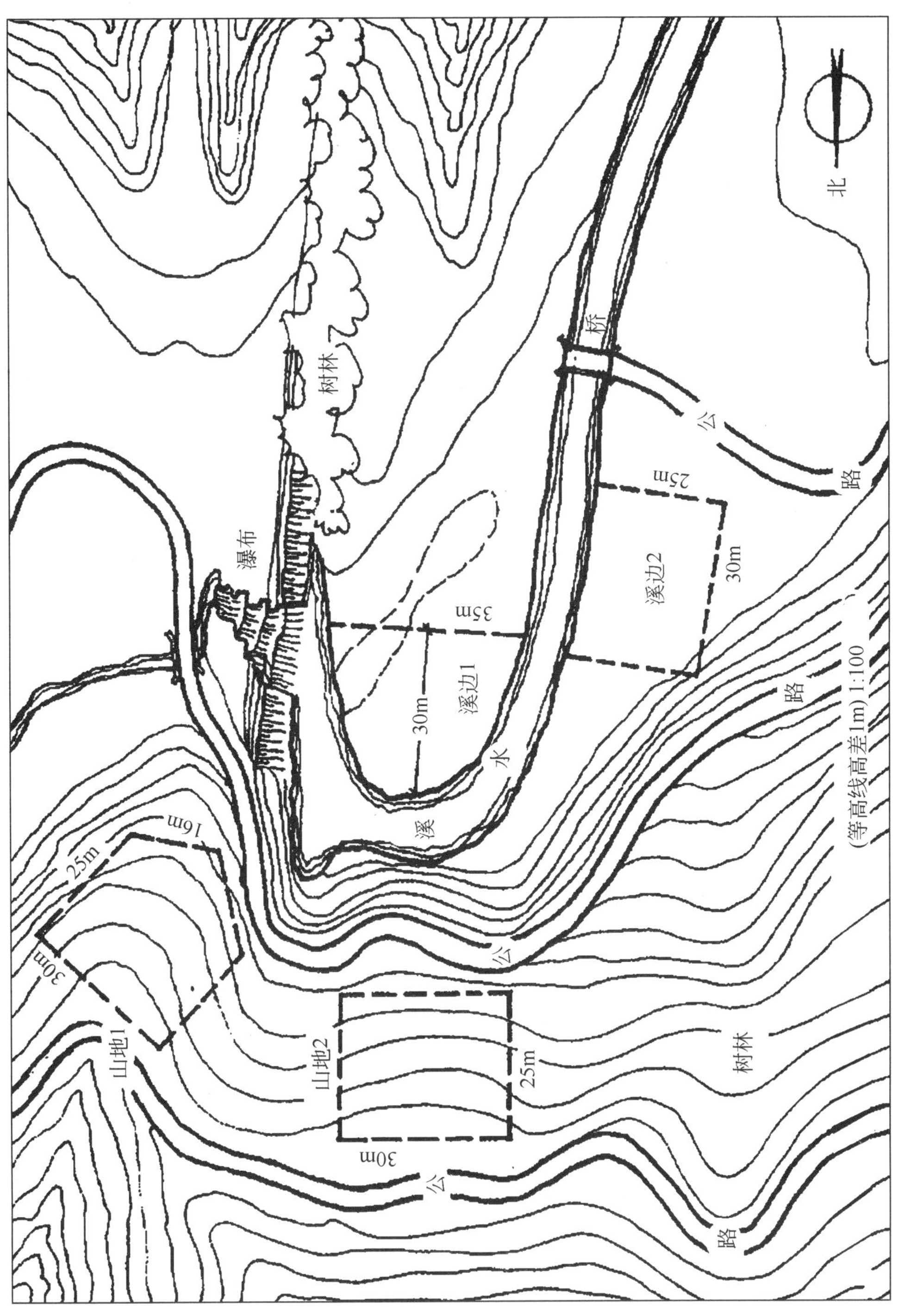
树林
瀑布
桥
公
路
25m
30m
溪边2
35m
30m
溪边1
溪
水
16m
25m
30m
山地1
山地2
25m
30m
公
路
树林
北
(等高线高差1m) 1:100

图2-6-1 地形图

（3）绘制出室内可见的主要家具。

（4）注明建筑标高（以室内地坪为 ± 0.000），画一个人（1.7m），以示比例关系。

3. 立面图（4个，1 ： 100）

（1）表示建筑体形组合关系。

（2）区别各种建筑材料、墙面的划分，檐口、勒脚的处理。

（3）正确绘制门窗的大小、玻璃分块、窗扇开启及固定扇的关系。

4. 总平面图（1 ： 300）

（1）绘指北针。

（2）表示建筑阴影。

（3）绘制出入口箭头。

（4）简要表示出平台、道路、地形、树木及与周围环境的关系等。

5. 透视图

（1）室外透视1个，可平视或俯视，表现建筑的体形关系、材料质感及细部设计，表现建筑与环境的关系。

（2）室内透视1个，表现起居室、餐厅等主要空间的设计构思。

项目三

高层住宅建筑设计

随着城市的发展，城市用地日益紧张，提高住宅层数是节约城市建设用地的一种有效途径。但高层住宅并不是多层住宅的简单叠加，而是有其自身的特点。

高层住宅能够使建筑容积率提高，同样的建设用地能容纳更多的住户，而且建筑密度下降，可以获得更多的空地用以布置公共活动场地及绿化，从而为组织丰富的外部空间和优美的居住环境创造了有利条件。高层住宅高大的体量和宽大的间隔形成的空间组合与多层、低层住宅群有着明显的差异，为组成城市有特点的建筑群体空间、丰富城市景观提供了途径。高层住宅由于层数多，建筑高度增加，电梯作为主要的垂直交通工具，通过合理的组织，住户能够非常方便地到达所需要的楼层。同时，由于电梯设施在住宅造价中所占的比例较高，为提高电梯的运行效率，需要组织方便、安全而又经济的公共交通体系，从而对高层住宅的平面布局和空间组合产生一定的影响。相对低层和多层住宅，高层住宅的垂直荷载和侧向荷载大大增加。为了保证建筑结构的安全，需要使用与多层住宅不同的建筑材料和结构体系。在给排水、供电、疏散、消防和安全等方面，均要采用不同于多层住宅的技术措施。高层住宅设置电梯，结构体系及其他技术措施复杂，因而其每平方米造价要高于低层和多层住宅。但高层住宅的经济性分析，应该建立在城市建设综合经济效益的基础上全面评价。由于提高了建筑层数，相应降低了每平方米住宅负担的室外管网投资。居住密度的提高，相应地可紧凑安排城市服务设施并缩短公共交通。高层住宅由于体量巨大，居住人数大大超过低层和多层住宅，其对居民生活方式的影响，不仅表现为物质生活方式的不同，同时由于住户远离地面，也会对其带来生理上和心理上的影响。

本项目通过学习高层住宅建筑设计，培养大家的创新思维。

任务一 高层住宅外部空间组织

知识点

高层住宅外部空间的要求　交通、绿化、活动空间等设计要点、相关规定

任务目标

合理布局，注重创造良好的外部居住环境

3-1-1

图3-1-1　高层住宅小区

高层住宅外部空间是指高层住宅中除了主体建筑以外的一切开敞空间及有自然和人工要素构成的物质实体。它是室内空间的有机延续，是居民生活空间的重要组成部分。良好的外部空间环境不仅能提供活动空间，还能为室内提供景观，使室内室外联系更加紧密。由于人类在城市中大半以上时间都在住区内度过，因此，良好的空间还会对居民的生理、心理、行为等产生有益的影响。图3-1-1为高层住宅小区。

一、基本要求

住宅外部空间组织应满足住宅在功能、经济、空间环境三方面的要求，并实现三者的协调统一。

1. 功能原则

满足日照、通风、朝向、消防等基本功能要求，使居住环境卫生、安全、安静；满足方便快捷的交通功能以及游憩、交往等功能要求，并便于安全管理和物业服务。

（1）日照　住宅室内的日照标准，一般由日照时间和日照质量来衡量。不同建筑气候地区、不同规模大小的城市地区，在所规定的“日照标准日”内的“有效日照时间带”里，保证住宅建筑底层窗台达到规定的日照时数。户外活动场地的日照也同样重要，可在住宅组团里，在日照阴影区外开辟一定面积的宽敞空间，使居民活动时能获得更多的日照。日照间距见图3-1-2。

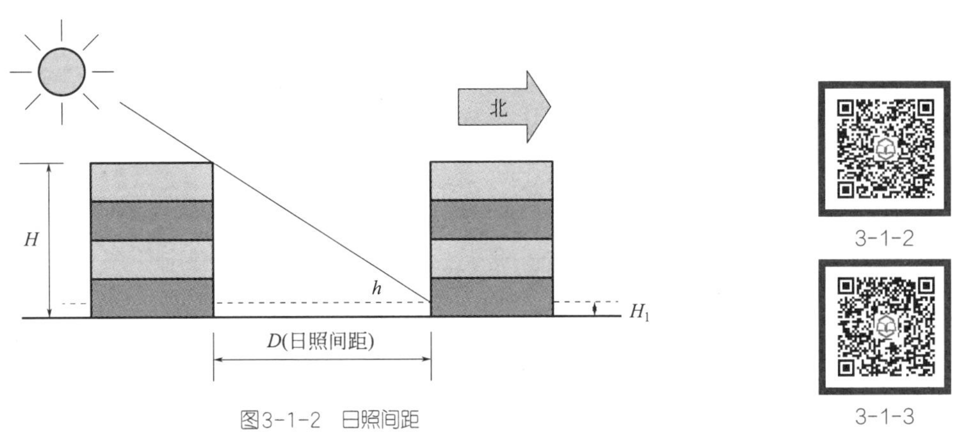

图3-1-2　日照间距

为区分我国不同地区气候条件对建筑影响的差异性，明确各气候区的建筑基本要求，提供建筑气候参数，从总体上做到合理利用气候资源，防止气候对建筑的不利影响，国家制订了《建筑气候区划标准》（GB 50178—93）。

根据划分标准，我国建筑气候的区划系统分为一级区和二级区两级：一级区划分为7个区，二级区划分为20个区。其中一级区区划指标如表3-1-1所示。

住宅建筑日照标准见表3-1-2。

表3-1-1　一级区区划指标

区名	主要指标	辅助指标	各区辖行政区范围
Ⅰ	1月平均气温≤−10℃， 7月平均气温≤25℃， 7月平均相对湿度≥50%	年降水量200～800mm， 年日平均气温≤5℃，日数≥145d	黑龙江、吉林全境；辽宁大部；内蒙古中、北部及陕西、山西、河北、北京北部的部分地区
Ⅱ	1月平均气温−10～0℃， 7月平均气温18～28℃	年日平均气温≥25℃，日数＜80d； 年日平均气温≤5℃，日数145～90d	天津、山东、宁夏全境；北京、河北、山西、陕西大部；辽宁南部；甘肃中东部以及河南、安徽、江苏北部的部分地区
Ⅲ	1月平均气温0～10℃， 7月平均气温25～30℃	年日平均气温≥25℃，日数40～110d； 年日平均气温≤5℃，日数90～0d	上海、浙江、江西、湖北、湖南全境；江苏、安徽、四川大部；陕西、河南南部；贵州东部；福建、广东、广西北部和甘肃南部的部分地区

续表

区名	主要指标	辅助指标	各区辖行政区范围
Ⅳ	1月平均气温＞10℃， 7月平均气温25～29℃	年日平均气温≥25℃，日数100～200d	海南、我国台湾全境、福建南部；广东、广西大部以及云南西部和元江谷地河谷地区
Ⅴ	7月平均气温18～25℃， 1月平均气温0～13℃	年日平均气温≥5℃，日数0～90d	云南大部；贵州、四川西南；西藏南部一小部分地区
Ⅵ	7月平均气温＜18℃， 1月平均气温0～−22℃	年日平均气温≤5℃，日数90～285d	青海全境；西藏大部；四川西部；甘肃西南部；新疆南部部分地区
Ⅶ	7月平均气温≥18℃， 1月平均气温−5～−20℃ 7月平均相对湿度＜50%	年降水量10～600mm， 年日平均气温≥25℃，日数＜120d; 年日平均气温≤5℃，日数≥110～180d	新疆大部；甘肃北部；内蒙古西部

表3-1-2　住宅建筑日照标准

建筑气候区划	Ⅰ、Ⅱ、Ⅲ、Ⅶ气候区		Ⅳ气候区		Ⅴ、Ⅵ气候区
城区常住人口/万人	≥50	＜50	≥50	＜50	无限定
日照标准日	大寒日			冬至日	
日照小时数/h	≥2	≥3		≥1	
有效日照时间带（当地真太阳时）	8时~16时			9时~15时	
计算起点	底层窗台面				

注：该表摘自《城市居住区规划设计标准》(GB 50180—2018)，数据一致。

（2）通风　不同气候特征地区住宅群体的通风防风目标和措施应有所不同：炎热地区夏季需加强住宅自然通风以降低温度；潮湿地区良好的自然通风有利于保持室内空气干爽；寒冷地区则存在着住宅冬季防风防寒的问题。保证住宅之间和住宅内部有良好的自然通风，并考虑不同气候地区、不同季节主导风向对群体空间组织的影响。住宅群体总平面的通风、防风措施见图3-1-3。

住宅群体的自然通风效果与建筑的间距大小、风向的入射角度大小有关。当间距相同，入射角由0°～60°逐渐增大时，宅间风速也相应增大；当入射角为30°～60°时，通风较为有利；当入射角为60°、间距为1∶1.3H时，通风效果较入射角为30°、间距为1∶1.2H时更佳；当间距较小时，不同风的入射角对通风的影响就不明显了。不同风向入射角影响下的总平面气流示意见图3-1-4。

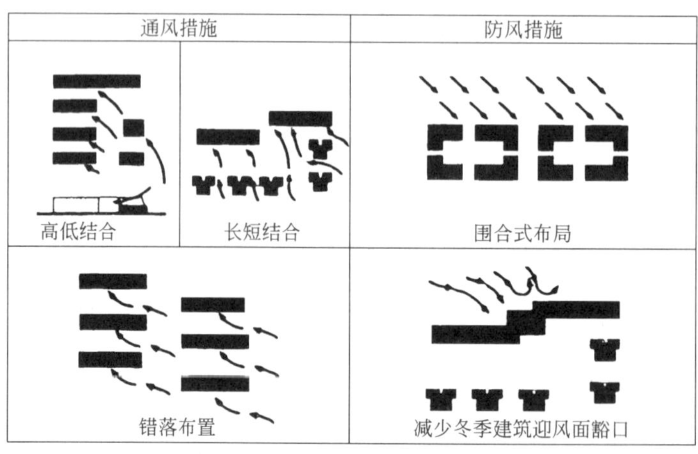

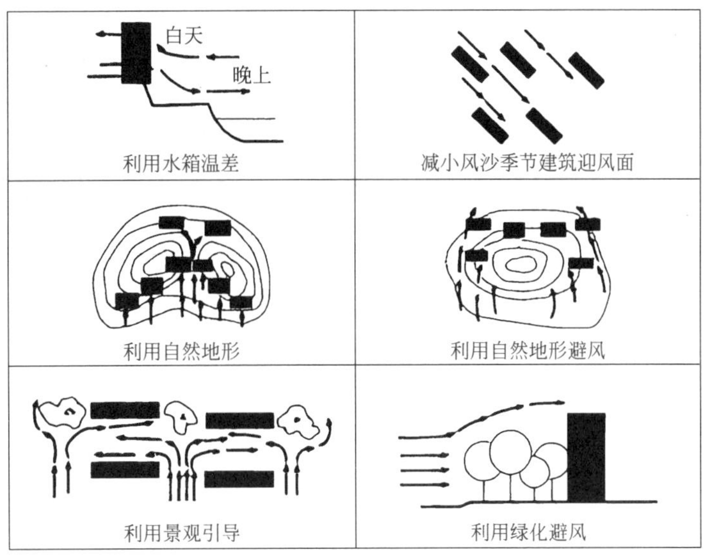

图3-1-3 住宅群体总平面的通风、防风措施

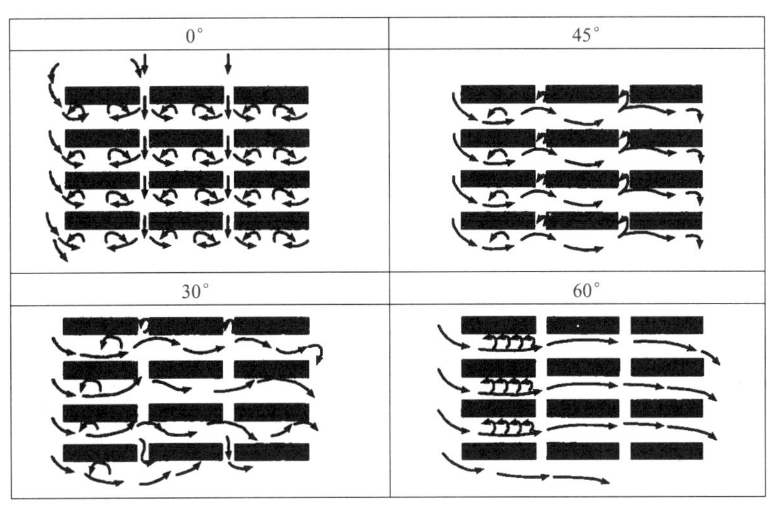

图3-1-4 不同风向入射角影响下的总平面气流示意

（3）朝向 住宅朝向选择要求能获得良好的日照、自然通风和热工环境。住宅朝向的确定与日照时间、太阳辐射强度、常年主导风向、地形及景观资源等综合因素有关。

中国大部分位于北温带，南北气候差异较大，寒冷地区居室避免朝北，不忌西晒，以争取冬季能获得一定质量的日照，并有利于避风防寒；炎热地区居室要避免西晒，尽量减少太阳对居室及其外墙的直射及辐射，并有利于自然通风、避暑防湿。通过综合考虑上述因素，可以为每个城市确定建筑的适宜朝向范围。同时朝向安排应充分利用山地、滨水等自然景观条件，为住户提供良好的户外景观环境。我国部分城市住宅朝向建议见表3-1-3

表3-1-3 我国部分城市住宅朝向建议

城市	最佳朝向	适宜朝向	不宜朝向
北京	南偏东30° 以内 南偏西30° 以内	南偏东45° 以内 南偏西45° 以内	北偏西30°～60°
上海	南至南偏东15°	南偏东30° 南偏西15°.	北、西北

续表

城市	最佳朝向	适宜朝向	不宜朝向
石家庄	南偏东15°	南至南偏东30°	西
太原	南偏东15°	南偏东至东	西北
呼和浩特	南至南偏东 南至南偏西	东南 西南	北、西北
哈尔滨	南偏东15°～20°	南至南偏东15° 南至南偏西15°	西北、北
长春	南偏东30° 南偏西10°	南偏东45° 南偏西45°	北、东北、西北
大连	南、南偏西15°	南偏东45° 至南偏西至西	北、西北、东北
沈阳	南、南偏东20°	南偏东至东 南偏西至西	东北东至西北西
济南	南、南偏东10°～15°	南偏东30°	西偏北5° ～10°
青岛	南、南偏东5°～15°	南偏东15° 至南偏西5°	西、北
南京	南偏东15°	南偏东25° 南偏西10°	西、北
合肥	南偏东5°～15°	南偏东15° 南偏西5°	西
杭州	南偏东10°～15°	南、南偏东30°	北、西
福州	南、南偏东5°～10°	南偏东20° 以内	西
厦门	南偏东5° ～10°	南偏东20° 南偏西10°	南偏西25° 西偏北30°
郑州	南偏东15°	南偏东25°	西北
武汉	南偏西15°	南偏东15°	西、西北
长沙	南偏东9° 左右	南	西、西北
广州	南偏东15° 南偏西5°	南偏东20° 南偏西5° 至西	
南宁	南、南偏东15°	南偏东15° ～25° 南偏西5°	东、西
西安	南偏东10°	南、南偏西	西、西北
银川	南至南偏东23°	南偏东34° 南偏西20°	西、北
西宁	南至南偏西30°	南偏东30° 至南 南偏西30°	北、西北
乌鲁木齐	南偏东40° 南偏西30°	东南、东、西	北、西北
成都	南偏东45° 至南偏西15°	南偏东45° 至东偏西30°	西、北
重庆	南、南偏东10°	南偏东15° 南偏西5° 北	东、西
昆明	南偏东25° ～50°	东至南至西	北偏东35° 北偏西35°
拉萨	南偏东10° 南偏西5°	南偏东15° 南偏西10°	西、北

（4）安全　满足车行、步行交通安全，以及防盗、防灾（火灾、水灾、地震等）要求。

住宅侧面间距，应符合建筑规定：高层板式住宅、多层住宅之间不宜小于6m；多层建筑与多层建筑的防火间距应不小于6m，高层建筑与多层建筑的防火间距不小于9m，高层建筑与高层建筑的防火间距不小于13m。高层塔式住宅、多层和中高层点式住宅与侧面有窗的各种层数住宅之间应考虑视线干扰因素，适当加大间距。防火间距见图3-1-5。

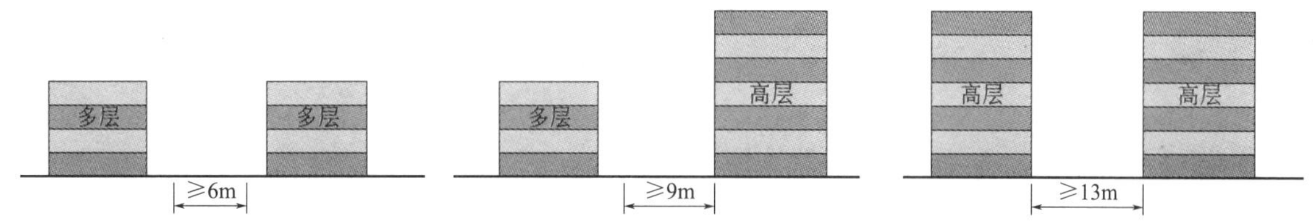

图3-1-5　防火间距

（5）安静　安静、不受外部噪声的影响是居住环境的基本要求，国家也有相应的控制标准。住宅群体空间规划应避免大量过境人流、车流穿越住宅组群，并与植物设计形成良好的配合，防止外部噪声的不良影响。应对噪声的设计方法见图3-1-6。

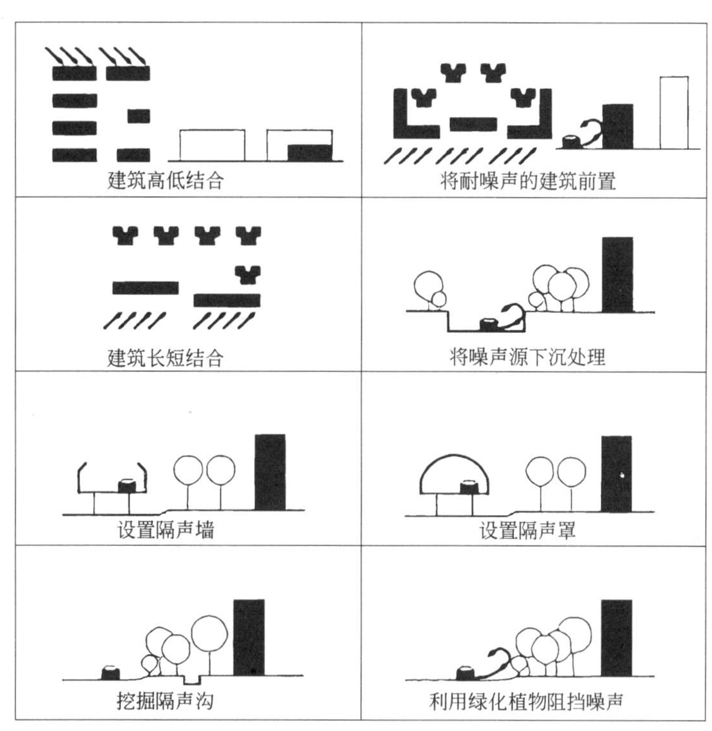

图3-1-6　应对噪声的设计方法

（6）方便　根据居民上下班、购物、休息、游憩等活动规律，合理高效组织车行和步行交通，安排配套服务设施，满足出行便捷、服务配套完善、功能组织合理的要求。

（7）交往　物质环境对居民的活动有很大的影响，住宅外部空间的规划应注意为居民提供适宜的交往场所，增进生活气息，使居民产生对邻里环境的归属感和认同感。

2. 经济原则

合理节约用地，充分利用空间，方便施工管理。住宅群体空间组织的经济性主要通过土地和空间的合理使用来实现，适宜的容积率和建筑密度是衡量住宅建筑群体空间规划的经济性。

3. 空间环境原则

住宅群体空间组织的空间环境原则既包括视觉景观层面的美观和愉悦感，更体现在三维空间层面的宜人尺度、合理围合、优美形态、秩序感、舒适性、地方和文化特色等，以及与建筑风格、建筑形式和环境景观的整体性。因而需要运用美学原理，合理组织空间，创造尺度宜人、舒适和谐、景观优美、亲切大方、富于个性和邻里归属感的生活居住空间。

二、住宅外部的交通组织

住区道路系统规划通常是在交通组织规划下进行的，住宅外部交通组织规划可以分为“人车分行”和“人车混行”两大类，并以这两大类交通规划为基础，综合考虑住区生活需要和规范要求，进行住宅外部空间交通系统的组织。住区的道路系统在联系方式上，一般可分为互通式、尽端式和综合式三种。

1. 交通组织方式

（1）“人车分行” 该体系力求保持住区内的安全与宁静，保证社区内各项生活与交往活动不受机动车交通的影响，可以正常舒适地进行。住区内的人车分流可以通过多种方式实现，一种方式是对车行道进行明确分级，一般情况下，将车流限制在住区或住宅组群的外围，以尽端式道路伸入住宅组群内，并在尽端路的尽端设置停车或回车场。步行道则常常穿插在住区内部，将绿地、户外活动场地、公共建筑和住宅紧密联系起来，形成人行、车行相对独立的外部空间环境；另外一种方式是将住区机动车的停车场全部设置在地下车库中，车库出入口设置在住区边缘，在紧急情况下，因消防和救护的需要，机动车可以进入住区内部，到达各个住宅单元，日常机动车流不对住区内部的地面人流产生任何影响。

（2）“人车混行” 是一种最常见的住宅区交通组织方式，交通组织体系采用这种交通组织方式，既经济又方便，住宅区内车行道分级明确，分布在住宅区内部道路系统，多采用互通式道路或环状道路，或两者结合使用，并可以解决好住宅区内机动车停车问题。

2. 道路类型、等级

（1）道路类型 住区内部道路一般有车行道和步行道两类。车行道担负着住区与外界及住区内部机动车与非机动车的交通联系，是住区道路系统的主体。步行道往往与住区内各级绿地系统相结合，起着联系各类绿地、户外活动场地和公共建筑的作用。

在人、车分行的交通组织体系中，车行交通与步行交通互不干扰，车行道与步行道各自形成独立、完整的道路系统，步行系统往往兼有交通联系和休闲活动双重功能。在人、车混行的交通组织体系中，车行道承担了住区内外联系的所有交通功能，而步行道基本是作为绿地、户外活动场地的局部交通联系，更多地体现了休闲功能。

（2）道路分级 如果按“居住区—居住小区—住宅组团”三级规划结构来划分的话，居住区的道路通常可分为四级：居住区级道路、居住小区级道路、住宅组团级道路和宅间小路。规划中各级道路基本上分级衔接、均匀分布，以形成良好的交通组织系统，并有利于构成层次分明的空间领域感。道路尺寸见图3-1-7，住宅区道路分析见图3-1-8。

① 居住区级道路 居住区内、外联系的主要道路，也是城市道路的一部分，红线宽度一般为20～30m，山地城市不小于15m，车行道9～14m，道路一般采用一块板形式，规模较大的可采用三块板或特殊道路断

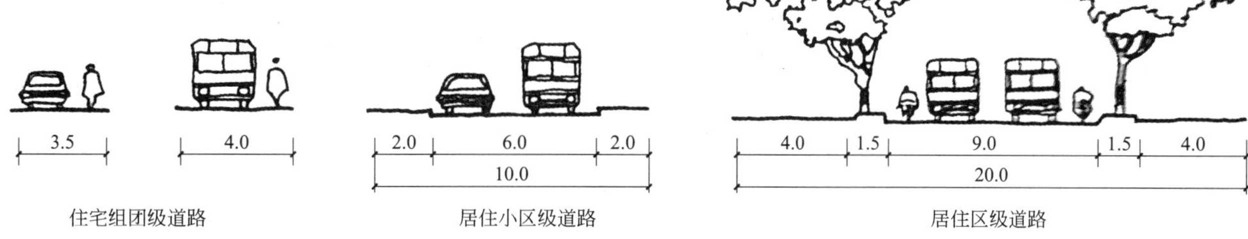

图3-1-7 道路的尺寸（单位：m）

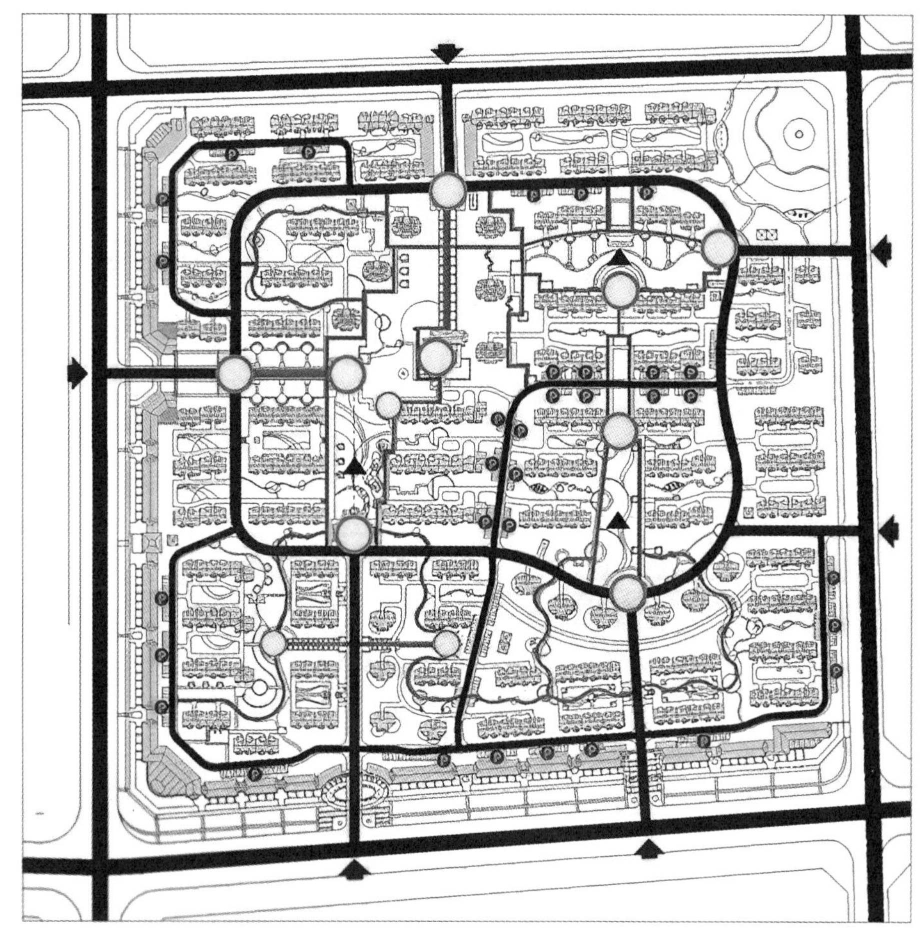

图3-1-8 住宅区道路分析

3-1-4

面形式，人行道宽2.5 ～ 5m。

② 居住小区级道路 小区内部的主要交通骨干道路，红线宽度一般为15m左右，通常要在满足双向交通需求的同时，考虑路边临时停车的需要。

③ 住宅组团级道路 居住小区内的主要道路，建筑控制线之间的宽度不小于10m（采暖区）或8m（非采暖区），路面宽度为4 ～ 7m。

④ 宅间小路 通向各户和住宅单元入口的道路，宽一般为1.5 ～ 2.5m，一般情况下在尽端设置回车场地。

（3）消防车道 消防车道通常按照单向车道来设计，其宽度应不小于4m，消防车道上空4m以内的范围不应有障碍物。消防车道与高层建筑外墙距离宜大于5m，为便于设置登高救援的登高车操作场地。尽端式消防车道应设有回车道或回车场，回车场规模不小于15m × 15m。消防车道转弯处需要有合理的转弯半径

（9 ～ 12m）。消防车道设计要点见图3-1-9。

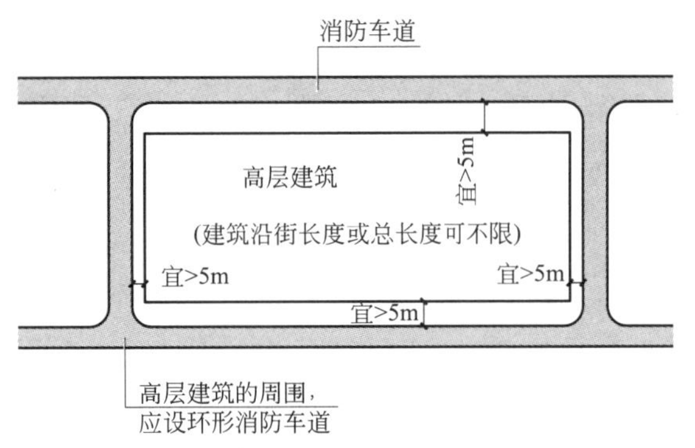

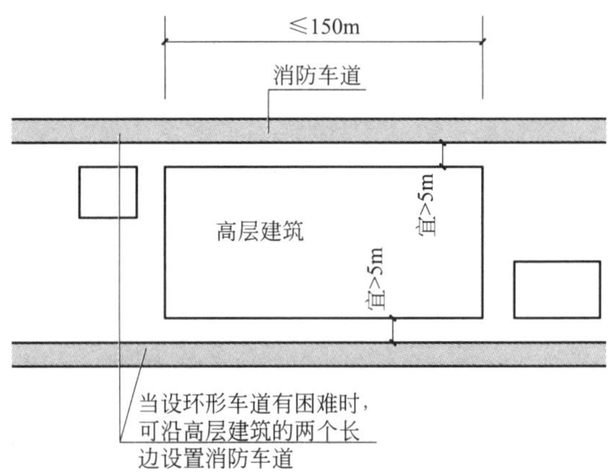

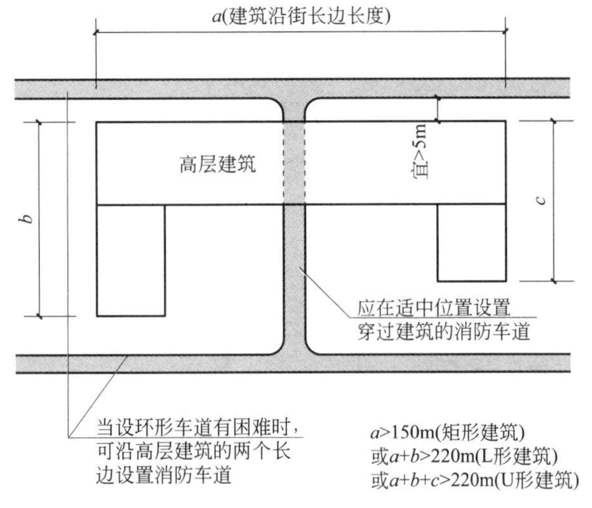

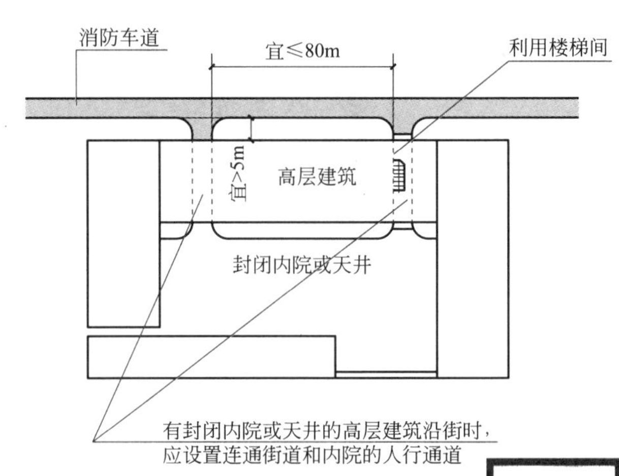

图3-1-9　消防车道设计要点

3-1-5

3. 停车场地设施

居住小区的自行车停车设施有停车棚、独立停车库、住宅底层地下或半地下停车库等几种常见方式。停车方式有集中停放和分散停放两大类。

规模较大的独立停车库一般设于住宅组团中心或主要出入口处，服务半径要适中；规模较小的集中式停车棚则设于公共建筑前后或住宅组团内；小型分散的存车棚、住宅底层的地下或半地下停车库等常与住宅楼较紧密地结合在一起。

住区机动车停车位的规划布置，应根据整个居住区或小区的整体道路交通组织规划来安排，以方便、经济、安全为规划原则。有分散于住宅组团中或绿地中的露天停车位，也有集中于独立地段的大、中型停车场。目前，越来越多的住区内开始采用地下停车方式，车库内部联系各居住单元，车库出入口则与小区外围道路紧密结合，车库顶部常设计成为覆土屋顶花园，成为室外绿化环境的重要组成部分。

三、住宅外部绿化环境

住宅外部绿化环境通常指在居住区用地上栽植的树木、花草所形成的住区集中公共绿地（居住区公园、小区游憩绿地、组团绿地）、宅间绿地、街道绿地以及公共服务设施所属绿地等。住宅各类公共绿地的分级、使用对象以及主要设施见表3-1-4。

表3-1-4　住宅各类公共绿地的分级、使用对象以及主要设施

分级	居住区级	居住小区级	住宅组团级
类型	居住区公园	小区游园	邻里休闲场地
使用对象	全区居民	老人和儿童	组团内居民
设施内容	树木、花卉、草地、水景、凉亭、花架、雕塑、坐凳、儿童游戏活动场、成人游憩健身场等	树木、花卉、草地、水景、凉亭、花架、坐凳、游憩健身场等	树木、花卉、草地、坐凳、游憩健身场等
用地规模	大于1hm^2	大于0.4hm^2	大于0.04hm^2
布局要求	园内有明确的功能划分	园内有一定的功能划分	灵活布置

绿地环境的功能包括两大类，一是生态和基本环境功能，二是景观和环境美化功能。

我国衡量住宅区绿地的指标主要有以下两种：

（1）人均公共绿地面积　是小区、公园、组团绿化，以及街道绿化带等公共绿地面积的总和除以居住人数，以“m^2/人”为计算单位。

（2）绿地率　指住宅区用地内栽植乔木、灌木以及花卉、草坪等植被的各类绿地（含水面）的面积与居住总用地面积的百分比。

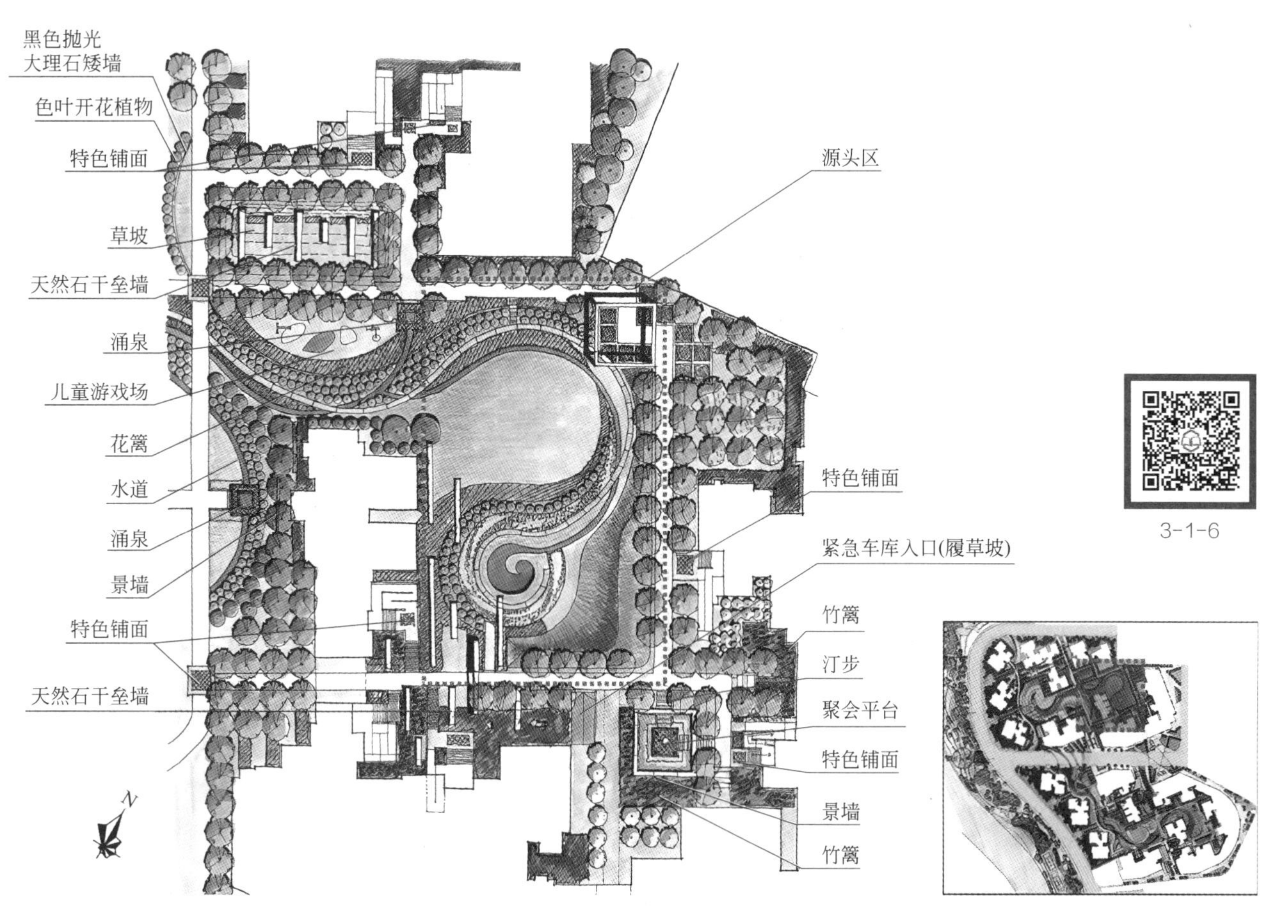

图3-1-10　某住宅区景观设计方案

住宅外部绿地环境是小区生态系统的重要组成部分，对居住环境质量的改善起到重要的作用，一般具有遮阳、防尘、降温、防风、防灾、防噪声以及调节空气等功能。同时绿地环境是住宅的重要组成景观，以住宅外部绿地环境为主形成的住宅区开放空间，常常也是居民最好的交流休闲场所。某住宅区景观设计方案见图3-1-10。

四、住宅外部的活动场所

户外生活是居民居住活动的重要组成部分，其具体的内容包括：儿童游戏，青少年及成年人体育活动，老年人保健锻炼、散步，邻里交往，冬季晒太阳，夏季乘凉等，见图3-1-11、图3-1-12。因此，住宅外部活动场地应依照不同年龄居民活动的需要进行灵活的规划设计。一般来讲，活动场地可以分为儿童游戏场、青少年及成人运动场、老年人休闲区、综合性游园等。各类活动场地在空间组织上应结合住宅小区外部空间环境进行综合布局，它们在空间上既可以是分离的，又可能是相互结合在一起的。

图3-1-11　儿童活动空间

图3-1-12　休闲健身空间

因此，户外活动场地的规划设计，对于条件性强、机遇性大的社会性活动和自发性活动的产生和发展会起到很大的影响。优美的外部居住环境、适宜的场地环境布局会诱发居民的驻足、游憩、交往，大量的自发性和社会性活动也随之发生，居住社区也成为展现丰富多彩人间情感的舞台。反之，如果没有适宜的活动场地，居民的自发性和社会性活动就会相应减少，社区的活力也就会受到影响。

课后思考

1. 住宅外部空间的基本要求是什么？
2. 住宅群体的自然通风效果与哪些因素相关？
3. 住宅的朝向对功能有哪些影响？
4. 住宅道路可分为几级？分别是什么？
5. 住宅绿地环境的功能是什么？

任务二 高层住宅平面设计

知识点

高层住宅的平面布局形式　塔式高层住宅的特点　板式高层住宅的特点　高层住宅的垂直交通组织　建筑的防火与疏散设计

任务目标

掌握高层住宅建筑的功能特征，解决好各部分之间的功能关系，提高空间组合能力；合理设计套型，满足居民的生活需要；解决好高层建筑的功能组织、消防安全和技术等设计问题。

一、高层住宅的平面布局形式

高层住宅的平面布局受垂直交通（电梯）和防火疏散要求的影响较大。采用复杂的技术手段将更大容量的住户组织在每幢住宅内，其平面布局与低层和多层住宅相比，有很大的不同。世界各地的高层住宅按体形划分，主要有塔式和板式（墙式）；按交通流线组织，又可分为单元组合式、长廊式和跃廊式高层住宅等。

1. 塔式高层住宅

塔式住宅是指平面上两个方向的尺寸比较接近，而高度又远远超过平面尺寸的高层住宅。这种住宅类型是以一组垂直交通枢纽为中心，各户环绕布置，不与其他单元拼接，独立自成一栋。

3-2-1

这种住宅的特点是面宽小、进深大、用地省、容积率高，套型变化多，公共管道集中，结构合理；能适应地段小、地形起伏而复杂的基地，在住宅群中，与板式高层住宅相比，较少影响其他住宅的日照、采光、通风和视野；可以与其他类型住宅组合成住宅组团，使街景更为生动。由于其造型挺拔，易形成对景，若选址恰当，可有效地改善城市天际线。塔式住宅内部空间组织比较紧凑、采光面多、通风好，是我国目前最为常见的高层住宅形式之一。

塔式住宅的平面形式丰富多样，几乎囊括了所有的几何形状。在我国由于气候因素的影响而呈现地区差异，如北方大部分地区因需要较好的日照，经常采用T形、Y形、H形、V形、蝶形等；而华南地区因需要建筑之间的通风，则较多采用双十字形、井字形等。塔式住宅的设计重点是努力使各户型有良好的通风、朝向、采光，起居室不宜开门过多，力求有稳定的空间和良好的视野。塔式住宅一般每层布置4～8户。在普通经济型的设计中，每层可服务10～12户，但这样会增加住户间的干扰，对私密性也有一定影响。

（1）井形平面　是我国高层住宅中最为常见的形式。其主要特点是每层8户，四面中部各有一开口天井，以解决采光通风，平面形似井字。它具有以下特点：①可以根据地形和不同的销售对象，灵活调整户型及每户的建筑面积，以适应市场的需要；②大小不同的8套住宅，都是三面临空，采光、通风条件较好；③电梯、疏散楼梯及垃圾管道等公共服务设施，都集中布置在中央筒体内，既紧凑合理，又对结构有利；④厨房、厕所、生活阳台等次要空间，以及竖向管道、空调主机等设施，均可隐藏于开口天井之内，不影响立面美观。

由于井形平面必然有部分房间面向开口天井开窗，这样就不同程度地产生了视线干扰的问题。可以采用以下几种方法以阻挡或削弱视线干扰：①将厨卫单元靠天井一侧布置，保证起居厅和餐厅的私密性；②在餐厅外设开口天井，内设生活阳台，以挡板分隔两户，可阻挡视线干扰，天井开口宽度至少为2.7m；③通过变换对天井的采光角度，以削弱或阻挡视线干扰。

井形住宅的最大缺点是朝向较差。由于沿着平面四周布置住户，其朝向无选择余地，冬季总有住户难以见到阳光，而夏天的西晒也有住户无法避免。

（2）V形平面　在一定程度上克服了井形平曲的缺点，使每户均有良好的朝向或景观。房间布局紧凑，交通面积少。其富有韵律的平面形式也为建筑造型提供了良好的条件，有助于克服高层住宅形式过于单调、呆板的缺点。V形平面由于受到方位、采光的限制，其标准层户数宜控制在5～8户以内。

V形平面也存在一定的不足之处：①V形平面相对井形平面或其他平面而言，略显不规整，会出现异形房间，给使用及施工带来不便；② 结构的整体刚度不如井形平面，呈中心对称式，结构布置较为复杂；③由于受到采光、通风、进深的限制，故每户面积均较大。这些缺点需在设计中认真对待，加以改善。

（3）蝶形平面　可视为井形平面和V形平面的中和，其躯干部分布局与井形平面相似，而两翼整体布局又类似于V形平面。蝶形平面一般每层6～8户，也能保证户户向阳或朝向好景观，视野开阔，通风、采光条件较好。且蝶形平面凹凸变化较大，其造型容易取得较为突出的虚实对比效果。但蝶形平面转角相折处必然会产生一些不规则形状的空间，在设计中应尽可能将这些异形空间安置为走道、厨房、浴厕、管道竖井、垃圾间等辅助空间，以保证客厅、卧室平面规整。

蝶形平面与V形平面较适于建在日照要求高的地段（如我国北方地区）、基地某一方向景观较好的地段或地块形状特殊的地段。

（4）矩形平面　平面开间，进深方向不一，适合于窄而长的基地，整体性较强，结构受力合理，刚度好，户间干扰小。但其采光、通风条件较井形平面差，有可能出现暗厨、暗厕，且公摊面积较大。

（5）十字形平面　可视为井形平面同向两户拼联而成，其特点与井形平面相似，但用地不如井形平面经济。

（6）Y形平面　采光、通风较好，朝向好的住宅所占比率较高，视野开阔，平面形式对造型有利。但每层容纳户数较少，交通面积较大，柱网不规整，作为纯高层住宅尚可，而对底层布置商场的住宅则不太适合。

（7）风车形平面　每层容纳的户数较多，可以是4～12户不等，四翼可以加长或者缩短，具有一定的灵活性，但是交通面积较大，走廊内户间干扰较大。

塔式高层住宅平面见图3-2-1，国外塔式高层住宅实例见图3-2-2。

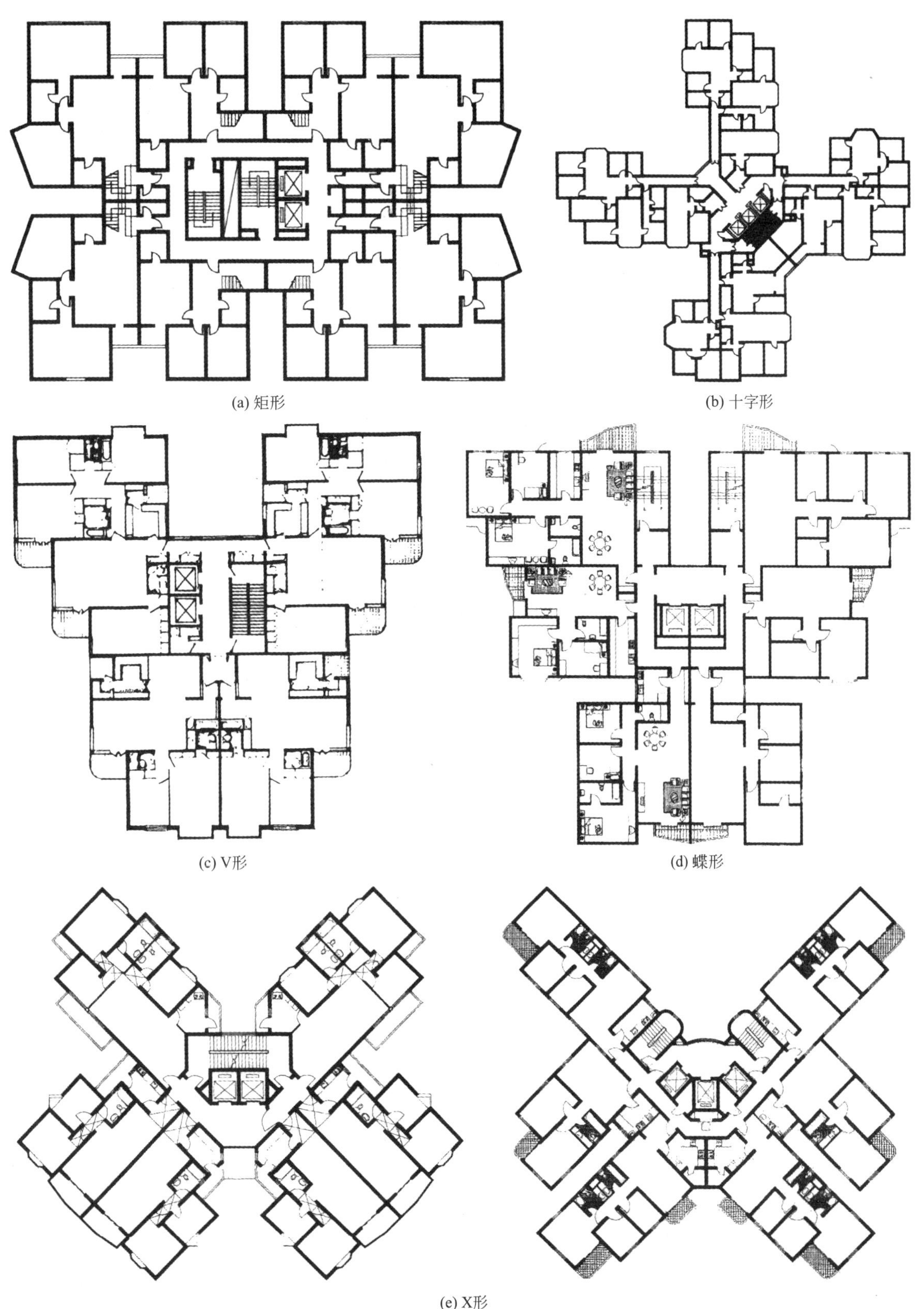

(a) 矩形

(b) 十字形

(c) V形

(d) 蝶形

(e) X形

图3-2-1　塔式高层住宅平面

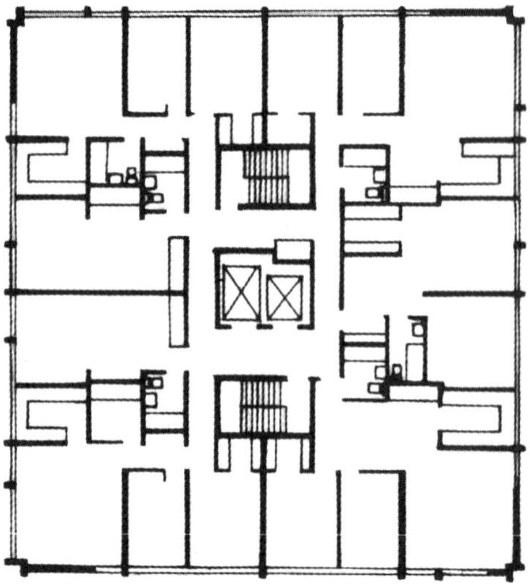

(a) 矩形

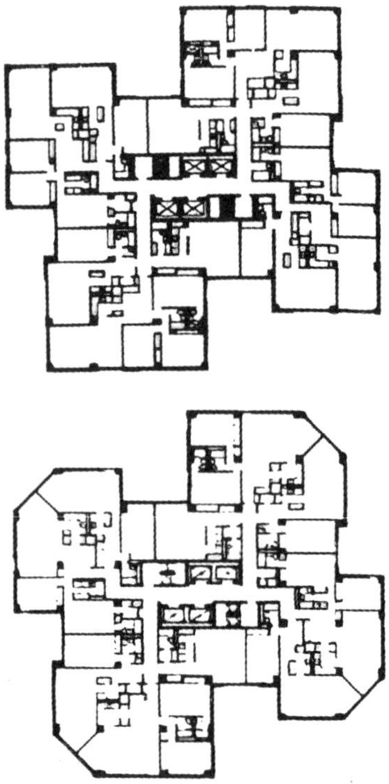

(b) 风车形

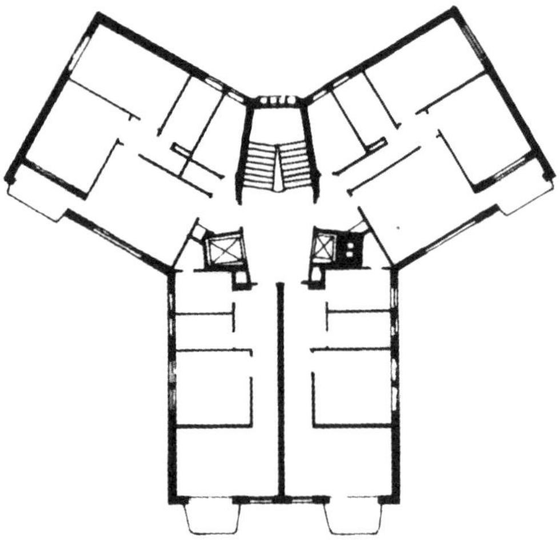

(c) Y形

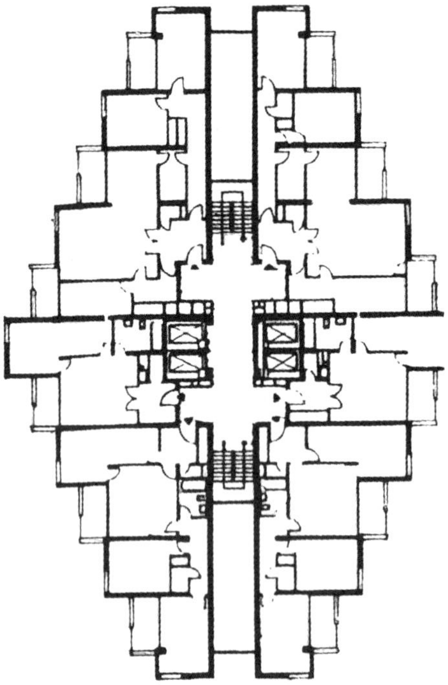

(d) 菱形

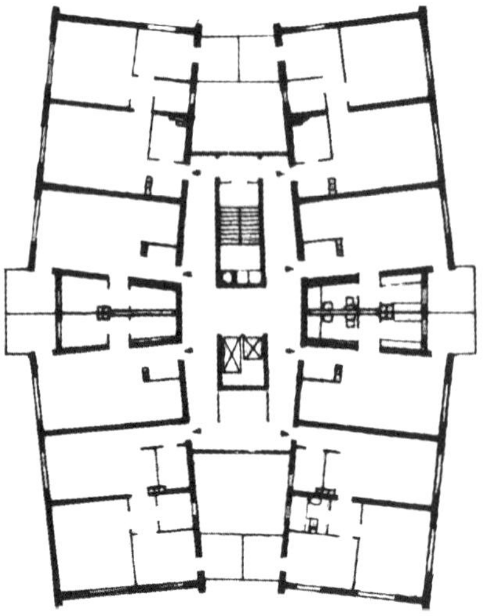

(e) 鼓形

图3-2-2　国外塔式高层住宅实例

2. 板式高层住宅

板式高层住宅具有日照、通风好，容量大，造价低，分摊电梯费用少，施工方便等优势。地势平坦的地区应用较广。板式高层住宅按平面形式可分为单元组合式、走廊式和跃廊式几种类型。

（1）单元组合式高层住宅　以单元组合成为一栋建筑，单元内各户以电梯、楼梯为核心布置；楼梯与电梯组合在一起或相距不远，以楼梯作为电梯的辅助工具组成垂直交通枢纽。单元组合式的特点是电梯服务的户数较少，住户的通风、采光条件均较好，户间干扰少，户内水平交通简洁。

单元组合式高层住宅平面形式很多，为提高电梯使用效率，增加外墙采光面，照顾朝向及建筑体型的美观等，平面形状可有多种变化。常见的有矩形、T形、Y形、I字形等。也有以电梯、楼梯间作为单元与单元组合之间的插入体，这种灵活组合适用于不同地段和各种套型的需要，有利于消防疏散。还有的以多种单元组合成墙式或各种形式的组合体，以围合成大型院落。

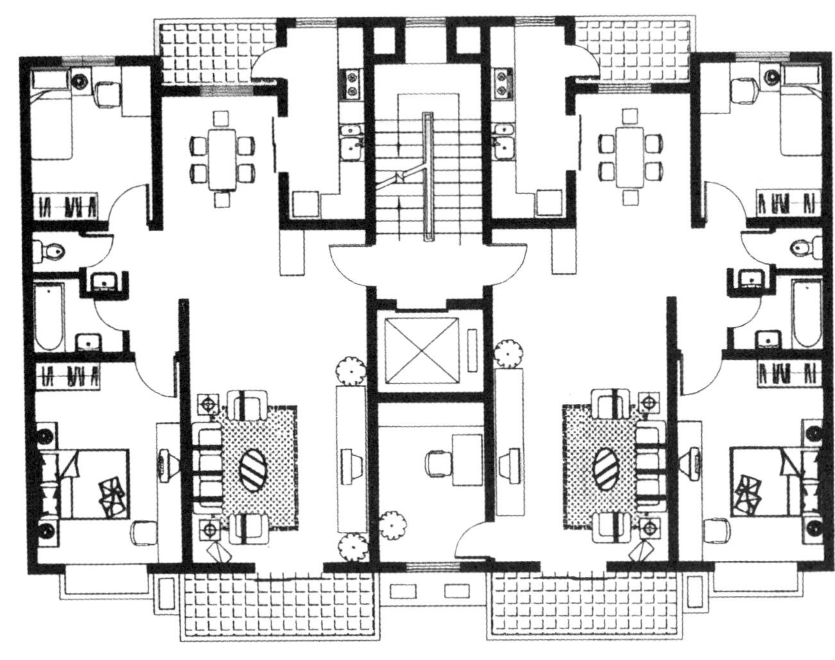

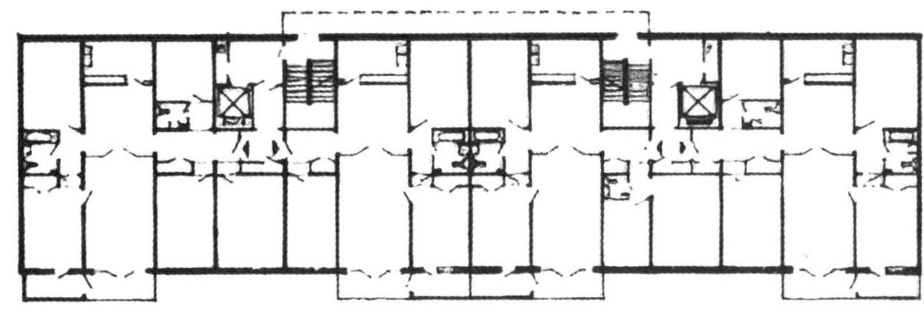

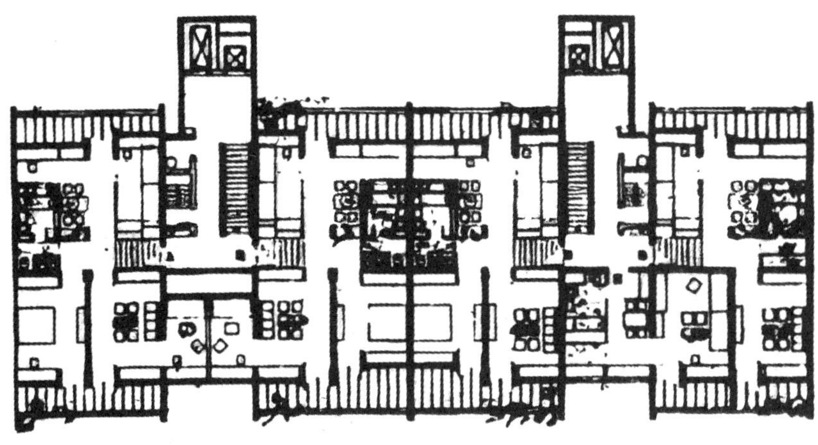

图3-2-3　单元式住宅实例

这种住宅类型标准较高，每单元设一部电梯服务2～4户。由于没有通廊，无干扰住户之忧，且电梯可以层层到达，使用方便，加之其采光、通风、日照均佳，所以其舒适度很高。以单元组合成的板式高层住宅，是我国目前较为常见的高层住宅形式之一。住宅实例见图3-2-3。

（2）走廊式高层住宅　从住宅入口经公共楼梯或电梯到达每层的交通走廊，直至各户室入口。因每层均设公共走廊，水平联系方便，不必再设垂直交通辅助，交通简洁方便。因电梯每层停靠，公共走廊占用的建筑面积较多，走廊对户内的干扰也较大。一般可分为外廊式和内廊式两类。

① 外廊式高层住宅的公共走廊靠外墙一侧，可以增加电梯的服务户数，便于组织通风。外廊式平面即以

外走廊作为水平的交通通道。在有些国家如日本，外廊式住宅是14层以下高层住宅的主要形式。外廊式住宅与内廊式一样，可大大增加电梯的服务户数；若把楼梯、电梯间成组布置成几个独立单元，即可以利用外廊作为安全疏散的通道。与内廊式不同的是，外廊式平面每户日照、通风条件较好，且住户间易于进行交往；其缺点是外廊对住户干扰大。为解决这一问题，可将外廊转折或适当降低外廊的标高，以减少干扰。外廊式高层住宅见图3-2-4。

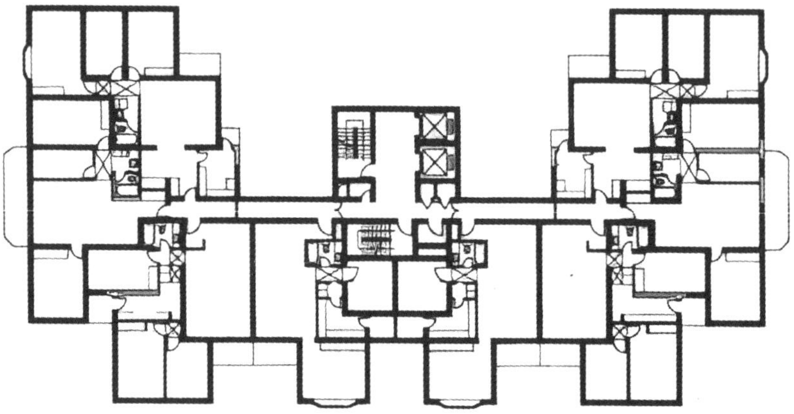

3-2-2

3-2-3

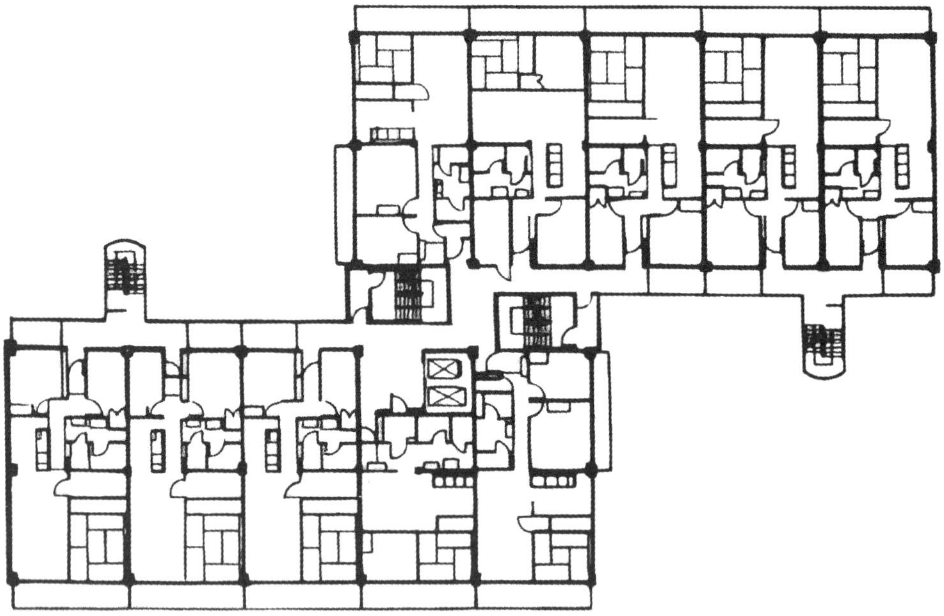

图3-2-4　外廊式高层住宅

② 内廊式住宅是常见的高层住宅形式之一。内廊式高层住宅一般中间布置电梯，两端布置疏散楼梯，而较长的内廊中央布置电梯，则在相距不远处布置疏散楼梯，两端形成袋形走道。采用这种布局，住户使用距离比较均匀。但是长内廊走道直接采光、通风条件很差，发生火灾时不易排除烟、热，常需设置机械通风设备和应急照明。内廊式方案的走道常见的有一字形、L形、N形，还有Y形、十字形等，如图3-2-5所示。

内廊式住宅可以经济有效地利用通道，采用内廊作为电梯、楼梯与各户联系的通道，大大提高了电梯的服务户数，建筑的进深加大，有利于节约用地。其缺点是每户面宽较窄，采光、通风条件较差，往往出现暗厨和暗厕，对防火安全不利；套型标准较低；受朝向影响的户数多。因此，采用内廊式方案时，需考虑地域特色和气候条件，还应兼顾居民的生活习惯。

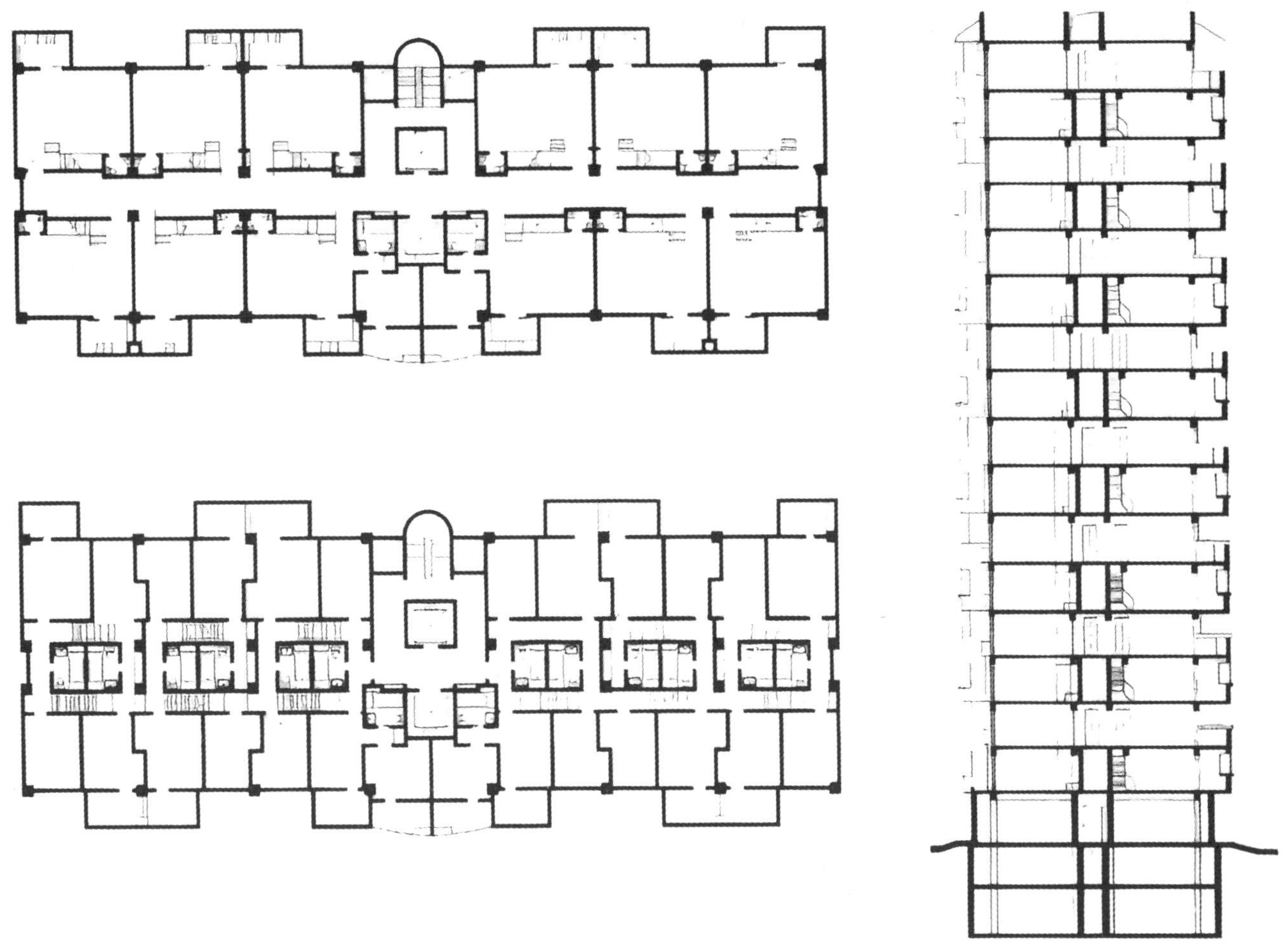

图3-2-5　内廊式高层住宅

（3）跃廊式高层住宅　走廊式住宅有一些明显的局限性，平均每户所占公共交通面积较多，户间干扰大，住宅的通风、朝向不好解决等。如果将走廊式住宅层设的公共走道改为每隔几层设置一个公共走道，户门外用小楼梯作层间联系，即为跃廊式住宅。跃廊式高层住宅由于电梯每隔几层停靠，从而大大提高了电梯利用率，既节约了交通面积，又减少了干扰。同时，不设公共交通走廊层的户型由于占有了全进深，居室能得到良好的朝向和通风，对每户面积大、居室多的套型，这种布置方式较为有利。

跃廊式住宅的组合方式多样，公共走道可以是内廊或外廊，跃层可以跃一层或半层，通至跃层的楼梯，可一户独用、二户合用或数户合用。

① 内廊跃层式住宅是隔层设公共内廊，户内跃层；走廊层安排入户门、起居、厨卫、餐厅等与起居相关的空间，跃层则主要安排卧室、书房等。其优点是动静分区明确，走廊对户内干扰小；将户外公用面积转化为户内使用，提高了交通空间的利用率；每户楼上、楼下房间可交叉布置在廊的两边，可有效改善每户的日照和视线，同时也使进深加大，节约土地。

② 外廊跃层式住宅是将通廊设于北向（或西向）两层之间楼梯平台的标高处，通过上、下半跑楼梯入户，走廊则隔层设置，在一定程度上解决了走廊对住户的干扰。

另一种外廊跃层式住宅是三层设一外廊，廊层平层入户，廊上、下两层从公共楼梯入户。其优点是廊的上、下层不受通廊干扰，比较安静，光照、通风均较佳，但廊层则尚不能完全解决干扰问题。设计中应尽量将餐厅、厨房临近走廊布置，着力解决厨房排气问题——利用廊上部空间直排室外；开向走廊的窗户装防视线干扰的毛玻璃和防盗栏杆。

跃廊式住宅往往与单元式、长廊式等结合而取长补短，混合使用。塔式住宅由于套型设置的需要，也可局部跃层。跃廊式住宅除可弥补其他住宅形式的缺点外，兼有套型灵活多样、空间组合变化丰富的特点。但其上、下层平面常不一致，如不采用轻质隔断，则结构和构造比较复杂，设备管线要注意上、下层的关系变化；小楼梯的位置要布置得当，其结构、构造要合理，否则使用不便，不利于工业化施工。另外，随着人民生活水平的提高，住宅中的无障碍设计日益受到关注。而某些跃廊式住宅必须通过楼梯入户，故无法发挥电梯的优势而做到完全的无障碍设计。

跃廊式住宅的变化很多，可进行灵活组合，探索一些新的手法。见图3-2-6、图3-2-7。

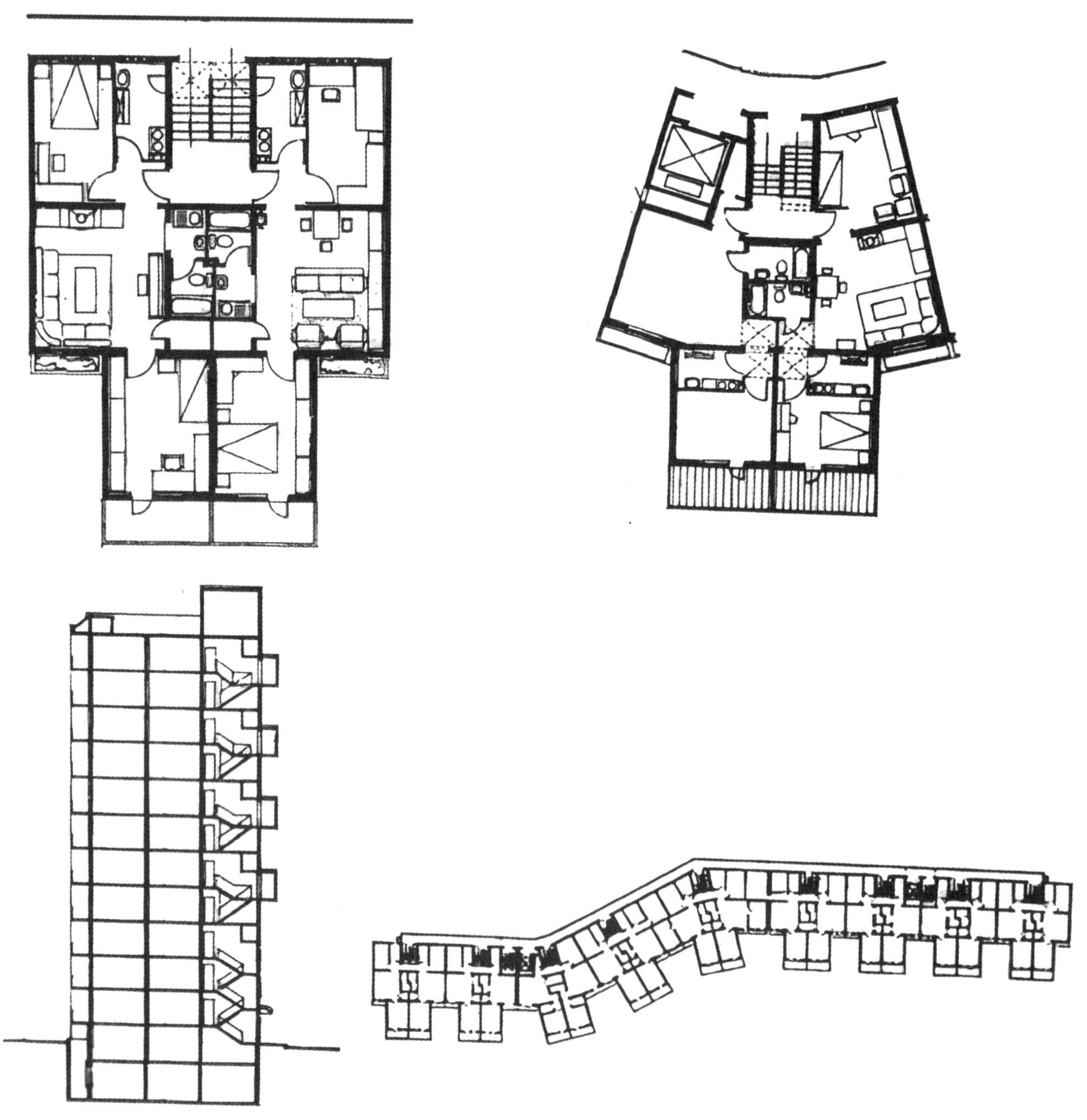

图3-2-6　外廊设于楼梯平台标高的高层住宅

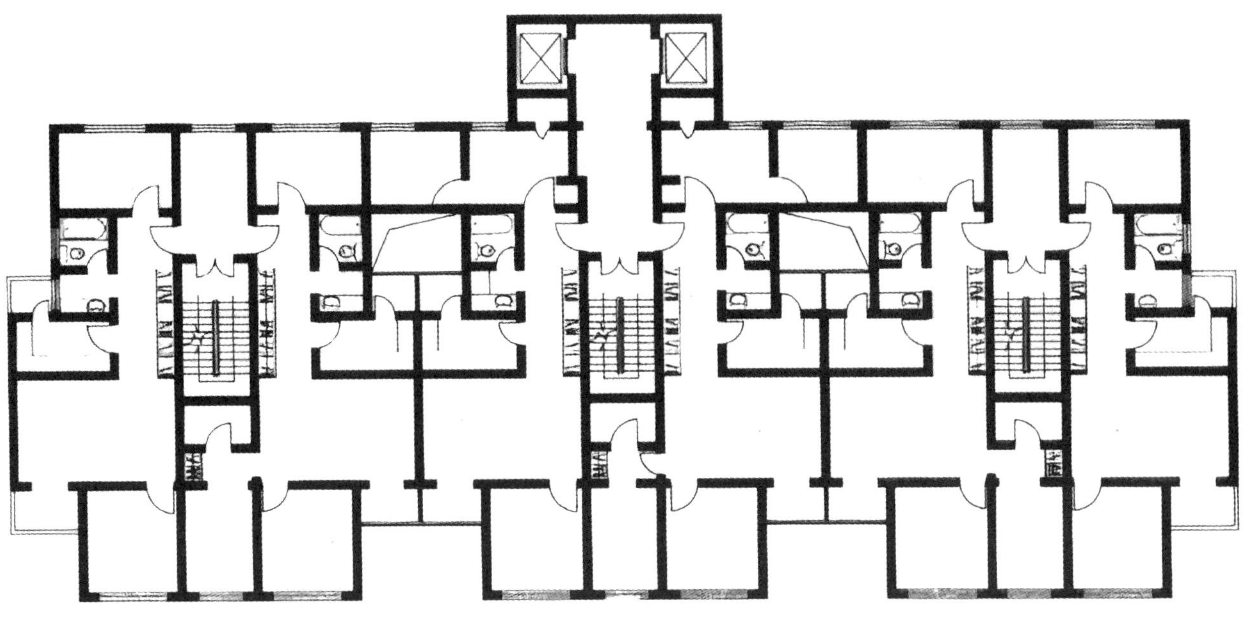

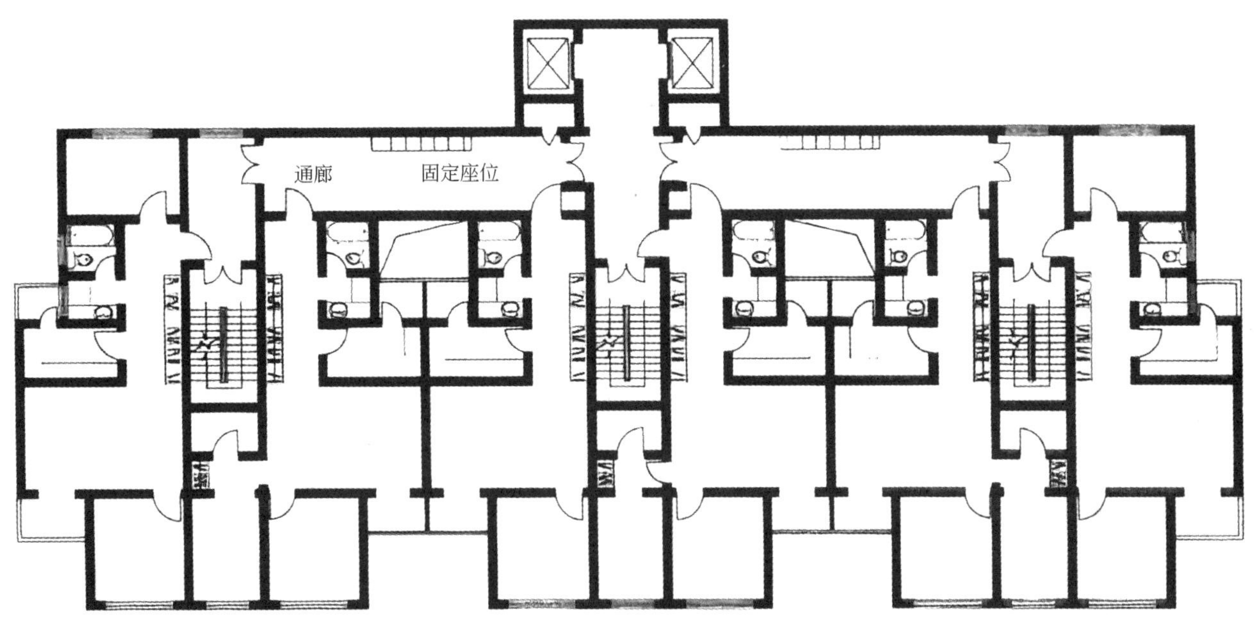

图3-2-7 外廊跃层式住宅

二、高层住宅的垂直交通与防火疏散

高层住宅的垂直交通包括电梯和楼梯。电梯是高层住宅的主要垂直交通工具，是影响高层住宅居民生活的重要因素，而楼梯则为主要的安全疏散竖向通道以及接近地面的几层住户的主要垂直交通工具，同时也作为相近层间垂直交通的主要手段。

高层住宅中电梯为主要垂直交通工具，但又不能作安全疏散用，公共楼梯是主要的安全疏散竖向通道和辅助垂直交通工具。因此，楼梯的位置和数量要兼顾安全和方便两方面。楼梯与电梯应有机地结合成一组，以利相互补充，见图3-2-8。

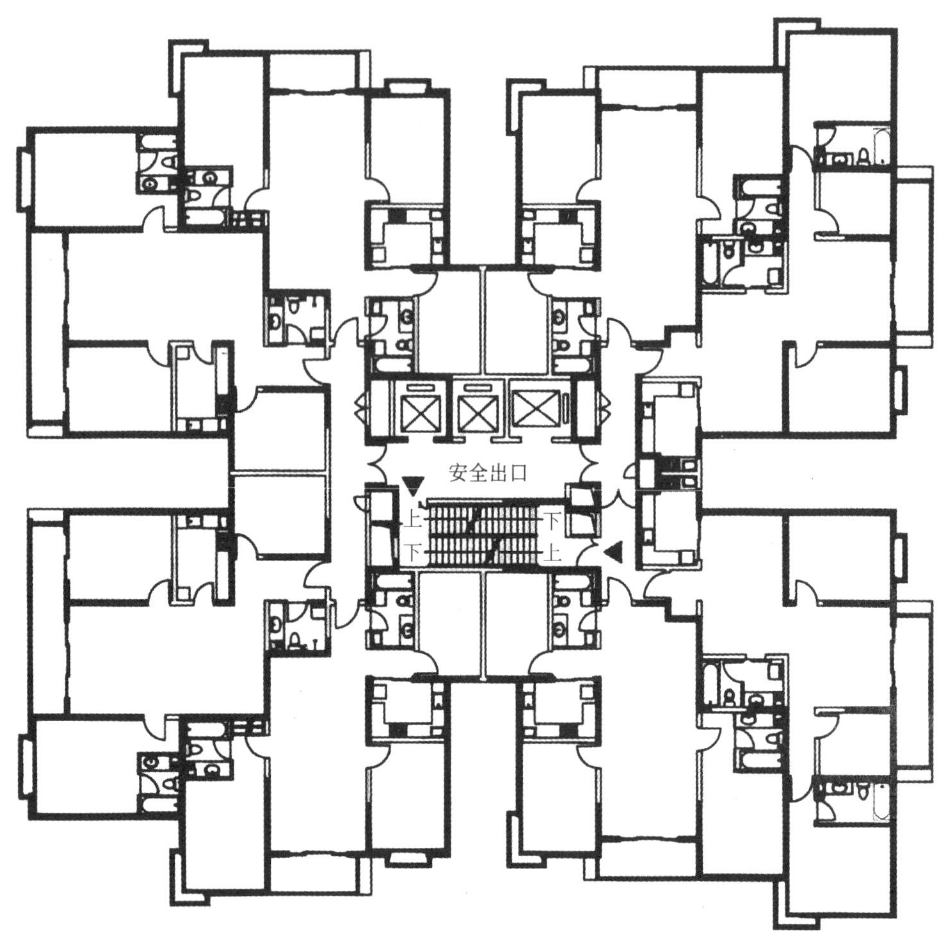

图3-2-8　高层住宅的平面交通

电梯设施投资要占住宅造价的5%～10%，是影响高层住宅造价的重要因素。电梯的一次投资与选用电梯的规格、速度及控制方式有关。从电梯的运行效率分析，选择大容量电梯一次载运人数多，相应的停站次数多，反而不能提高运载能力。电梯的运行速度也影响造价。高层住宅采用低速电梯，能降低造价。以电梯为中心组织各户时，如何经济地使用电梯，以最少的投资和最低的经常性维护费用争取更多的服务户数，是高层住宅设计中需要解决的主要矛盾之一。

高层住宅电梯数量与住户数量和住宅档次有关。电梯系数是一幢住宅中每部电梯所服务的住宅户数，通常每部电梯服务的户数越多，则电梯的使用效率越高、相应的居住标准越低。经济型住宅每部电梯服务90～100户以上，常用型住宅每部电梯服务60～90户，舒适型住宅每部电梯服务30～60户，豪华型住宅每部电梯服务30户以下。许多国家规定了电梯使用的客观标准，也称为服务水平，即在电梯运行的高峰时间里，乘客等候电梯的平均值（单位是“s”）。不同的国家，标准也不同，如美国认为在住宅中，等候电梯的时间小于60s较理想，小于75s尚可，小于90s较差，以120s为极限；英国和日本规定在60～90s之间。

一般而言，中国的高层住宅电梯设置情况如下。18层以下的高层住宅或每层不超过6户的18层以上的住宅设两部电梯，其中一部兼作消防电梯，18层以上（高度100m以内）每层8户和8户以上的住宅设三部电梯，其中一部兼作消防电梯。电梯载重量一般为1000kg，速度多为低速、中速（小于2m/s为低速，2～3.5m/s为中速，大于3.5m/s为高速）。

对于电梯设置中的经济概念，不能只是简单地压缩电梯数量而影响居民的正常使用，应在保证一定服务水平的基础上，使电梯的运载能力与客流量相平衡，充分发挥电梯的效能，达到既方便又经济的目的。同时为了充分发挥电梯的作用，电梯的设置还应考虑对住宅体型和平面布局的影响。如在平面布置中适当加长水平交通可以争取更多服务户数，但如果交通面积过大，也会引起一系列使用和经济方面的问题，两者需要进行综合比较后才能做出选择。

1. 楼梯和电梯的关系

在高层住宅中虽然设置了电梯，但楼梯并不能因此而省掉，原因如下：它仍可作为住宅下面几层居民的主要垂直交通；作为居民短距离的层间交通；在跃廊式住宅中，作为必要的局部垂直交通；作为非常情况下（如火灾）的疏散通道。因此，楼梯的位置和数量也要兼顾安全和方便两方面。首先要符合《建筑设计防火规范》的规定。在板式住宅中，要注意每部楼梯服务的面积及两部楼梯间的距离；在塔式住宅中，楼梯、电梯相近布置的核心式布局较为紧凑，可以采用一部剪刀楼梯，以取得两个方向的疏散口，见图3-2-9剪刀梯。

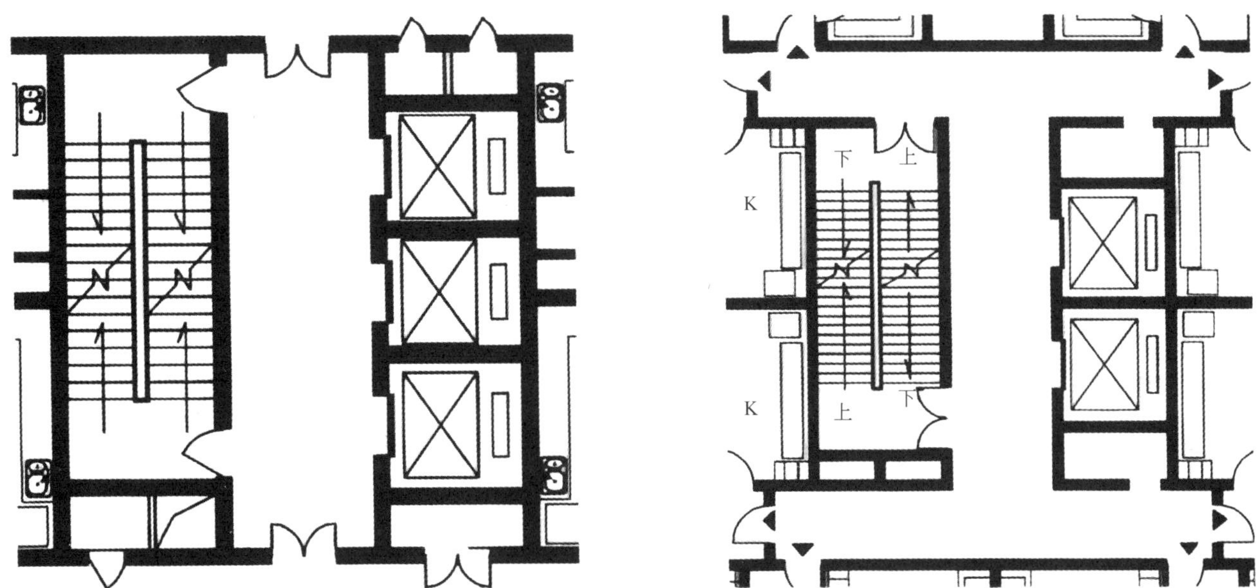

图3-2-9　剪刀梯

其次，楼梯位置的选择及与电梯的关系要适当，作为电梯的辅助交通手段，应与电梯有机地结合成一组，以利相互补充。

塔式住宅的交通体系比较简单，而板式及其他形式的住宅，在安排楼梯位置时，应考虑主要的楼梯间、电梯间的位置对住宅平面及体型的影响。在有多方向走廊时（如十字形、T形、H形走廊），应尽可能放在走廊的交叉点，以利各方面人流的汇集；当为一字形走廊时，应根据建筑物的长度和防火规范对疏散间距的规定，选择适当的位置以使楼梯的数量尽可能少。

2. 楼梯和电梯对住户的干扰

在高层住宅中，电梯服务上层，楼梯服务下层，为了避免相互干扰，可以适当隔离，各设独立出入口。此外，电梯容量最大为20人，在上下班人流拥挤时，电梯厅人流集中，比较嘈杂，因而，电梯厅不宜紧邻主要房间，尤其不宜紧邻卧室。电梯厅也不宜过小，以免人群在附近通道中徘徊干扰住户。

楼梯只有人们在走过时才发出零星噪声，而电梯在运转时会发出较大的机械噪声，深夜或凌晨对居民的干扰很大，必须考虑对电梯井的隔声处理。一般可以用浴、厕、壁橱、厨房等作为隔离空间来布置，此外，电梯服务户数过多，对长廊式布局往往也会带来一些干扰，必须在设计时加以注意。

3. 高层住宅的防火疏散

高层住宅的消防疏散问题要比多层、低层住宅更为重要，更为复杂。高层住宅中，厨房是经常使用明火而且又易于失火的地方；住宅内部有许多竖井（设备竖井、排烟竖井、垃圾井、暗卫生间或暗厨房的通风井等）对火焰和热烟都有很大的抽吸作用，是火灾蔓延扩大的捷径。同时，住宅内人口虽较其他高层建筑（如办公楼、旅馆）少，但老幼病残者所占比例较多，一旦发生火灾，难以疏散。因此，在设计方案时必须充分考虑消防和疏散问题。

高层住宅的火灾扑救难度大。高层住宅的火灾扑救受消防云梯高度、消防水泵及消防水带的有效高度、消防队员登高能力等客观条件的制约，因而其消防问题要立足于预防和建筑物内自救，其消防设施和安全疏散系统的设计要比多层、低层住宅更为复杂和完善。

高层住宅的疏散时间长。火灾时，电梯停运，楼梯是垂直方向安全疏散的唯一通道，人员疏散缓慢。因而，高层住宅的楼梯间不仅是疏散通道，而且必须是安全地带，其设计要比多层、低层住宅复杂。

（1）高层住宅的分类与防火分区　消防云梯高度多在50m以内，通常以此为参考，确定建筑防火分类等级。19层（高度相当于50m）及19层以上的住宅为一类建筑，要求耐火等级为一级；10～18层住宅为二类建筑，要求耐火等级不低于一级。

高层住宅内一旦发生火灾，为了不让火势蔓延扩大，必须将住宅建筑分隔成为几个防火区。在火势初起时就将火灾限制在较小的范围内，有利于消防扑救，使居民能够尽快疏散，减少火灾损失。在中国，高级住宅和19层及19层以上的普通住宅属一类建筑，10～18层的普通住宅属二类建筑。

中国《建筑设计防火规范》规定：防火分区最大允许建筑面积为，一类建筑1000m^2，二类建筑1500m^2，地下室不应超过500m^2，每个防火分区应用防火墙分隔，防火墙上不应开设门、窗、洞口，当必须开设时，应设置能自行关闭的甲级防火门、窗。在布置高层住宅内的电梯时，虽然要使电梯尽可能服务更多户数，但同时也必须考虑到防火分区的面积限制，以及安全疏散楼梯的数量和位置。

（2）高层住宅的安全疏散　高层住宅一旦发生火灾，在进行火灾扑救的同时，将居民尽快疏散到安全地带是至关重要的。由于高层住宅层数多，垂直距离长，居民疏散到地面或其他安全场所的时间也会长些。因此，高层住宅的安全疏散问题包括安全出口的设置和安全疏散间距的确定。

高层住宅的每个防火分区范围内至少应有两个不同疏散方向的安全出口，处于两个安全出口之间的人员，当其中一个出口被烟火堵住时，可利用另一安全出口尽快脱离火灾现场。安全出口应分散布置，两个安全出口之间的距离不应小于5m。在10～18层组合式单元住宅的单元内可只设一部楼梯作为安全出口，但各个单元的楼梯必须通向屋顶并连通。各单元间应设有防火墙，户门为甲级防火门，窗间墙宽度、窗槛墙宽度大于1.2m且为不燃烧墙体。

但在下列情况也可只设一个出口。

① 塔式住宅：18层及18层以下，每层不超过8户，建筑面积不超过650m^2，且设有一座防烟楼梯间和消防电梯的塔式住宅，其疏散路线较短且较简捷，能够基本满足人员疏散和消防扑救，可设置一个疏散出口，即只需设置一座防烟楼梯间。

② 单元式住宅：每个单元设有一座通向屋顶的疏散楼梯，且从第10层起，每层相邻单元设有连通阳台或凹廊的单元式住宅，可只设一个疏散出口。

19层及19层以上的高层住宅，由于建筑层数多，高度大，人员相对较多，一旦发生火灾，烟和火易发生竖向蔓延且蔓延速度快，而人员疏散路径长，疏散困难。因此，无论何种类型的19层及19层以上的高层住宅，每个单元每层都应设置不少于两个安全出口，以利于建筑内人员及时逃离火灾场所。对于塔式住宅设两个安全出口确有困难时，可设置剪刀楼梯以取得两个方向的安全出口。剪刀楼梯间应为防烟楼梯间，其前室应分别设置，若共用一个前室，两楼梯应分别设加压送风系统。

在楼梯间的首层应设置直接对外的出口，或将对外出口设置在距离楼梯间不超过15m处。

底层作为商业空间的高层住宅，疏散楼梯应独立设置。

安全疏散间距是从户门到安全出口之间的最大距离，位于两个安全出口之间的户门距最近的安全出口的最大距离应不超过40m，位于袋形过道内的房间距离安全出口的最大距离应不超过20m，如图3-2-10、表3-2-1所示。

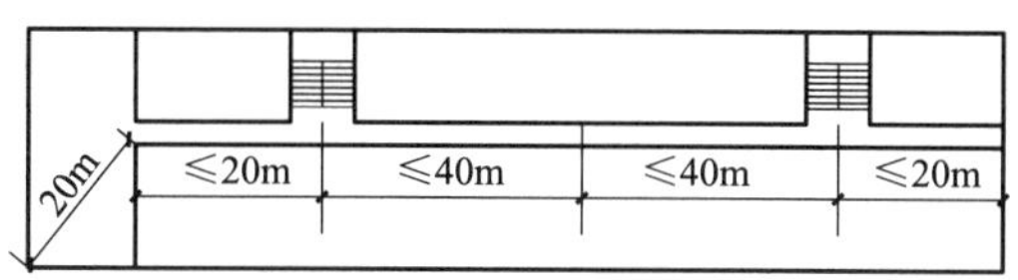

图3-2-10 安全疏散口距建筑内户门最大距离

表3-2-1 安全出口门净宽

高层住宅	疏散走道		疏散楼梯间/首层疏散外门/安全出口门	楼梯间平台深度	
	单面布房	双面布房		一般楼梯	剪刀楼梯
	≥1.20m	≥1.30m	≥1.10m	1.2m	1.3m

跃廊式住宅的小楼梯是开敞的，容易灌烟，发生火灾时，影响疏散时间和速度，所以梯段长度应计入安全疏散距离内，并要求小楼梯一段的距离按梯段水平投影的1.5倍计算。

疏散通道应适当加宽，以免疏散居民与消防人员互相从相反方向走动时，过于拥挤。公共走道净宽，单面布置住户时不小于1.2m；两侧布置住户时不小于1.3m。当疏散通道长度超过20m时，应有天然的直接采光、通风，否则应设置机械排烟设施。如果通道长度超过60m，即便有直接自然通风，也应设置机械排烟设施。

（3）疏散楼梯间 疏散楼梯间包括普通开敞楼梯间、封闭楼梯间和防烟楼梯间。

① 开敞楼梯间能满足11层及11层以下的单元式住宅的安全疏散要求。楼梯间应靠外墙，并应直接天然采光和自然通风。为了防止房内火灾蔓延到楼梯间，要求开向楼梯间的户门，必须是乙级防火门。

② 封闭楼梯间在发生火灾时，在一定时间内具有隔绝烟、火垂直方向传播的能力。楼梯间必须靠外墙设置，便于自然通风和直接采光，以利排除进入楼梯间的烟气和人员的安全疏散。楼梯间应采用乙级防火门，与其他部分隔开，并向疏散方向开启。

封闭楼梯间与底层门厅相连时，一般都要求将楼梯间开敞地设在门厅或靠近主要出口，将封闭范围扩大到门厅或通向室外的走道，用乙级防火门将门厅走道与其他部分隔开，形成扩大的封闭楼梯间，但这个范围应尽可能小些。

12～18层的单元式住宅和11层及11层以下的走廊式住宅，有必要提高疏散楼梯的安全度，必须设置封闭楼梯间，使之具有一定阻挡烟、火的能力，保障疏散安全。

③ 防烟楼梯间比封闭楼梯间有更好的防烟、防火能力，可靠性强。楼梯间入口处应设前室、阳台或凹廊，烟气一旦侵入必须在前室或凹廊内排除，绝对防止烟气侵入楼梯间，前室应视为第一安全地带。前室的面积不应小于$4.5m^2$，发生火灾时，起火层的前室不仅起防烟作用，还使不能同时进入楼梯间的人，在前室内做短暂的停留，以减缓楼梯间的拥挤程度。前室和楼梯间的门均为乙级防火门，并应向疏散方向开启。

所有18层以上的住宅建筑，垂直疏散距离大，18层及18层以下塔式住宅仅有一座楼梯，为保障人员的安全疏散，防止烟气进入楼梯间，均应设置防烟楼梯间。

走廊式住宅横向单元分隔墙少，发生火灾时，不如单元式住宅那样能有效地阻止、控制火势的蔓延，扩大火灾范围大，不利于安全疏散。因此，对走廊式住宅的要求严于单元式住宅，当超过11层时，就必须设置防烟楼梯间。

楼梯间及消防楼梯间前室内墙上，除开设通向公共走道的疏散门外，不应开设其他门、窗、洞口。当确有困难时，部分开向前室的户门应为乙级防火门。同时，楼梯间及前室内不应有影响疏散的凸出物。

疏散楼梯间在各层位置不应改变，否则遇有紧急情况时人员不易找到楼梯，耽误疏散时间。楼梯间在首层应有直通室外的出口，允许在短距离内通过公用门厅，但不允许经其他房间再到达室外。疏散楼梯的最小净宽不应小于1.1m。

室外楼梯具有与防烟楼梯间等同的防烟、防火功能，可作为辅助的防烟楼梯，其最小净宽不应小于0.9m。为防止火灾时火焰从门、窗窜出，规定距楼梯2m范围内，除用于人员疏散的门之外，不能设其他洞口。疏散门应采用乙级防火门，且不应正对梯段。见图3-2-11、图3-2-12。

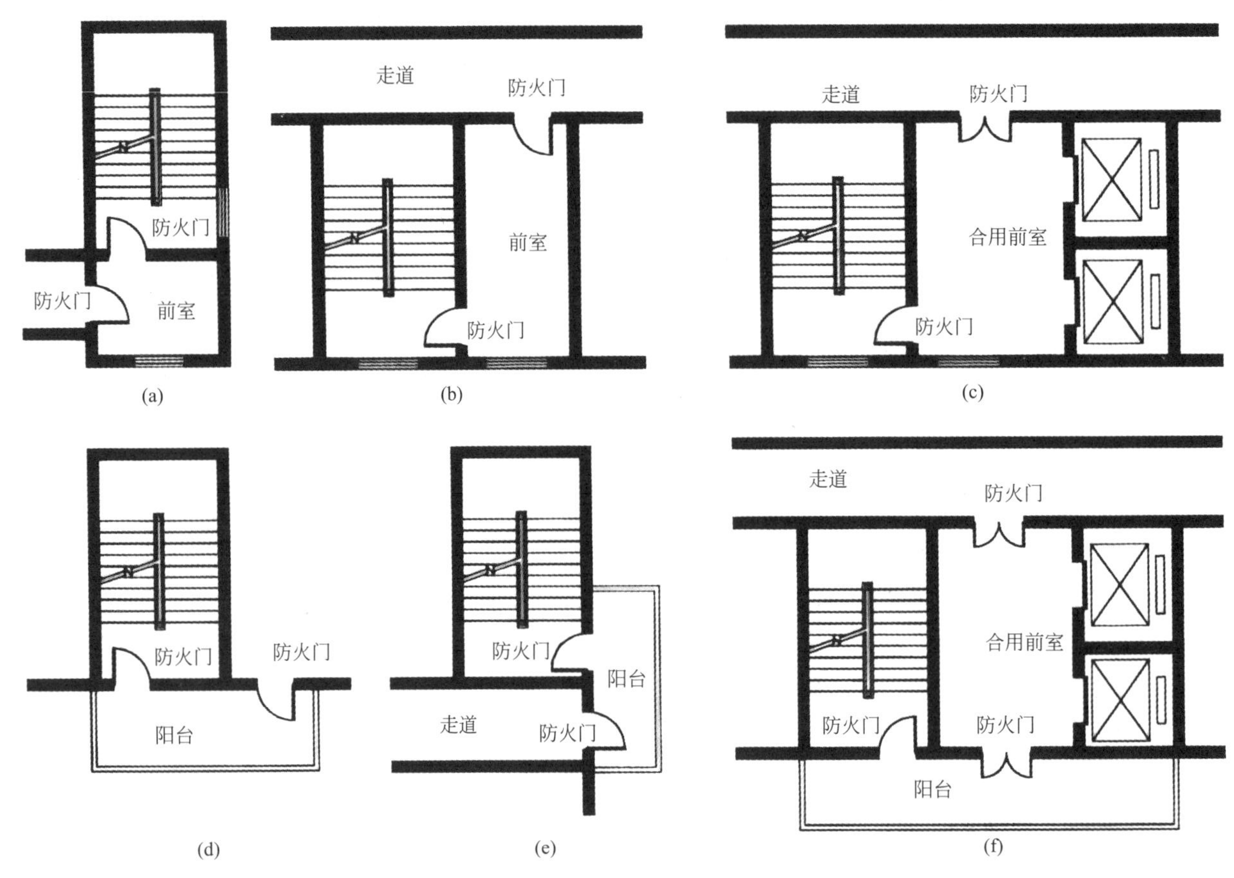

图3-2-11 防烟楼梯间自然通风形式

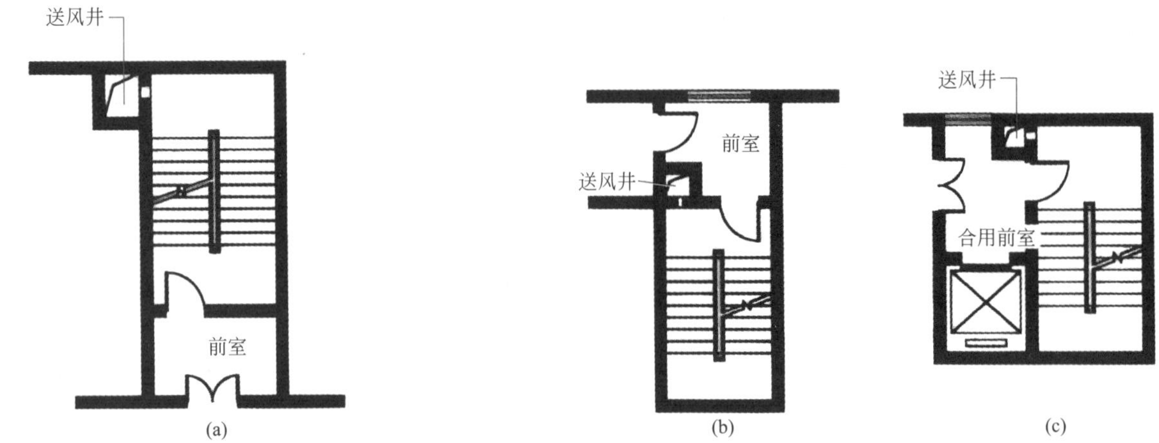

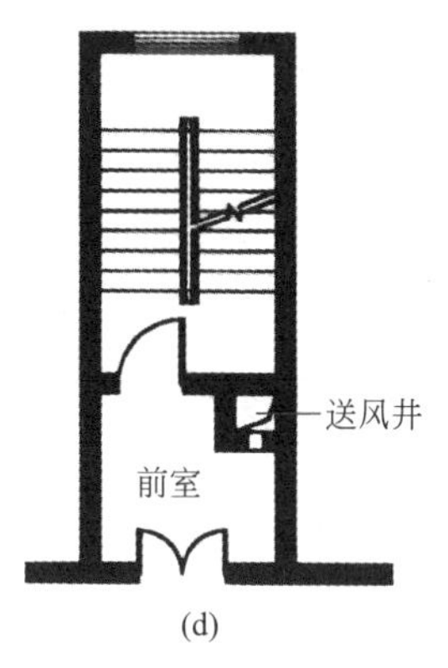

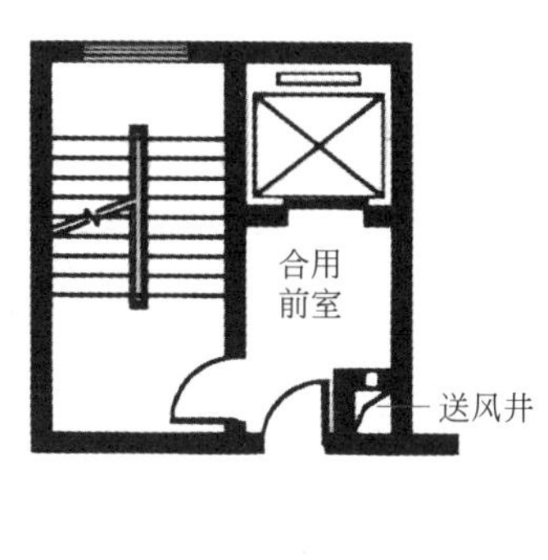

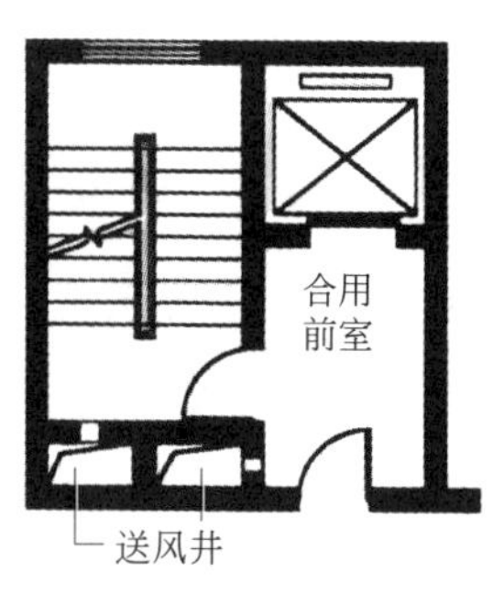

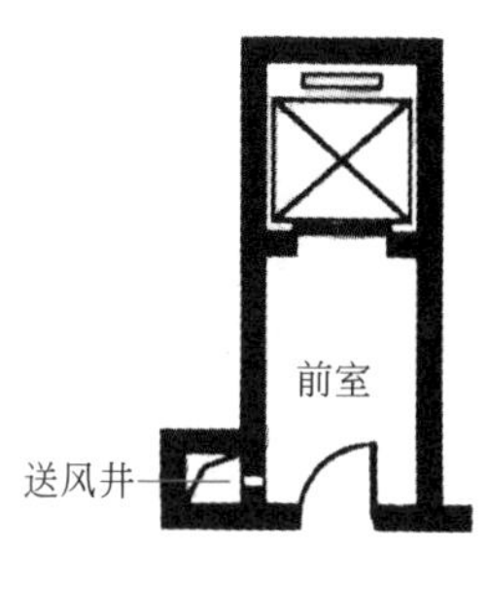

图3-2-12 防烟楼梯间机械通风形式

（4）消防电梯 消防电梯是专供消防人员携带消防器械迅速从地面到达高层火灾区的专用电梯。普通电梯的平面布置，一般都敞开在走道或电梯厅，火灾发生时因电源切断而停止使用，无法使消防队员扑救火灾。按我国《建筑设计防火规范》的规定：塔式住宅、12层及12层以上的单元式住宅和走廊式住宅应设消防电梯。当每层建筑面积不大于1500m^{2}时，应设一台消防电梯。消防电梯可与普通电梯兼用，但应符合消防电梯的要求。

消防电梯要设有防烟前室，其面积不应小于4.5m^2，也可与防烟楼梯间合用前室，其面积不应小于6m^2。消防电梯间前室宜靠外墙设置，在底层应设直通室外的出口或经过长度不超过30m的通道通向室外，不能穿越任何房间，方便火灾时消防队员尽快由室外进入消防电梯前室。消防电梯应设单独出入口，避免火灾时疏散人流与消防人员发生干扰。

为保证消防电梯前室（也可能是日常使用的候梯厅）的安全可靠性，前室的门应采用乙级防火门或具有停滞功能的防火卷帘，但合用前室时不能采用防火卷帘。电梯前室门口宜设高4～5cm的挡水漫坡。

消防电梯的载重量不应小于800kg。消防电梯井、机房与相邻的普通电梯井、机房之间，应采用防火墙隔开。当在隔墙上开门时，应设甲级防火门。

当防烟楼梯间前室或合用前室利用敞开的阳台、凹廊和不同朝向可开启的外窗时，宜采用自然排烟方式，该楼梯间可不设防烟设施。

采用自然排烟的防烟楼梯间前室、消防电梯间前室可开启外窗或开口的有效面积不应小于2m^2，合用前室不应小于3m^2。

在高层住宅中，把电梯和楼梯间布置成为独立的单元，处于敞开消烟的情况之下，即可作为安全疏散出入通道，对消防疏散十分有利。

（5）灭火设备 消防用水应有独立的电源、水泵和远距离开关。室内消防给水管应布置成环状，其进水管不应少于两根，以保证消防水源有足够的水量和水压。消火栓宜设在疏散楼梯或走道附近明显易于取用的部位，其间距应保证同层任何部位有两个消火栓的水枪充实水柱同时到达失火现场。消火栓的间距应由计算确定，且高层建筑不能超过30m。

课后思考

1. 高层住宅的平面布局形式有哪些？
2. 塔式高层住宅的特点是什么？
3. 板式高层住宅的特点是什么？
4. 观察并分析生活中的高层住宅建筑防火与疏散设计。

任务三 高层住宅商业与停车设计

知识点

高层住宅的商业空间设计要点　高层住宅地下停车空间的布局，交通和消防疏散设计

任务目标

掌握高层住宅底部商业空间和地下车库的功能特征，解决好空间、功能、技术和防火等内容。

一、高层住宅的底部商业

由于高层住宅多采用框架结构，而且在住宅与下部商业用房之间一般设有设备和结构转换层，商与住两部分无论在空间使用，还是结构设备等方面，都没有太大矛盾。并且可以节约土地、提高土地利用率，在城市用地紧张的情况下，可充分利用建筑底部沿街部分设置商业用房，上部建造住宅。这样既有利于发挥沿街便利的优势，又有利于提高用地的容积率。同时可以围合居住空间，创造封闭的小区环境，满足小区封闭式的管理要求。

采用住宅底部设置连续商业用房的方法，可以形成对外开放的商店街区，丰富小区临街面的外部空间，又使小区内部构成了安静、封闭的空间，方便居民生活，繁荣城市商业环境。在住宅小区规划中，充分利用沿街住宅建筑的底部作为集中的商店或铺面，有利于提高房地产开发的经济效益，还能解决底楼住户受潮的问题。地下水位较高的城市，外部潮气容易进到室内形成泛潮现象，影响人们居住的舒适度，底部设为商业用房，就可避免因首层潮湿而影响居住使用的情况。见图3-3-1高层住宅底部商业空间。

图3-3-1 高层住宅底部商业空间

底部设商业用房的住宅有较多的优点，但也存在着难以避免的问题。底部设商业用房的住宅多是临街布置，除城市噪声的干扰外，底部商业用房的人流杂、货运多，也会干扰居民的生活。有些行业存在排烟、排气及排污水的问题，以及噪声扰民问题，甚至产生纠纷。因此，设计此类商业用房时应充分考虑相关影响因素；并且住宅建筑的开间、进深都比较小，而商业用房特别是营业厅，往往要求的开间、进深较大，两者的矛盾需要协调。

在进行空间设计时需要注意以下几点。

（一）交通流线组织

（1）楼梯、电梯设置　底部设商业用房的高层住宅的交通组织，除设置满足消防疏散要求的楼梯外，电梯是其主要的交通方式。当电梯穿越下部商业用房时，为避免商业人流对住户的干扰，上部住宅的电梯不在商业用房的楼层停靠，而是直接通到底层，经门厅出入。若设有地下车库时，应有至少一部电梯通到地下车库，方便住户使用。

（2）出入口设置　此类高层住宅的出入方式，常见的一种是楼梯、电梯直接通向地面；另一种是通过屋顶平台转换的方式，即楼梯与屋顶平台相连，然后再通过其他室外交通方式通向地面。由于屋顶平台也是楼上住户户外活动空间，为保证出入安全，楼梯出入口宜扩大成门厅，独立设置。特别是一些开放型的居住小区，当商业用房屋顶平台作为公共活动场所，会有下部商业用房的顾客和其他居民共同使用时，还应在门厅处设置管理用房。

（二）消防设计

由于人口密集、功能复杂，底部设商业用房的高层住宅较一般住宅火灾危险性大，因此在消防安全设计方面有特别规定。

（1）保证消防扑救面的要求　通常把登高消防车能靠近高层建筑主体，便于消防车作业和消防人员进入高层建筑进行抢救人员和扑灭火灾工作的建筑立面，称为该建筑的消防扑救面或消防登高面。

《建筑设计防火规范》规定：高层建筑的底边至少有一个长边，或周边长度的1/4且不小于一个长边长度，作为消防扑救面。在这一范围内，不应设置高度大于5m、进深大于4m的裙房，且在此范围内必须设有直通室外的楼梯或直通楼梯间的出口。

因此，此类高层住宅底部的商业裙房布置时应满足消防扑救面的要求，并保证消防扑救面所在的总平面对应位置留有足够的场地，见图3-3-2。此外，当底部商业用房是设有排烟系统的营业空间时，其排烟口不应设在消防扑救立面上，以防造成二次伤害。

（2）防火分区及安全疏散　底部商业用房人流密集复杂，火灾危险性大，因此，应严格控制建筑面积，划分防火分区，并保证每个防火分区的安全出口不应少于两个，两个安全出口之间的距离不应小于5m，最远点到安全出口的疏散距离不应超过40m。防止住宅和底部商业用房共用楼梯，一旦下部商业场所发生火灾就会直接影响住宅内人员的安全疏散，因此，住宅的疏散楼梯应独立设置，使上部住宅和下部商业用房的消防设计分开处理。

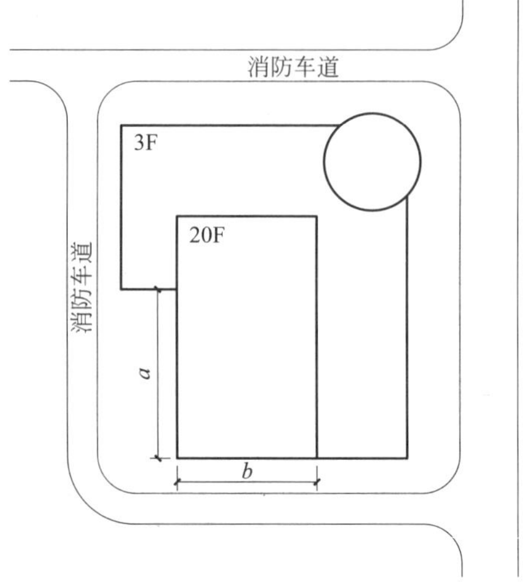

图3-3-2　消防扑救面

（3）灭火及报警系统设置　此类高层住宅消防设计的常规做法是，住宅全楼设消火栓灭火系统，底部设商业用房的，裙楼和地下室增设自动喷水灭火系统。当商业用房作为商场、餐厅等用途时，由于其装修奢华，具有中央空调系统，可燃物较多，火灾的危险性大，所以，在裙楼设置自动报警系统及自动喷水灭火系统，并按要求增加商业用房部分的消防供水量就显得很有必要。

二、地下停车空间

高层住宅位于地面以下的可使用空间为其地下部分，通常由地下车库、设备用房、管理用房、辅助用房等组成，其大小可根据配套要求和相应规范要求确定。高层地下室在满足结构要求的同时，也为高层住宅的某些功能如汽车库、自行车库、垃圾间、电梯间及各类设备用房提供了足够的空间。随着汽车大量进入家庭，停车设施的需求量不断增加。开发地下空间，使相当一部分停车设施地下化，是解决停车与用地矛盾的有效措施。见图3-3-3、图3-3-4地下停车库。

图3-3-3　地下停车库

1. 地下停车库的总体布局

高层住宅地下停车库可以是单栋建筑地下室，平面轮廓和柱网与上部建筑一致，或者向一侧或多侧扩展一部分；也可以是多栋高层住宅地下空间连成一体，形成规模较大的地下停车库。地下车库出入口的分布位置及数量不仅关系到车辆行驶对小区住户的干扰问题，而且关系到与市政道路接口数量及经济性问题。

3-3-1

3-3-2

依据《汽车库、修车库、停车场设计防火规范》的要求，地下停车库地面部分与城市道路相连，出入口不应少于2个，各出入口之间的距离应大于15m，出入口不宜设在城市主干道上，应远离小区居民的步行主入口以减少车辆行驶对居民的影响。出入口的位置宜设在宽度大于6m、纵坡小于10%的次干道上，距离城市道路的规划红线不应小于7.5m。出入口与城市人行过街天桥、过街地道、桥梁或隧道的引道等的距离应大于

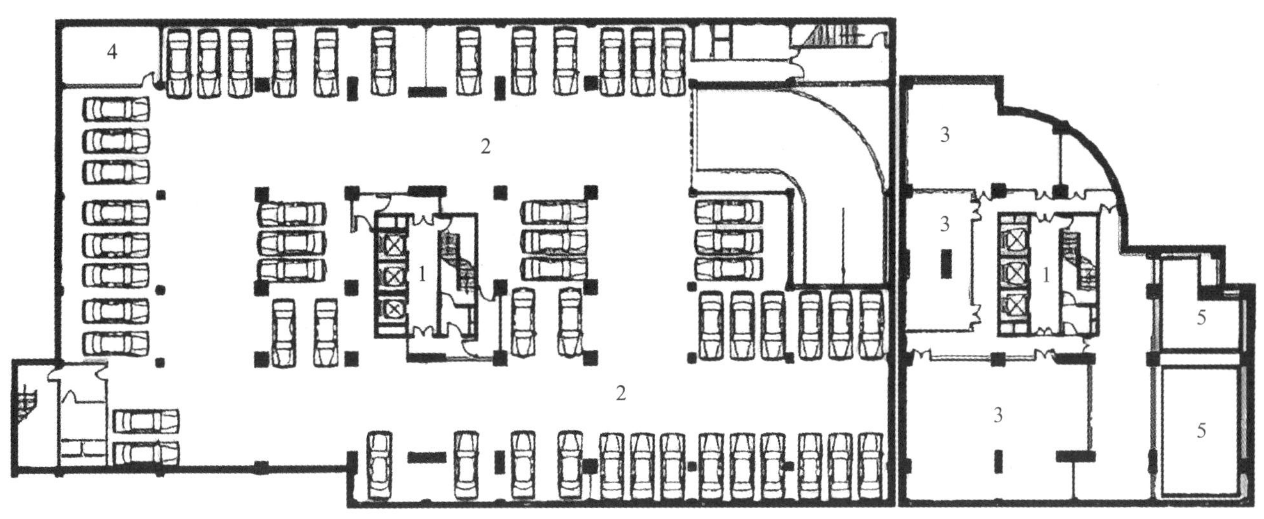

1—服务筒；2—地下车库；3—设备用房；4—管理用房；5—消防水池

图3-3-4　某高层住宅地下车库平面图

50m，距道路交叉口应大于80m，出入口的进、出方向，应与所在道路的交通管理体制相协调，禁止车辆左转弯后跨越右侧行车线进、出地下停车库所在地。见图3-3-5车库出入口。

图3-3-5　车库出入口

总之，无论地下车库停车数多与少，汽车坡道出入口的位置均应充分利用与外围城市道路联系的便捷性及安全性，保证高峰期地下汽车的快速疏散并减少对住宅区居民的干扰。见图3-3-6道路与地下车库的关系。

2. 地下停车库的交通组织

高层住宅地下停车库要组织好车辆进、出、上下和水平行驶，使汽车进出顺畅，上下方便，行驶路线便捷，避免交叉和逆行。由于停车库内人员较少，故人流的组织一般处于次要地位，主要使人员进出方便和行走安全即可。库内水平交通的规范规定双车行驶时车道不宜小于7.0m，单车行驶时车道宽度不宜小于为3.5m。实际执行过程中一般双车道宽度为5.5m，单车道为4m。根据《车库建筑设计规范》（JGJ 100—2015），汽车最小转弯半径是汽车回转时，外侧转向轮的中心平面在支承平面上滚过的轨迹圆半径，通过计算得出汽车车库环形道的最小半径为3.9 ～ 4.2m即可，通常取4.0m，见表3-3-1。

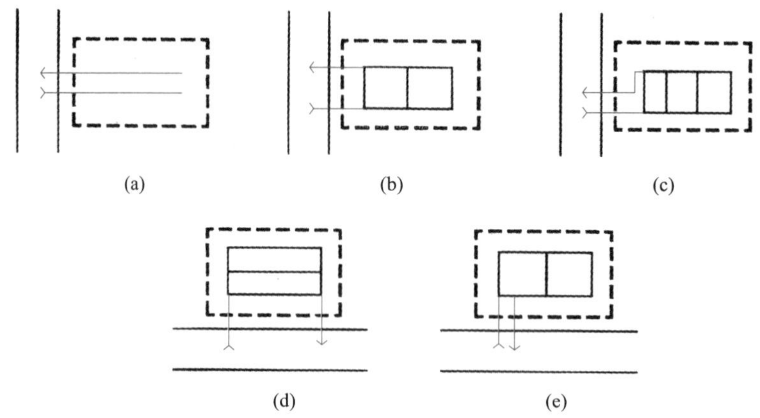

道路在地下汽车库一侧时行车通道的布置方式

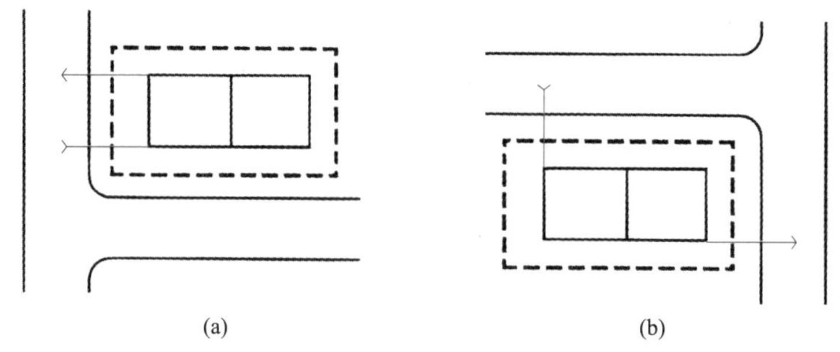

道路在地下汽车库两侧时行车通道的布置方式

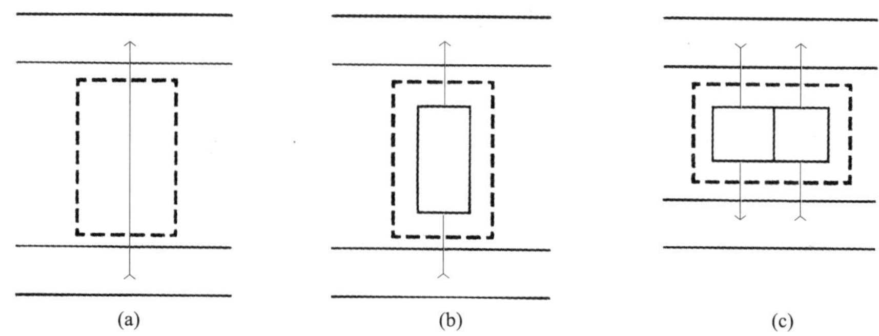

道路在地下汽车库两端时行车通道的布置方式

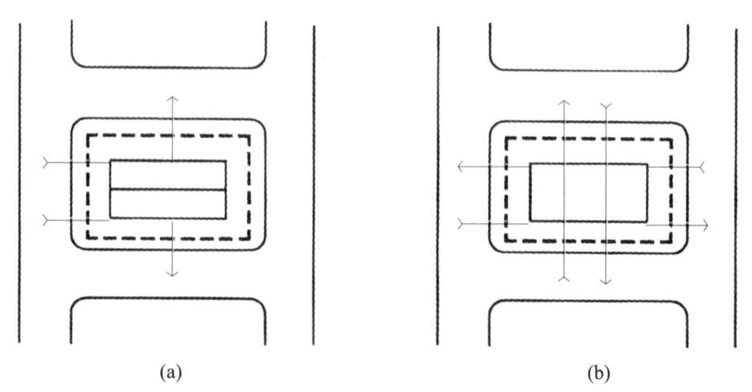

道路在地下汽车库四周时行车通道的布置方式

图3-3-6　道路与地下车库的关系

表3-3-1 地下停车设施坡道参数建议值

坡道参数	单车道	双车道
直线坡道净宽度/m	≥3.5	≥7.0
曲线坡道净宽度/m	≥5.0	≥10.0
直线坡道最大坡度/%	≤15	≤15
曲线坡道最大坡度/%	≤15	≤15
净空高度/m	≥2.5	≥2.5
转弯半径/m（内径）	≥4（α≤90°）	≥4（α≤90°）

行车通道与停车位的关系，包括一侧通道一侧停车，中间通道两侧停车，两侧通道中间停车和环形车道四周停车等。行车通道可以是单车道，车辆一律单向行驶；也可以是双车道，车辆双向相对行驶。由于进、出停车位的需要，行车通道的宽度完全可以容纳车辆并行时，采用双车道比较合理，但容易在某些部位出现车辆交叉现象，应尽量避免。高层住宅地下停车库采用中间通道两侧停车的方式较多，这样行车通道的利用率高，在有限的空间内增加停车位。见图3-3-7行车通道与停车位的关系。

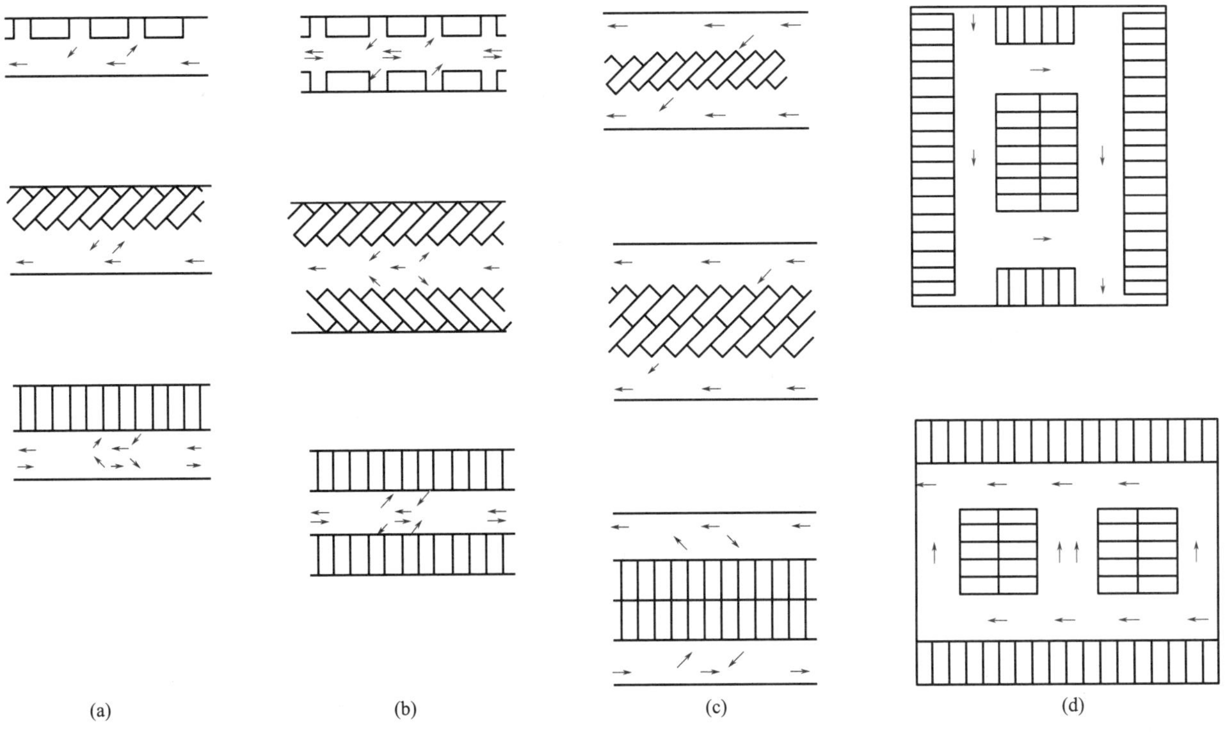

图3-3-7 行车通道与停车位的关系

库内的垂直交通，除通过坡道进、出地面外，对于多层地下汽车库，还要解决层间垂直交通问题。常采用的坡道形式，分为直坡道式、错层式和螺旋坡道式。错层式地下停车库的层间交通问题由直线短坡道解决，与各层的水平行车通道组成立体的环形通道系统。多层直坡道式和螺旋坡道式地下停车库的层间交通仍由直线或曲线坡道来承担。后者使用较多，因占用室内空间较小。层间坡道一般与进出地面的坡道在同一位置，进出与上下的路线联系起来，上下的车辆不必在停车层水平行驶，水平交通不受垂直交通干扰。见图3-3-8、图3-3-9坡道。

图3-3-8 车库坡道

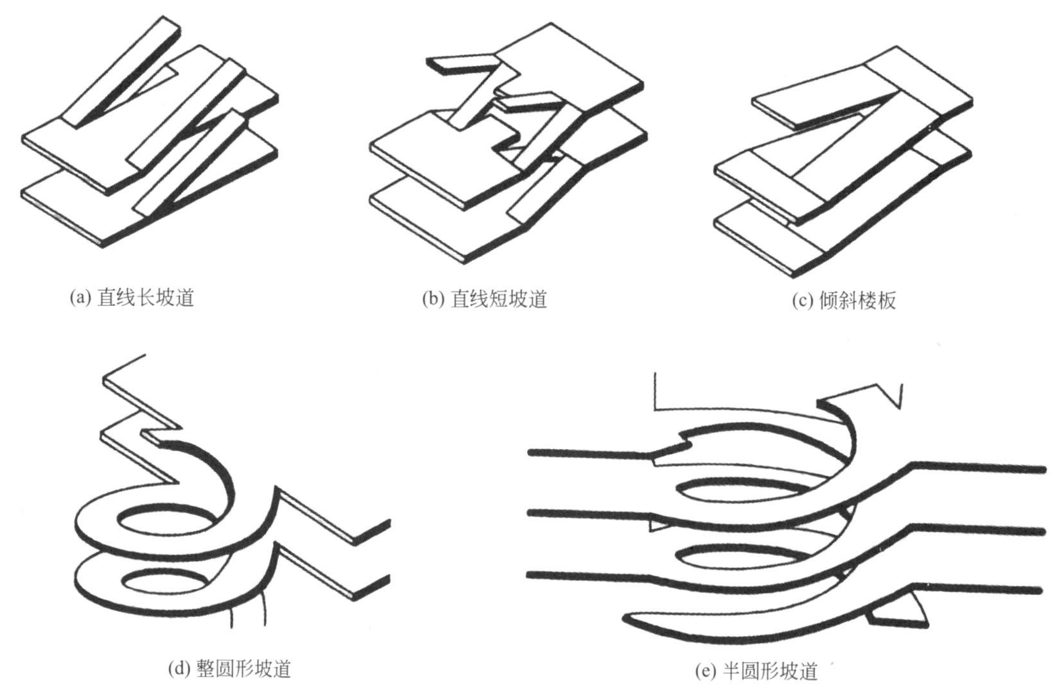

图3-3-9 各种坡道形式

坡道的数量应满足进、出车速度的要求，使之具有足够的通行能力；应考虑车辆出入是否方便和防火要求；还应注意其对停车面积的影响。容量在50台以下的地下停车库，坡道面积在停车库总建筑面积中所占比重较大，容量越小，比重越大。对于小规模地下汽车库，可考虑设一条坡道，必要时在库内增设一段回车道，面积比用两条坡道要小。

坡道的坡度直接关系到车辆进出和上下的方便程度及安全程度，对坡道的长度和面积也有一定影响。坡道分纵向坡度和横向坡度。坡道的纵向坡度应综合反映车辆的爬坡能力、行车安全、废气发生量、场地大小等多种因素。

坡道的长度取决于坡道升降的高度和所确定的纵向坡度。坡道的长度由几段组成，在计算坡道面积时，应按实际总长度计算；在进行总平面和平面布置时，可按水平投影长度考虑。坡道的宽度一方面影响到行车的安全，同时对坡道的面积大小也有影响。直线单车坡道的净宽度应为车辆宽度加上两侧距墙的必要安全距离0.8～1m，双车坡道还要加上两车之间的安全距离（1.0m，包括车道分界道牙宽0.2m）。曲线坡道的宽度为车辆的最小转弯半径在弯道上行驶所需的最小宽度加上安全距离（1.0m）。

小轿车的爬坡能力参数为18°～24°，但以此为设计坡度很不安全。同时，汽车爬坡角度越大，废气的排出量也越大。坡度过小，长度和面积都要增加。车库坡道分为直线坡道和曲线坡道，两种坡道对坡度的要求不一样，如图3-3-10所示。以住宅车库中常见的微型、小型车为例，根据《车库建筑设计规范》规定：直线坡道最大纵向坡度为15%，曲线坡道最大纵向坡度为12%。且当通车道纵向坡度大于10%时，坡道上、下端均应设缓坡。其直线缓坡段的水平长度不应小于3.6m，缓坡坡度应为坡道坡度的1/2。曲线缓坡段的水平长度不应小于2.4m，曲线的半径不应小于20m，缓坡段的中点为坡道原起点或止点。需要注意的是，对于曲线坡道，在坡道横向应设置超高，即横向坡度，通常为2%～6%。

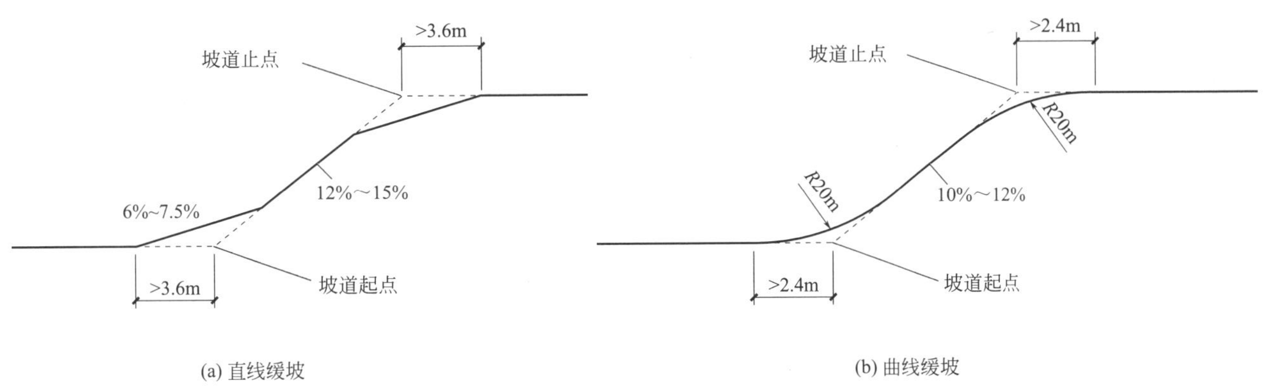

图3-3-10 坡道长度的计算方法

坡道的净高一般与停车间净高一致，如果坡道的结构高度较小，又没有被管、线占用空间，则可取车辆高度加上到结构构件最低点的安全距离（不小于0.2m）。当门洞净高采用这一尺寸时，坡道净高还应加防护门上下槛的高度。若总高度因此过大，可以在门的前后部提高坡道的净高。

3. 地下停车库的建筑设计

（1）层数与层高　地下停车库的层数取决于停车容量需求，容积率要求、基地情况、地质条件、施工方法等许多因素。层数少，进、出车比较方便，但用地范围较大；层数多，布置比较紧凑，但是车辆上下次数多，行驶距离较长，不利于安全行驶，对防灾也不利。高层住宅地下停车库多为1～2层。

在无特殊要求下，大多数项目中层高取值在3.6～4m之间。但经过理论上的分析，将车库层高控制在3.6m及以下是有可能的。层高包括面层厚度、车位净高、管道高度、梁高四部分内容，四部分内容进行合理的控制，才可以有效控制层高。

地下停车库的各层层高计算公式一般如下：

地下室的层高=面层厚度+停车库净高+通风+喷淋+电缆桥架+顶板梁高+预留富余量

层高对地下停车库的埋深和造价有直接的影响，也影响到通风口的大小，故在可能条件下，应尽量缩小层高，例如，采用适当的结构形式，减小结构构件高度，通过合理布置，减小管、线占用的空间等。

（2）柱网布置　地下汽车库柱网的选择是设计的重要问题，柱网的合理布置和利用将会直接关系到停车位的利用率、设计经济合理性。由于柱网的存在，对于车辆的进、出行驶和停靠都带来障碍，为了把这种柱网造成的障碍作用减少到最小状态，使停车指标达到最优状态，必须在车位跨度和车道之间寻找恰当柱网关系，同时也应考虑到结构的经济合理性。

柱网是由跨度和柱距两个方向上的尺寸所组成，在多跨结构中，几个跨度相加后和柱距形成一个柱网单元。决定停车间柱距尺寸的因素包括需要停放标准车型的宽度、两柱间停放的车辆台数、车辆的停放方式、车与车及车与柱（或墙）之间的安全距离和防火间距、柱的截面尺寸。高层住宅地下停车库两柱间以停放2～3台车为宜。由于上部结构的需要，某些柱间停放1台车也是合理的。

在停车间柱网单元中，跨度包括停车位所在跨度（简称车位跨）和行车通道所在跨度（简称通道跨）。决定车位跨尺寸的因素包括需要停放标准车型长度、车辆的停放方式、标准车型所要求的车后端（或前端）至墙（或柱）的安全距离和防火间距、柱的截面尺寸等。决定通道跨尺寸的因素包括车辆的停车方式和停放方式、行车线路数量、柱的截面尺寸等。

柱的存在对于车辆进、出停车位和在行车通道上行驶都成为一个障碍。为了把这个障碍减到最小，使停车间的面积利用最为充分，应在柱距、车位跨和通道跨之间找到一个合理的比例关系。一般的规律是：当加大柱距时，柱对出车的阻挡作用开始减小，通道跨尺寸随之减小，但加大到一定程度后，柱不再成为出车的障碍，这时通道跨的尺寸主要受两侧停车外端点的控制；当柱距固定不变，调整车位跨尺寸时，通道跨尺寸也随之变化，车位跨越小，即柱向里移，所需要行车通道的宽度越小，超过车后轴位置后，柱不再成为出车的障碍；如将柱向外移，超越停车位前端线后，通道跨尺寸就需要加大。柱距和跨度的总尺寸应在结构合理范围之内，并精确到0.1m。见图3-3-11垂直停车方式柱距最小值。

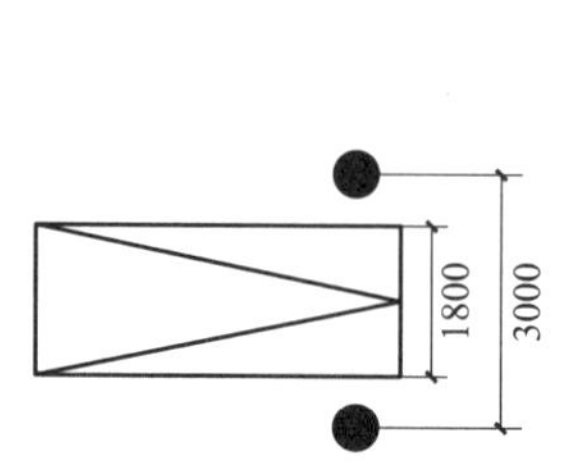

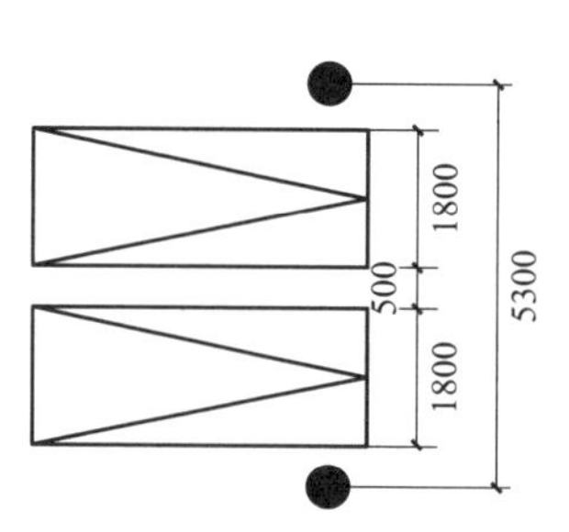

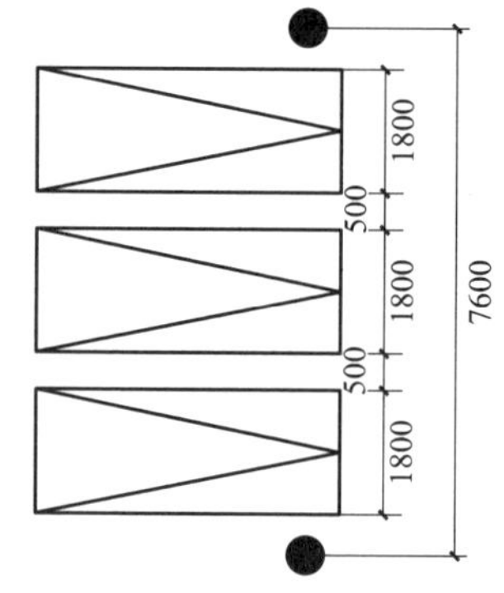

图3-3-11 垂直停车方式柱距最小值

4. 停车位设计

停车位设计最主要依据就是选定一个基本的车辆作为设计车型。因为城市中汽车的型号、规格、性能多种多样，特别是车辆外廓尺寸的大小，对停车位的影响很大。

车辆停放时，除本身所占空间外，周围必须留有一定余量以保证在停车状态时能打开一侧车门。这时每台车所需占用的空间称为停车位，一般以平面尺寸表示。车辆停放在车位时，应与周围物体保持必要的安全距离，见表3-3-2。

表3-3-2 车辆与周围物体的安全距离

车辆停放在车位时与周围物体	安全距离
车尾距后墙	0.5m
车身（有司机一侧）距侧墙或邻车	0.5m
车身（无司机一侧）距侧墙或邻车	0.3m
车身距柱边	0.3m
车身之间的纵向净距	1.2m（0° 停放） 0.5m（30° ～90° 停放）

车辆在停车间内的停放方式和停车方式，对于停车的方便程度和每台车所需占用的面积多少，都有一定的影响。停放方式是指车辆在车位上停放后，车的纵向轴线与行车通道中心线所成的角度。一般有0°、30°、45°、60°、90°等。停车方式是指车辆进、出车位时所需采取的驾驶措施，如前进停车、前进出车，前进停车、后退出车，后退停车、前进出车等。停放角度越小，进、出车越方便，例如，0°停放角度最小，可以做到前进停车，前进出车，不需倒车；但同时，每台车所占用的面积，却是角度越小，所需面积越大。如图3-3-12所示。

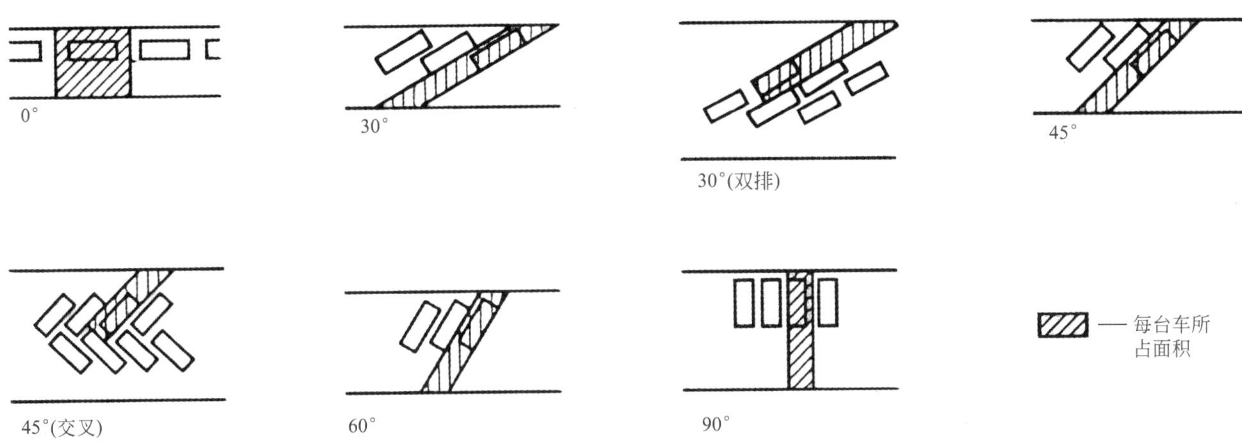

图3-3-12　常见的停车方式

综合分析，0°停放时，车辆进、出车位最方便、安全，但每台车平均需要的面积较大，对于狭长无柱的停车间较为合适；斜角停放时，进、出车较方便，所需行车通道宽度较小，但进、出车只能沿一个固定的方向，且在停车位前后出现不能充分利用的三角形面积，使每台车占用的面积较大；90°直角停放时，可以从两个方向进、出车，在几种停车角度中面积指标最小，但行车通道要求较宽，较适用于大面积多跨的停车间，如表3-3-3所示。目前较普遍采用90°停放方式，后退停车，前进出车。

无障碍停车位尺寸见图3-3-13。

表3-3-3　不同停车方式所需的最小面积（单位：m^2）

停车方式	0°	30°	45°	60°	90°
前进停车	25.8	26.4	21.4	20.3	23.5
后退停车	—	—	—	19.9	19.3

5. 地下停车库的消防与疏散

地下车库一般规模较大，如设备用房电气设备因安装使用不当而引起短路、起火，或者汽车燃料的不慎泄漏，都能迅速引发大火。因车库空间大而封闭性强，人的方向感很差，在慌乱的情况很容易迷路，火灾发生后的混乱程度比地面上更严重，危险性更大。同时，火势蔓延的方向和烟的流动方向与人员撤离走向一致，都是自下而上。火与烟的扩散速度如果大于人员的疏散速度，就十分危险了。消防扑救线路单一，只能自上而下，扑救线路与火势又相冲突，烟和热气流汇集在出入口。在出入口处由于烟和热气流的自然排出，给消防人员进入灭火造成困难。因此，地下车库防火的关键在于防患于未“燃”，立足于“自救”的原则，做到“预防为主，防消结合”。

根据《汽车库、修车库、停车场设计防火规范》（GB 50067—2014）的规定，防火分为四类：一类为＞300辆，二类为151～300辆，三类为51～150辆，四类为≤50辆。并且根据规范，地下车库的耐火等级为一级。

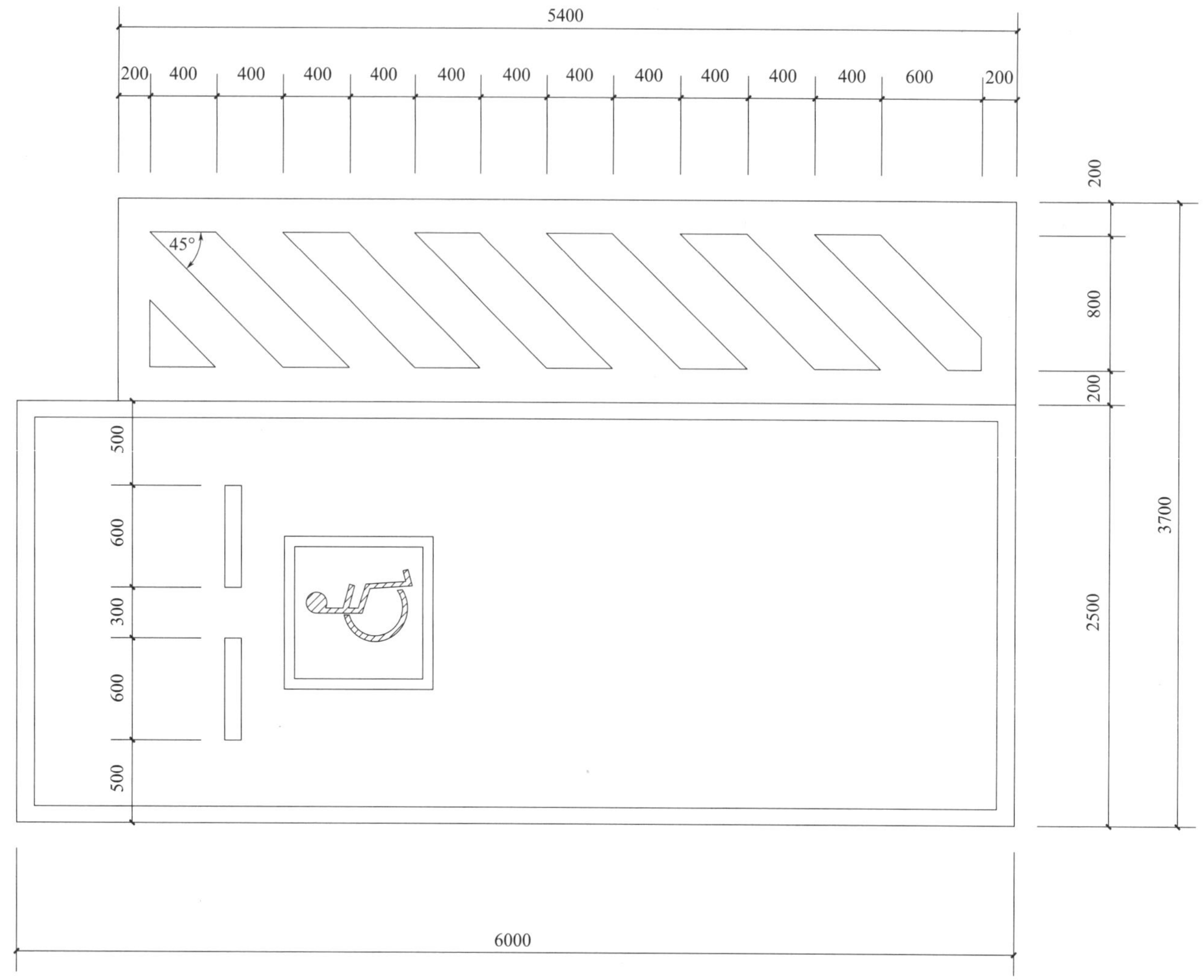

图3-3-13 无障碍停车位

为了将火势控制在发生范围内，避免向外蔓延，地下车库按照规范按一定面积要求划分防火分区。每个分区面积：车库小于4000m^2（设自动灭火系统），设备房小于1000m^2（设自动灭火系统），非机动车库小于1000m^2（设自动灭火系统）。各防火分区以防火墙进行分隔，当必须在防火墙上开设门、窗、洞口时，应设置甲级防火门、窗或耐火极限不低于3.00h的防火卷帘。

地下停车库中虽然人员不多，但比较分散。为了使人员在火灾警报发出1～2min内撤出，设置的人员安全出入口位置要求在库内任意一点处，人员到达安全出口的距离不超过45m，有自动喷淋灭火设施时可以增至60m。同时，安全出口的楼梯应按防火楼梯设计，设置前室，保持室内超压，阻止烟气进入。汽车疏散坡道的宽度，单车道不应小于3.0m，双车道不应小于5.5m。停车场的汽车疏散出口不应少于2个；停车数量不超过50辆时，可设1个。人员安全出口与汽车疏散出口应分开设置。应做到人、车分流，各行其道，避免造成交通事故，不影响人员的安全疏散，疏散楼梯的宽度不应小于1.1m。

在地下停车库内部防火中，对烟的控制是非常重要的。一般从两个方面进行：一是防烟，即按规范要求设置防烟分区（面积为防火分区的一半），把烟阻隔在限定的封闭空间内，并在相邻的安全空间内造成正压，使烟不能流入；二是排烟，地下停车库依靠自然进风，排烟有困难，故多采用机械送风、机械排烟的全机械排烟系统。

地下停车库的灭火，靠消防人员从外部进入扑救是相当困难的，故主要应依靠内部的自动灭火系统。在停车库内应设置火灾自动报警系统，使灭火系统、通风系统、排烟系统、隔绝设施等均与自动报警系统联系起来。在火灾初期，使用自动喷淋设施。如果火灾初期失控，可启动泡沫灭火系统等。

6. 防水

地下停车库的水灾，主要是由室外的地面积水灌入、供水管道破裂以及出现火灾时自动喷淋和消火栓用水救火而造成。洪灾是常见的水灾，由于水是由高向低流动，故地下空间在自然状态下并不具有防洪能力，因此，除城市防洪措施完善外，更重要的是做好地下停车库的库内外防排水设计，通过适当提高停车库的入口标高，在出入地面的坡道端应设置与坡道同宽的截水沟及闭合的挡水槛。地下停车库平面内合理布置排水沟、集水井，并采用机械排水泵强制把水排向室外等有效措施，以最大限度地减少汽车受损，确保地下室人员安全。

7. 人防工程防护

防空地下室设计必须贯彻“平战结合”的方针，其位置、规模、战时及平时的用途，应根据城市的人防工程规划以及地面建筑规划，地上与地下综合考虑，统筹安排。人防工程防护是指由于战争对工程的破坏所采取的防护措施。这类工程在城市中的数量和规模很有限。地下停车库作为人防工程，设计时一般是指平时用作停车的汽车库，在战时通过人防转换，用于人员或物资掩蔽等，对平时使用影响不大，而且所费的造价较少，因此，利用居住区的地下车库按人防工程设计规范要求，进行相应等级的防护单元划分和口部设计，对于人为战争的破坏就能起到一定的防护能力。它在平时城市中也能发挥应有的社会效益。见图3-3-14地下车库人防门。

图3-3-14 地下车库人防门

在设计地下车库时，要结合整个项目情况进行基本项目定位，充分结合车库周边地理环境，合理规范车库布局，优化车库设计。既要提高车库利用率，降低前期投资和后期维护成本，又要便于用户使用，使地下车库和周边环境融为一体，减少其对周边环境的影响，并充分考虑车库的经济合理性、实用性和安全性，体现以人为本的设计理念。

课后思考 ?

1. 高层住宅的商业空间设计要点有哪些?
2. 常见的停车方式有哪些?
3. 车位设计与建筑柱网的关系是什么?
4. 人防工程的作用是什么?

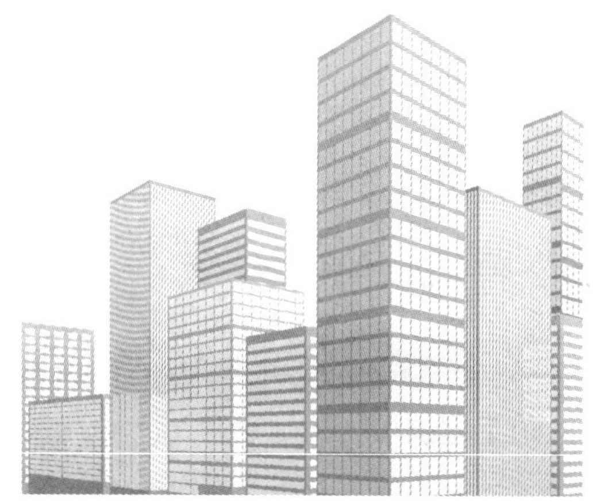

任务四 高层住宅结构体系设计

知识点

高层住宅常用的结构体系及特点

任务目标

了解结构体系的重要作用，并掌握结构体系与建筑形式间的相互关系。

3-4-1

高层住宅的结构体系不仅要承担一系列垂直荷载，还要承担较大的风荷载和因地震而产生的水平荷载。这种水平荷载，建筑物层数越高影响越大。高层住宅结构体系的选择主要着眼于这三种荷载的影响和结构体系对住宅内部空间组织的影响。

在满足建筑功能的前提下，结构平面布置应简单、规则、对齐、对称，力求使平面刚度中心与质量中心重合，或尽量减少两者之间的距离，以降低扭转的不利影响，除必须尽可能地减轻自重，尽量选用轻质高强的建筑材料外，还必须使其结构体系有足够抗侧移和摆动的能力。建筑的竖向体形应力求规则、均匀和连续。结构的侧向刚度沿竖向方向均匀变化，由下至上逐渐减小，不发生突变，尽量避免夹层、错层、抽柱及过大的外挑和内收等情况。建筑的高宽比是指建筑总高度与建筑平面宽度的比值。它的数值大小和建筑的抗震性能密切相关，如果高宽比较大，就表明结构比较柔，在水平力的作用下侧移较大，结构的抗倾覆能力也较差。所以，在进行高层住宅结构设计时，就必须对高宽比进行限制。

早期高层建筑承重结构完全采用钢材，因钢结构重量轻，材料性能均匀，可根据结构需要制作成各种不同的截面，适应性强，还可制作复杂的大型构件。但用钢量过大不一定经济，只有在层数相当高时才有经济意义。以钢筋混凝土作为高层住宅的骨架材料，在中国已有较长的历史，形成了比较成熟、适用的结构体系。

高层住宅的结构体系对于平面形式的确定是相当重要的，建筑平面布局需较多地适应结构的要求，做到平面紧凑，体形简洁。同时，结构选型也需为建筑的灵活性提供可能，考虑将来发展与提高的需要。根据高层住宅平面特点，其结构体系有以下几种类型。

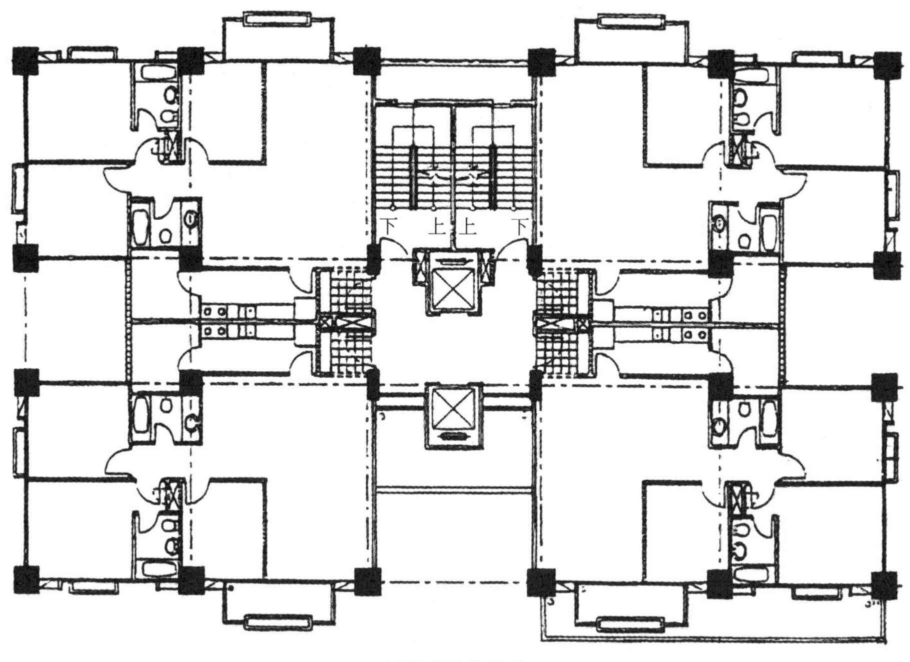

(a) 框架结构体系

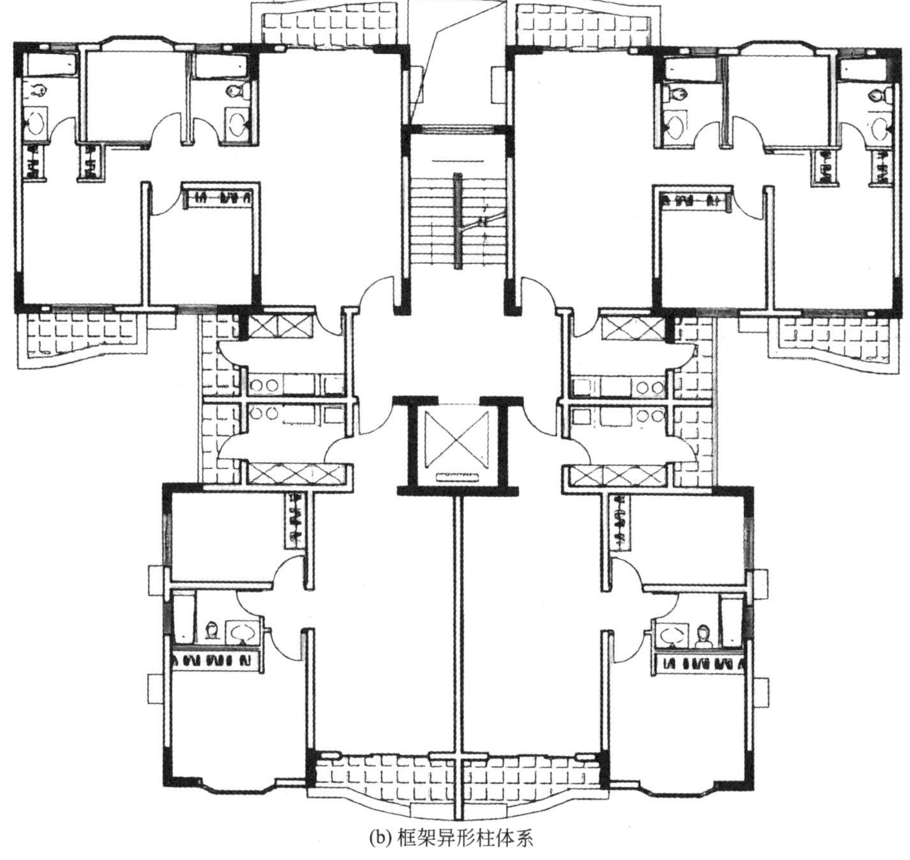

(b) 框架异形柱体系

图3-4-1　高层住宅的框架结构体系

一、框架结构体系

整个结构的纵向和横向全部由框架单一构件组成的体系称为框架体系。框架既负担重力荷载，又负担水平荷载。框架体系的优点是建筑平面布置灵活，可提供较大的内部空间。但由于本体系属于柔性结构体系，在水平荷载作用下，它的强度低，刚度小，水平位移大，所以在高烈度地震区不宜采用。

框架结构对高层住宅平面布局和形状构成表现出很大的灵活性。不仅住宅户内空间在很大程度上划分灵活，尤其对于底层为商场，上层为住宅的商住综合类建筑，其底层大空间易于形成。但结构梁、柱在室内的暴露影响了室内空间的划分，应精心处理方能取得好的效果。

由于框架结构承受水平荷载的能力不高，因此不能建得太高，常常适用于15层以下的高层住宅，特别是用在高层商住楼中。

由于常规框架柱的截面尺寸往往大于墙厚，其突出部分对室内空间（特别是小房间）和家具布置造成了较大的影响。因此，常采用截面宽度与墙厚相等的T形、L形的异形柱，室内空间更为完整、美观。见图3-4-1框架结构体系。

二、剪力墙结构体系

剪力墙结构由钢筋混凝土墙体承受全部水平和竖向荷载，剪力墙沿横向、纵向正交布置或沿多轴线斜交布置。剪力墙结构是全部由剪力墙承重的结构体系，剪力墙纵横相交，既作为承重结构，又承受水平荷载，还作为分隔墙。由于有很多永久固定的间隔墙，建筑平面布局受到了严格的约束。剪力墙结构墙体多，不容易形成面积较大的房间。为满足底层裙房商业用房大空间的要求，可以取消底部剪力墙而代之以框架，形成底部大空间框架-剪力墙结构。为了使上、下结构布置更合理，上部住宅剪力墙结构也要尽可能做成大空间，内部采用轻质隔墙，便于住户按家庭人口多少和使用要求去分隔。

剪力墙结构的刚度、强度都比较高，有一定的延性，结构传力直接均匀，整体性好，抗倒塌能力强。理论上，这种结构体系可高达100～150层。但是受剪力墙所要求的厚度限制，剪力墙结构体系适用于40层以下的建筑，最适宜16～40层的高层住宅。见图3-4-2剪力墙结构体系。

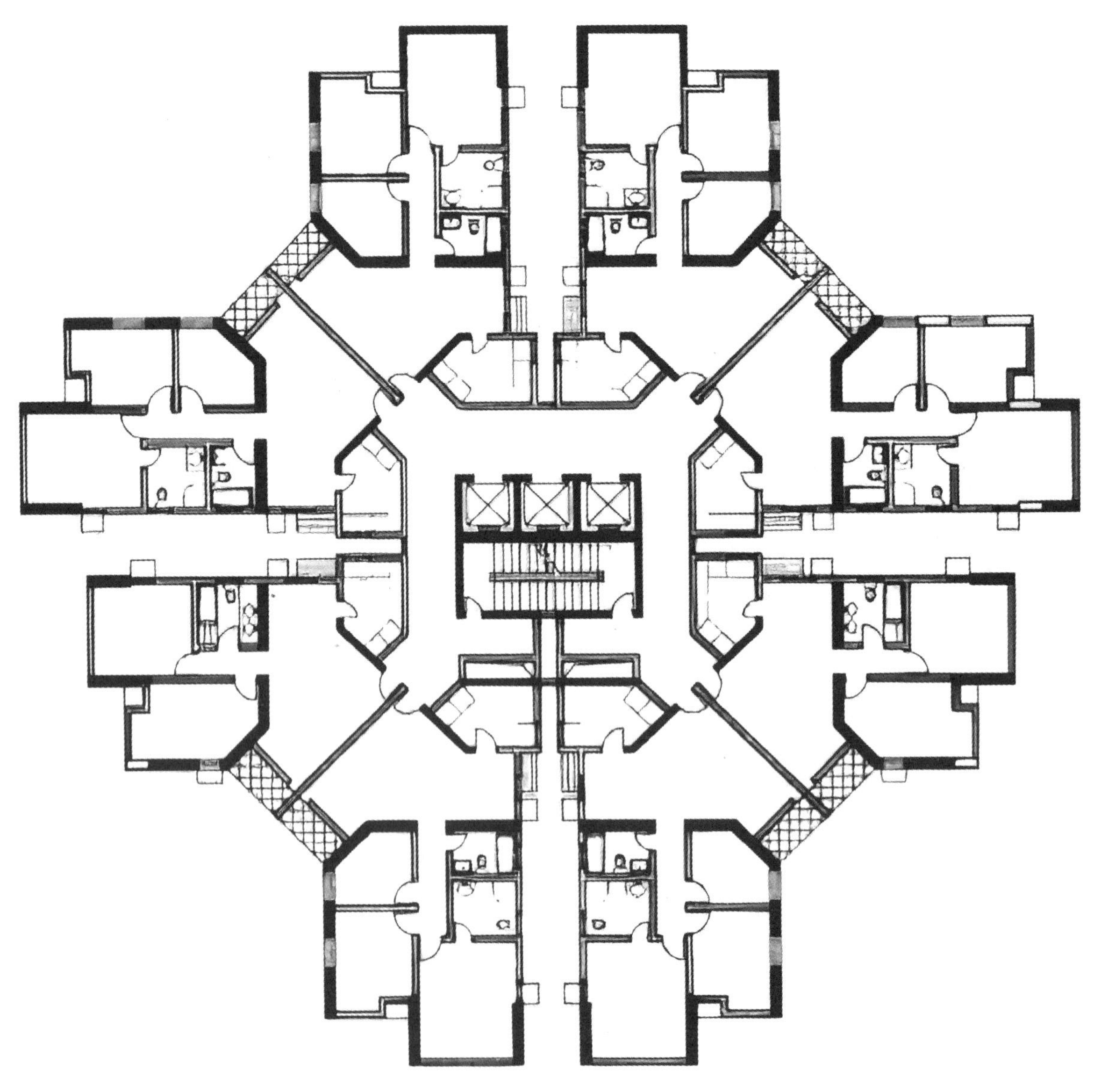

(a) 正交和斜交布置的剪力墙结构体系

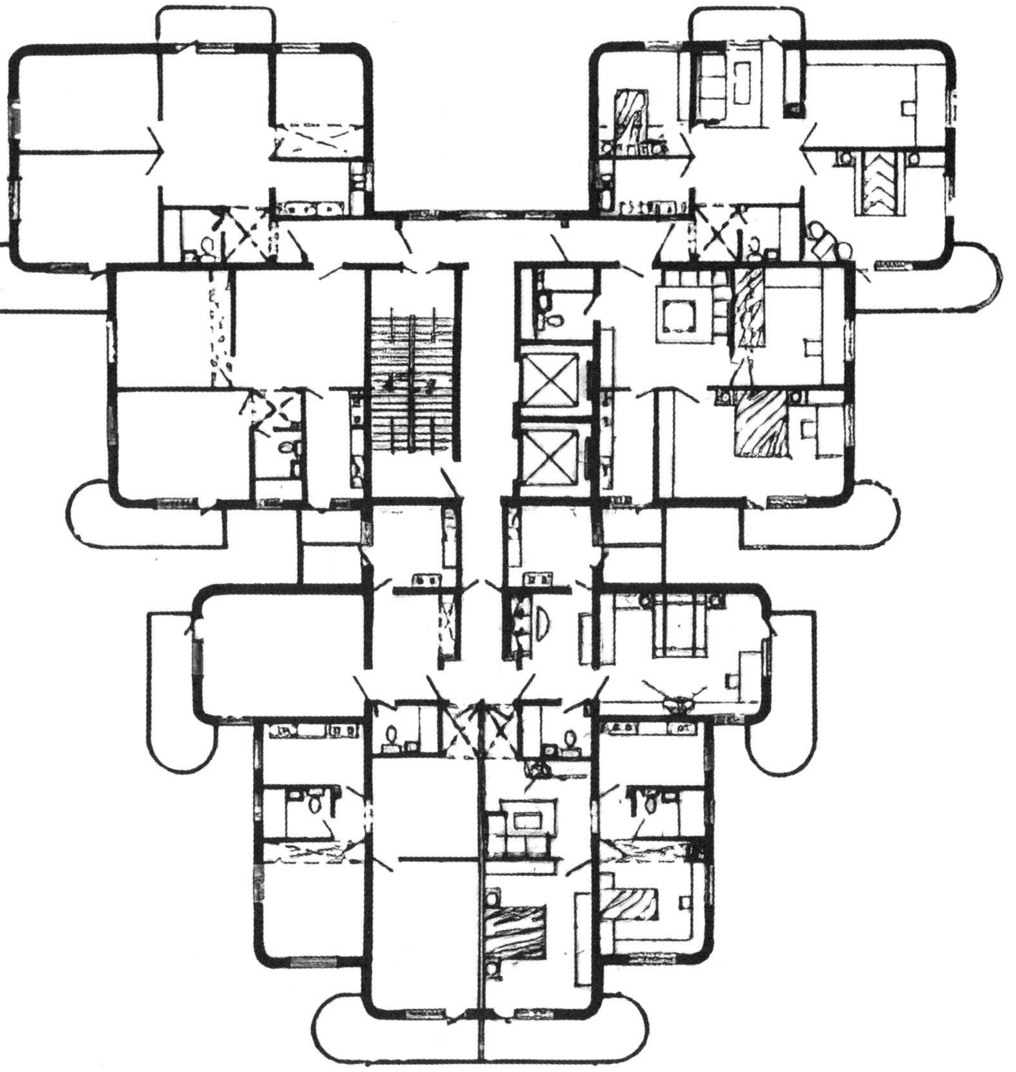

(b) 大开间剪力墙结构体系

图3-4-2　高层住宅的剪力墙结构体系

三、框架-剪力墙结构体系

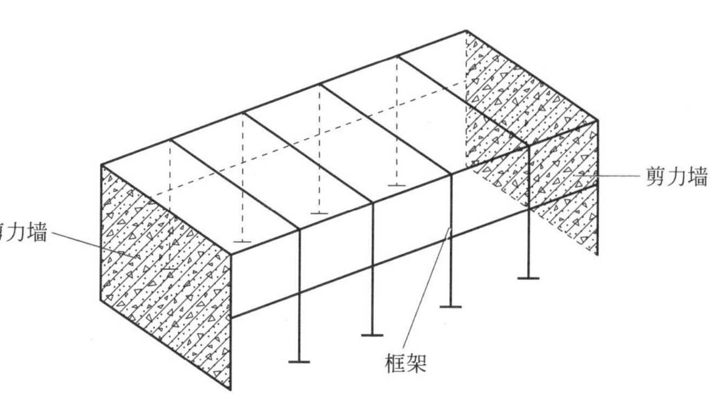

图3-4-3　框架-剪力墙结构体系示意

在框架结构中布置一定数量的剪力墙可以组成框架-剪力墙结构。在整个体系中，剪力墙负担绝大部分的水平荷载，而框架则以负担竖向荷载为主，两者共同受力、合理分工，物尽其用。剪力墙作为加强框架体系的抗侧力之用，结构体系的抗侧力刚度得以大大提高，建筑在水平荷载作用下的侧移将大大减少。这种结构既具有框架结构布置灵活、使用方便的特点，又有较大的刚度和较强的抗震能力，在我国高层商住楼中用得最为广泛。见图3-4-3～图3-4-5框架-剪力墙结构体系。

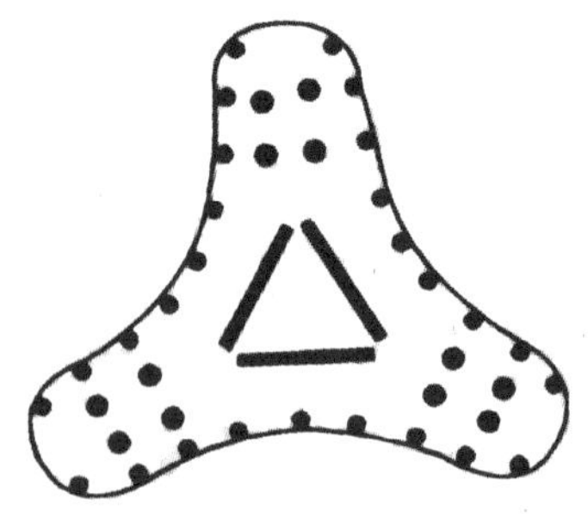

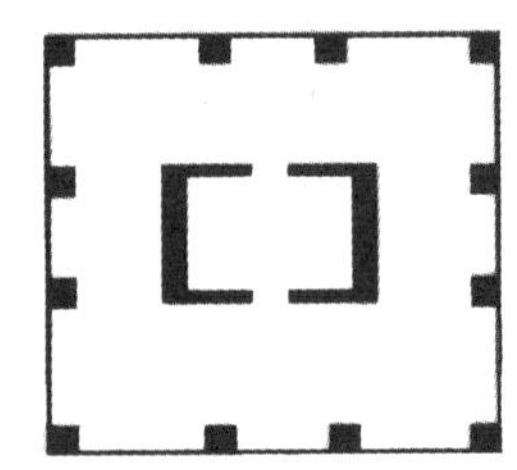

图3-4-4　框架-剪力墙结构体系的典型平面布局

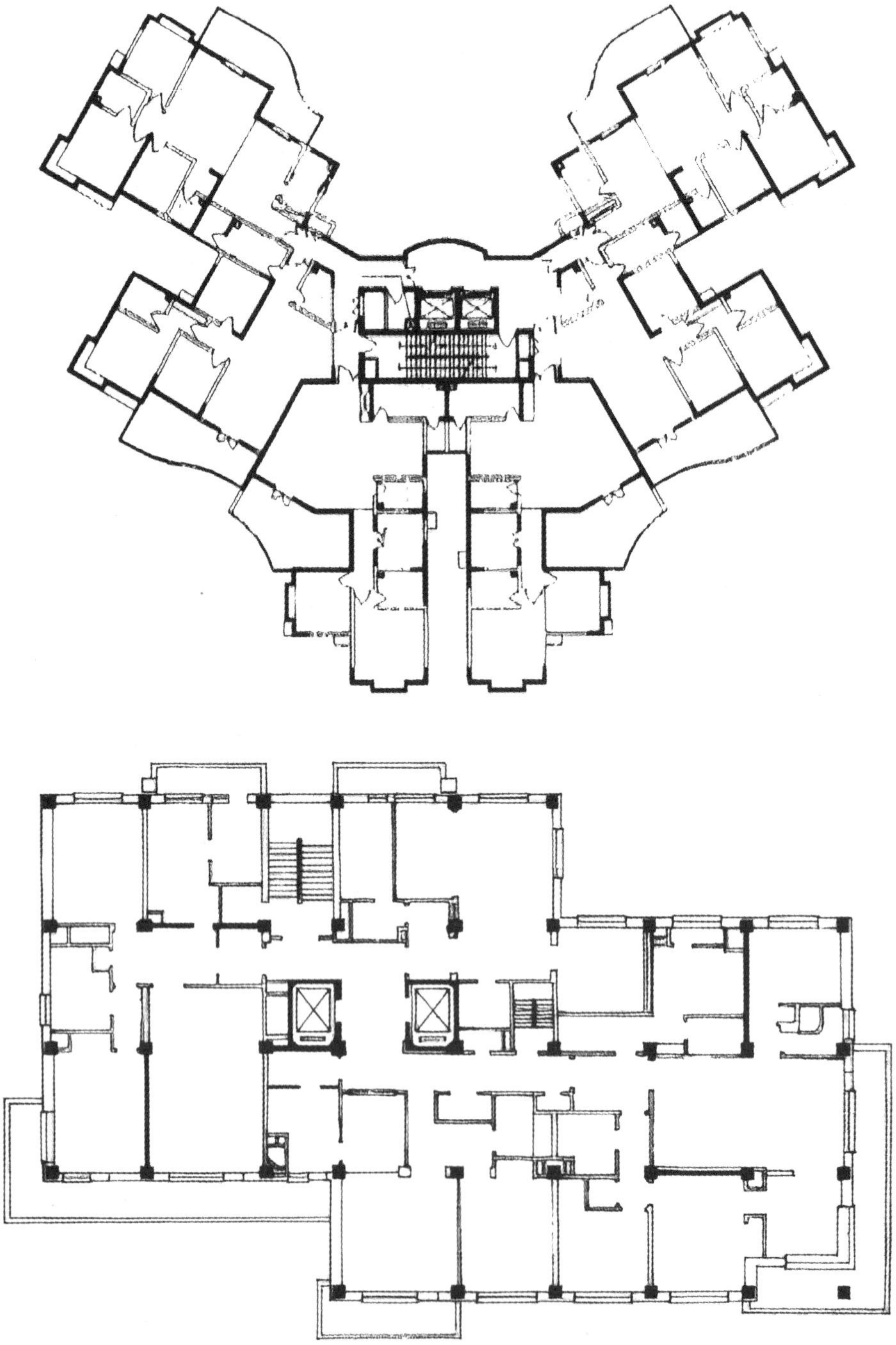

图3-4-5　高层住宅的框架-剪力墙结构体系

四、筒体结构体系

筒体结构是由框架-剪力墙结构与全剪结构演变发展出来的，它将剪力墙集中到建筑的内部或外部形成封闭的筒体。筒体结构的空间结构体系刚度极大，抗扭性能也好，又因为剪力墙的集中而不妨碍建筑的使用空间，建筑平面具有良好的灵活性，如图3-4-6、图3-4-7所示。

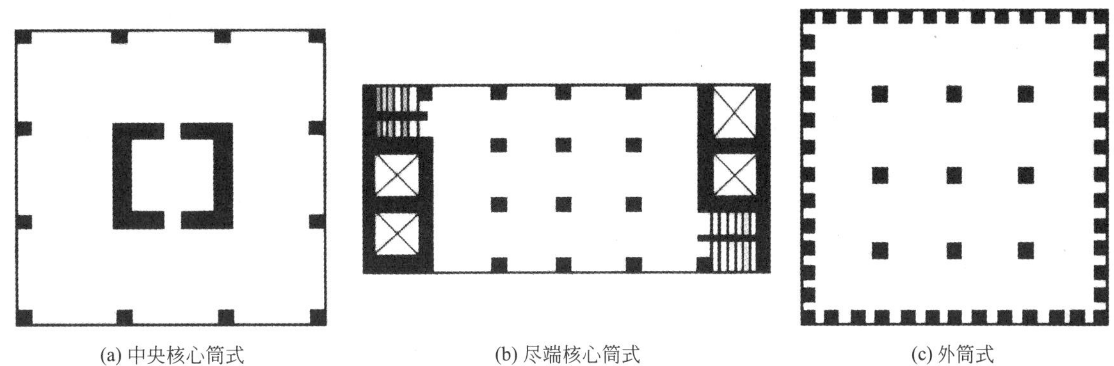

(a) 中央核心筒式　　(b) 尽端核心筒式　　(c) 外筒式

图3-4-6　框筒结构的典型平面布局

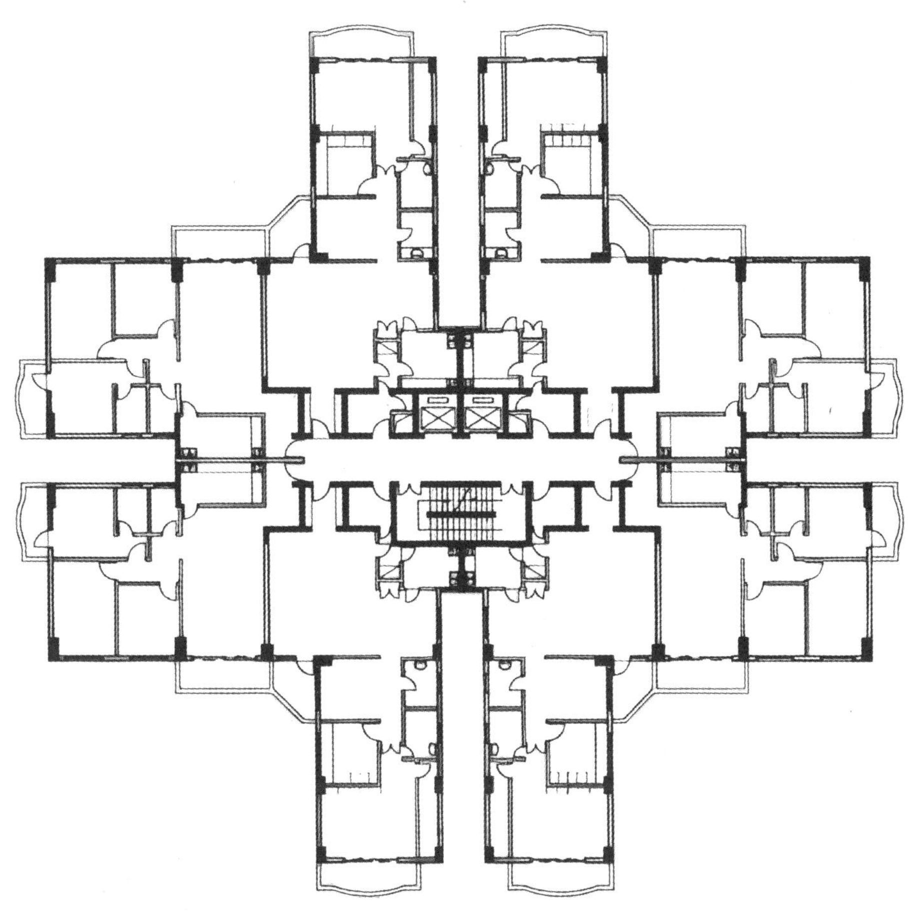

图3-4-7　高层住宅的框筒结构体系

筒体结构体系中，常用的有框筒和筒中筒。

① 框筒结构是由钢筋混凝土核心筒与框架结合在一起，共同工作。利用建筑中的电梯井、楼梯间、管道

井以及服务间等作为核心筒体，与外围的框架构成整体，形成内筒式框筒结构；利用四周外墙作为筒体，筒体由外围密排的窗框柱与窗间墙梁组成一个多孔的墙体，而内部则由框架组成，形成外筒式框筒结构。也有筒体布置在尽端，中部为框架的尽端核心筒式框筒结构。

框筒结构中井筒四壁可用钢筋混凝土预制拼装形成，也可以现浇，与钢筋混凝土框架之间由横梁或板联系。全部的内隔墙为轻质墙，外墙则为保温的围护墙。

框筒结构具有必要的侧向刚度与最佳的抗扭刚度。由于抗侧力主要由相对狭窄的构件提供，这种体系的刚度略低于剪力墙体系，故其适用层数以30层以下为宜。

② 筒中筒结构即由内外两个筒组成。内筒可以作为安置服务设施之用，结构上又有可以获得额外刚度的特点，外筒则可成为安装立面玻璃的窗框之用。

筒中筒结构中的内筒与外筒通过刚度很大的楼板平面结构连接成整体，形成一个刚度很大的空间结构。筒中筒结构体系适用于30层以上的高层住宅，已接近超高层住宅。

课后思考 ?

1. 框架结构体系的特点有哪些?
2. 剪力墙结构体系的特点有哪些?
3. 框架－剪力墙结构体系的特点有哪些?
4. 筒体结构体系的特点有哪些?
5. 观察并分析身边的高层住宅结构体系。

任务五

高层住宅设备系统设计

知识点

高层住宅的供暖系统　高层住宅的给水系统　高层住宅的排水系统　高层住宅的燃气系统　高层住宅的电气系统

任务目标

了解并应用高层住宅建筑功能所必需的供暖系统、给水排水、燃气、电气等基本设施。

住宅的设备系统比较复杂，高层住宅的设备系统有：供暖系统、给水系统、排污水系统、排雨水系统、燃气系统、供热水系统、空气调节系统、电器及照明系统、电视及通信系统、安全防卫系统等。中国住宅标准较低，供热水系统和空气调节系统在一般住宅内都未能采用。

3-5-1

一、供暖系统

高层住宅在高空部分，尤其在20层以上，风速和风压都很大，散热量大，管道抽吸力大，耗热量大。即使不做外敞廊方案，其高层住户居室散热量也十分可观。在拟定供暖方案时应考虑散热问题，如通风管道（如厕所排气管）的散热问题。门窗散热量相应地也比较大，需要考虑高层的风力附加系数，如海滨城市，风力很大，对住宅尤其是高层住宅的供暖影响大。平面布局中，要为设置暖气设备留有余地，也要考虑到各种因素的影响做必要的调整。

从整个采暖体系来看，则必须考虑上下管道系统和水平管道系统的必经之路和检修部位的合理安排。除了顶层设备层和地沟外，中间层的设备系统必须考虑到管道走向和错综复杂的关系。供暖系统可以上行下给或下行上给布置，见图3-5-1。如建筑层数过多，则中间部分各层可另行安排独立系统。

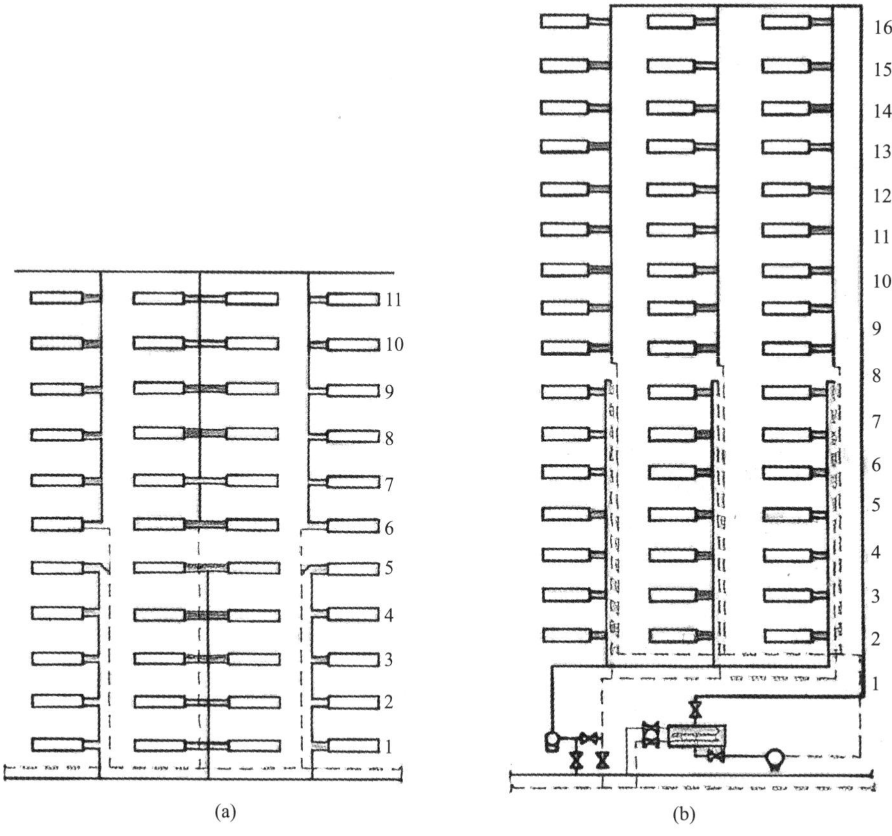

图3-5-1 供暖系统示意图

二、给水与消防用水系统

高层给水系统一般分为：

生活给水系统——使用者饮用、清洁以及厨厕等日常生活用水。见图3-5-2。

消防给水系统——包括消火栓系统、自动喷淋系统、水幕系统等。

生产给水系统——包括锅炉给水、洗衣房、空调冷却水循环补充、水景观等。

当高层住宅超过一定高度后，需在垂直方向分成几个区进行分区供水，使每一个分区给水系统内的最大压力和最小压力都在允许的范围内。通常高层居住建筑的分区距离控制在30m（10层）左右。给水方式一般可归纳为有高位水箱方式和无高位水箱方式两大类。有高位水箱方式设备简单，维修方便，在我国高层住宅中广泛采用。无高位水箱方式对设备要求高，相对造价及维护费用较高，但不占用高层的有效空间，不增加结构荷载，可用于地震区，或设置高位水箱受限时，或对建筑造型有特殊要求时。

低层可由市政给水管道直接供水，高层则需要利用水箱。给水系统在高层住宅中因其所处位置的高度不同，因而可考虑不同的供水方式。低层部分，仍可以由市政给水系统直接供水，成为独立给水系统。而高层部分，则因所需水压过高，不得不利用水泵、水箱设备储水。但是，顶层水箱也只能供其下部的10层左右，否则压力过大，管道和阀门易损坏。因此，需要另设分层给水系统。分层供水设备布置在设备层内。这样的高层给水系统、低层给水系统和分层给水系统分别负担整个建筑的各个不同高度区域内的供水。但各个给水

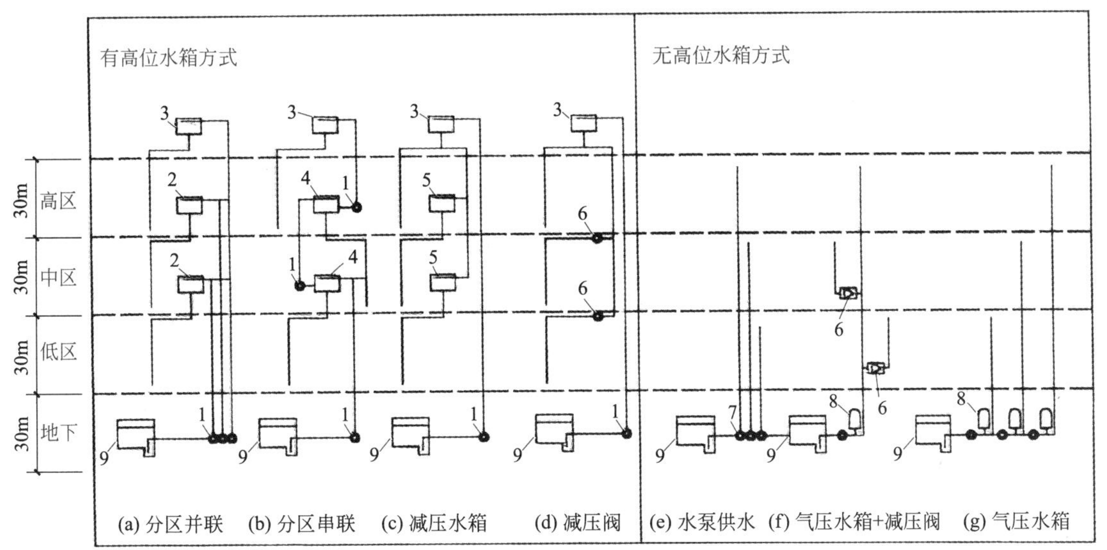

1—加压泵组；2—高(中)位水箱；3—高位水箱；4—高位水箱(蓄水池)；5—高位水箱(减压水箱)；6—减压阀；7—变频调速水泵机组；8—加压给水机组；9—蓄水池

图3-5-2 生活给水系统示意图

系统之间用管道连通，另设阀门控制水压。各需要供水的房间如厨房、浴室、厕所以及个别公用水池等必须充分考虑到水管位置，同一给水系统、各给水系统之间也须保持统一规划。

分层供水体系之间与消防用水体系必须连通。消防用水系统是独立的供水系统，除了自备水泵，以及独立水泵电源外，也必须与生活用水箱相连通，不另设水箱。此外，消防水管各处应设远程控制电钮，以备火灾时隔断交通以后消防用水不受影响。一旦发生火灾，可以在不同的地点开启水泵，给消防用水系统内提供各层需要的高压水流，使得消防用水不受生活水源的限制，其压力也不受生活用水水压的限制。消防用水管网应结合住宅内交通要道布置，消火栓设在楼梯间和交通要道。在地震区，要考虑地震时建筑物内的消防用水源与建筑物外水源接口处使用接合器，穿过抗震缝的水管部分应该有伸缩的装置等防震措施。

三、排水系统

污水管排出污水时也须分层处理，尤其在层数过高时，排污水时由于水流加速，使污水管受压过大，会发生反水、冒水、冒泡甚至损坏管道现象。以13层住宅为例，上部7层及以上自成一系统，1～6层可另成一系统。卫生间及厨房污水与粪管排污系统分开，有利卫生。各组排污水管道直接排出室外，须预留较多排污管道位置。

排雨水系统从屋面独立直接排到地面，对底层商店、公共入口及地下室均会有影响。另外，随着环保意识的不断加强，雨水的处理利用正逐步引起人们的重视。见图3-5-3排水立管设置示意。

四、燃气系统

高层住宅不得使用罐装液化石油气，而多采用燃气输送管，见图3-5-4。罐装液化气本身即是一个火源，而且运输困难。管道输送燃气，在火灾发生后，可立即在建筑外关闭总阀门，以及各部分的分阀门，切断火源，可以控制火灾蔓延。厨房内要求通风良好，燃气管道不得铺设在卧室、暖气沟、排烟道、电梯井内。靠近封闭外廊的厨房（或暗厨房）需设有足够的通风道，利用机械通风。

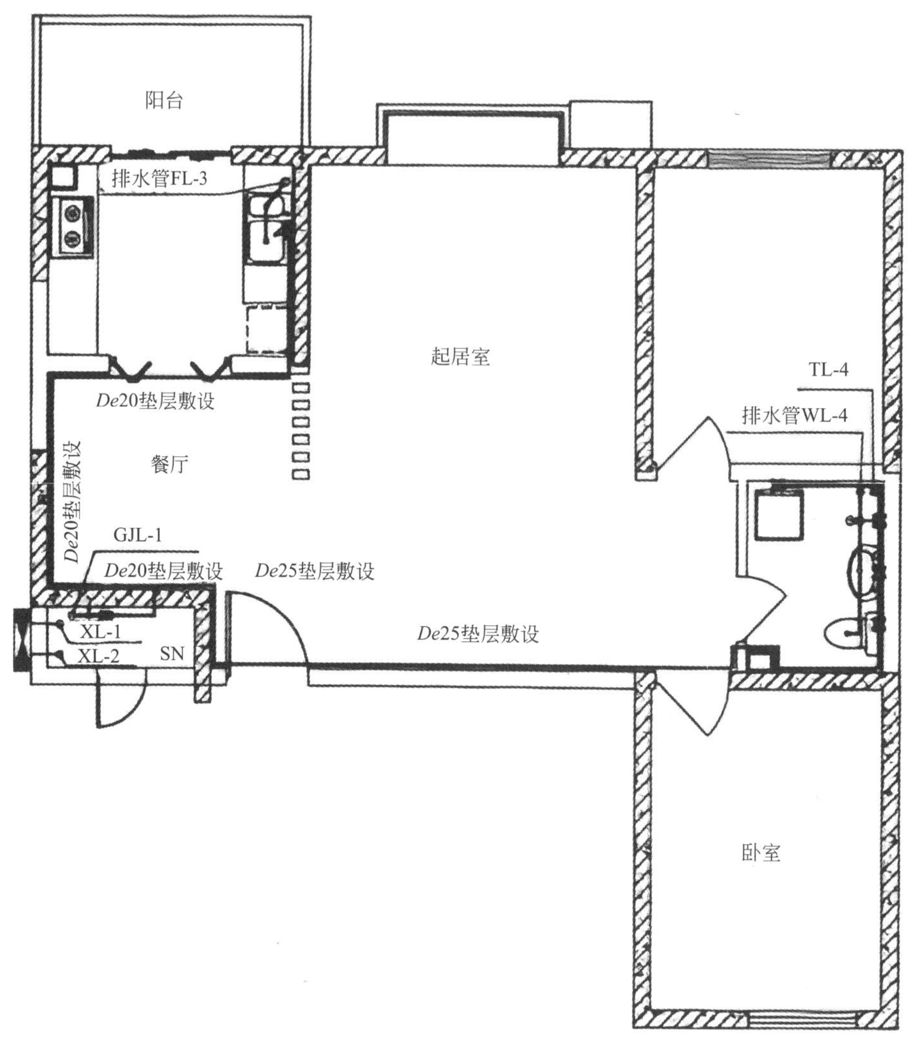

图3-5-3　排水立管设置示意

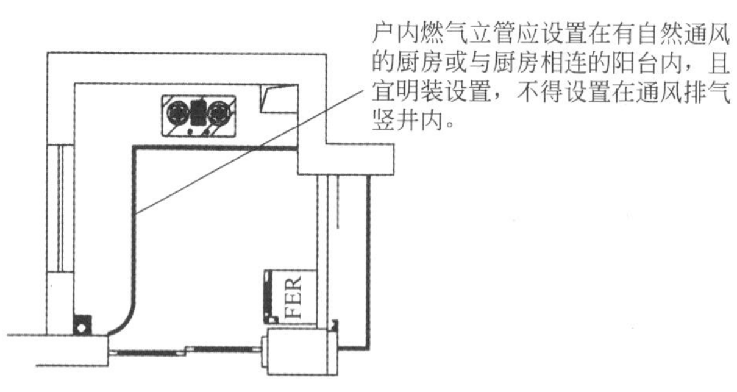

图3-5-4　燃气立管设置示意

五、电气系统

高层住宅电气系统分为两大部分：一是一般居民用电体系，包括电梯等垂直交通工具和居民照明、电器设备等；二是特殊用电体系，包括在火灾发生时消防水泵、消防电梯、疏散通道应急照明等。这类特殊用电体系必须保证在紧急状况下的电路畅通并设有独立电源。

在一些高层住宅中，设备管道往往集中在中央井筒内，根据设备管网的技术要求设置设备层，以便于安装和检修。各种动力、电力、热力总管设在井筒内，从设备层、顶层或地沟中分散至建筑物的各部分。各种管道，尤其是污水垂直管道的布置对住宅的平面布局影响较大。跃层式住宅上、下层的平面布局不同，管道位置更需认真考虑。根据不同高层住宅的特点，将各类管道布置与住宅内部空间组织紧密配合十分重要，见图3-5-5。

3-5-2

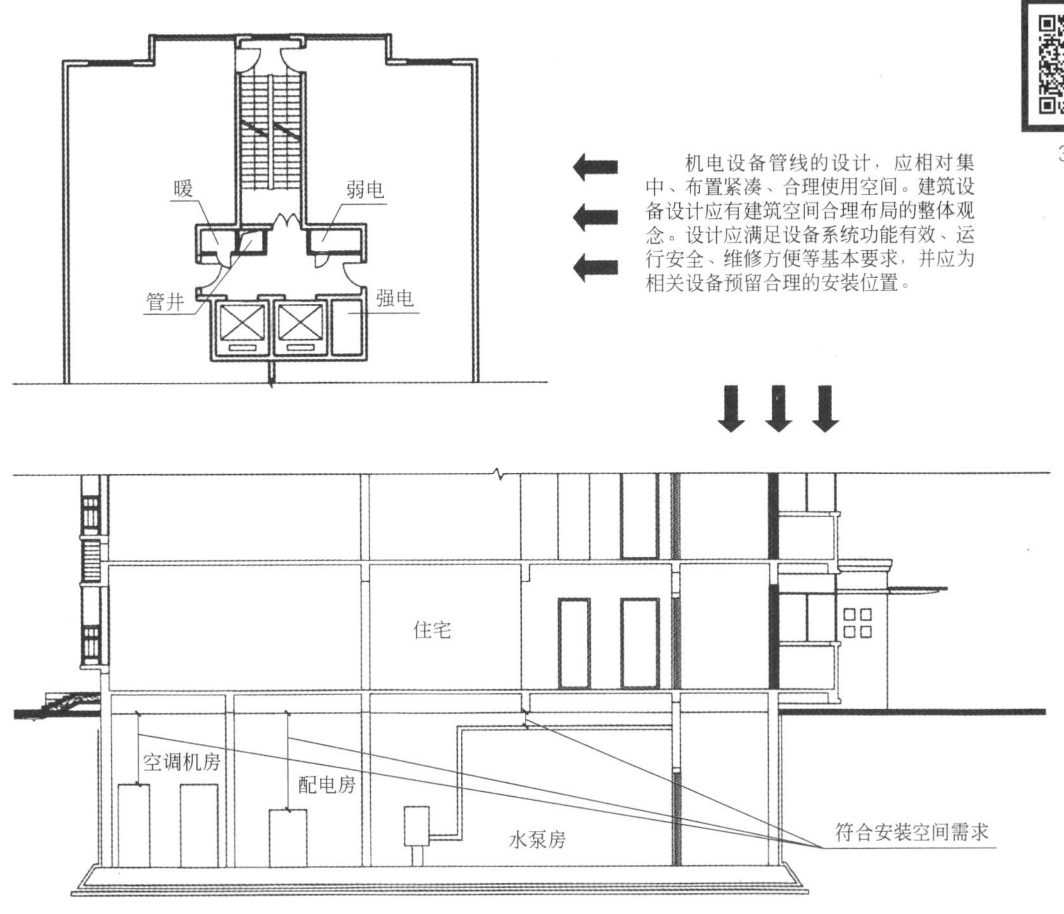

图3-5-5　住宅机电设备管线设计图示

课后思考 ?

1. 高层住宅建筑中的基本设施有哪些?
2. 高层住宅建筑中给水系统一般分为哪几部分?

任务六

高层住宅立面与造型设计

知识点

高层住宅形体底部基座、中部楼身和顶部的造型特点　高层住宅形体的构图手法

任务目标

能够合理和正确使用相关构图规律进行立面及体形设计。确定建筑风格、材料与色彩，创造得体又具有特色的建筑形象。

高层住宅体量大，形象引人注目，因此，相较于低层和多层住宅，更需要注重立面和造型的关系，也要遵循一般的设计规律，注意建筑细节和材料的运用，塑造不同的建筑风格。除此之外，还要根据高层住宅的形体特点，有针对性地运用多种构图手法。

一、形体特点

1. 底部基座

高层住宅的底部一般有三种常见的形式：底部裙房、接地以及架空。裙房，相当于高层主体建筑的一个附属建筑，既要考虑到裙房自身的立面效果，也要适当考虑与主体建筑的协调。底部接地，则主要考虑主大厅的立面形象，运用材质、色彩的处理手法使得底部更显厚重。架空，则要注意加强底层支柱、墙体的厚实感。见图3-6-1、图3-6-2。

3-6-1

图3-6-1 底部裙房

图3-6-2 底部接地

2. 中部楼身

高层住宅建筑的中部一般为其标准层，各层平面变化小，这时立面上的墙面、窗户、阳台、空调板等细部的处理就尤为重要。

首先在墙面的处理上，通过材质、色彩的处理丰富立面效果，其次阳台、窗、空调机位等也可重点修饰。

不同形式的阳台所呈现出的空间特点与造型效果也不尽相同。住宅建筑少不了家居的亲切、活泼感，层层重复的阳台可以使立面表现出强烈的横向构图及韵律感。阳台的组合还可以使立面呈现不同构图特征。

图3-6-3 天空之城

开窗不仅是为建筑的采光、通风等基础需求做考虑，同样是构成立面造型的重要因素。造型设计时通常窗要结合窗台板的设计，直线、折线以及曲线形的窗台板使得窗不再仅在一个平面上，而是有了多方向的变化，活泼、美观。

近年来由于经济的发展，家中安置空调已是常态，但安置在墙面上的空调外机经常会影响到建筑立面的美观，如今许多建筑将空调板的设计加入考虑，使得这一不利的因素“变废为宝”，成为丰富立面效果的一个手段。

不同住宅外观见图3-6-3 ～图3-6-5。

3. 顶部

顶部作为建筑立面的一个收尾，一般采用顶部檐口、顶部坡屋顶、顶部飘板、顶部退台以及顶部构架等处理方式。

图3-6-4　瀚海晴宇住宅

图3-6-5　新生代住宅塔楼

顶部檐口多为用装饰线脚强调收头效果，顶部坡屋顶则有直接在住宅顶层加做坡屋顶或者结合顶部的一两层来做。顶部飘板可以使结构更显轻盈，顶部退台则是使主体建筑的收头过渡比较自然。顶部构架通常是要与楼身的构架形式相结合来做，更显均衡统一。顶部屋顶造型见图3-6-6、图3-6-7。

图3-6-6　顶部屋顶造型（一）

图3-6-7　顶部屋顶造型（二）

二、高层住宅形体的构图手法

1. 横向构图

建筑物的体形是水平放置的长方体时，最适宜采用横向构图。竖直的形体也可以采用水平构图的韵律感来表现自下而上的体量。

横向构图给人以舒适、安定的感觉，令人感觉到建筑物的宽阔庄重。这种构图以水平线条为主，一般是利用阳台、凹廊、横向的长廊、窗台板、遮阳板等构件组织而成。在光线的

3-6-2

图3-6-8 居住办公综合

图3-6-9 上海SOHO

照射下，产生明显的水平阴影，与墙面形成强烈的明暗和虚实对比，等距划分的水平线条，加上间隔出现的图案和造型，又会产生强烈的节奏和韵律，使建筑整体形象更鲜明。在水平构图的基础上，在建筑物的中部或某一侧布置竖向线条或布置较大面积的实墙或幕墙，形成的对比更强烈，效果也更丰富，更具感染力。见图3-6-8居住办公综合。

2. 竖向构图

竖向构图与水平构图正好相反，给人以挺拔、雄伟的感觉。同样是利用阳台、窗、竖向的遮阳板、壁柱、窗边的装饰边框等组成有规律的垂直线条，使建筑物的形象挺拔高耸、气势宏伟，立面效果显著。见图3-6-9建筑。

3. 网格构图

利用均匀的横向水平线条和竖向垂直线条相互交织组成有规律的网格，可使立面形象更为生动，立面的光影对比更富层次。见图3-6-10塔楼。

4. 散点或点线面构图

利用窗、阳台、墙面及栏板等构件均匀成组地布置在立面上或者有规律地进行变化，适当地加进一些线条，或用跳跃的色块进行点缀，仿佛风格派绘画，立面的造型顿时活泼起来，产生别具匠心的效果，令人耳目一新。见图3-6-11住宅。

图3-6-10 比利时安特卫普港高层住宅塔楼

图3-6-11 中国高雄社会住宅

5. 曲线、斜线或自由式构图

利用曲线、斜线或非规则甚至非均衡的自由形状构图，则更显得创意十足，这种立面造型格外能夺人眼球，令人感觉新奇。见图3-6-12住宅。

图3-6-12　某住宅项目

无论采取何种构图方式，都要根据具体情况区别对待，如环境因素、建筑物体形因素等，对各种因素综合考虑、权衡、推敲，一种或几种手段综合运用，形成更为多变的效果。

上述内容是构图效果营造方式的基本方面，对这些方面要灵活运用，运用这些手法去组合、改进和创新，不断衡量，认真琢磨，最终创造出具有个人风格的建筑形象。

3-6-3

课后思考 ?

1. 高层住宅形体主要分为哪几部分?
2. 高层住宅形体的构图手法有哪些?

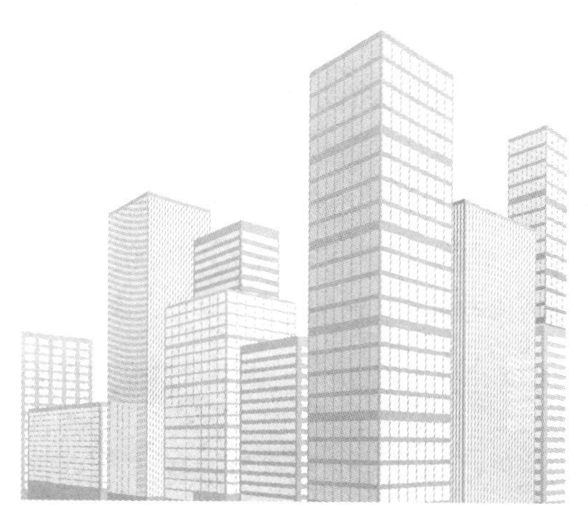

任务七

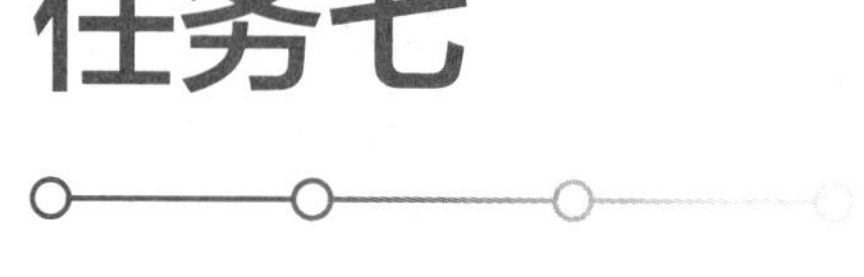

高层住宅赏析

一、马赛公寓

马赛公寓是为缓解20世纪40年代中期欧洲房屋紧缺的状况而设计的新型密集型住宅，充分地体现了设计师柯布西耶要把住宅群和城市联合在一起的想法。柯布西耶认为在现代条件下，城市既可以保持人口的高密度，又可以形成安静卫生的环境。他理想的现代城市就是中心区有巨大的摩天大楼，外围是高层的楼房，楼房之间有大片的绿地，现代化整齐的道路网布置在不同标高的平面上，人们生活在“居住单位”中。见图3-7-1。

图3-7-1 马赛公寓

1945年柯布西耶应当时任法国战后重建部长之邀，设计一座大型的居住公寓，该项目直接由政府拨款，并且没有固定建造地点的限制，四个放置在马赛风景中心带的地点都可考虑。作为一个实验性集合居住方式的研究成果，也代表了柯布西耶居住建筑研究中的最高成就，体现在集合住宅、居住密度、建筑工业的发展和室内陈设与装配等多个方面。

首先，位置上，马赛公寓的周围没有高楼，住户视野开阔。根据柯布西耶一贯坚持的底层架空原则，马赛公寓首层之下，采用了4米多高的混凝土承重柱，使得在它之上的一层住户也能很好地享受到阳光。公寓底层空间，混凝土承重墩间形成了天然的公共空间，既可以做停车场，也是游走于周围绿地的通道。在这里，建筑并没有阻断自然，而是融入了自然。方便了住户散步、休息、家庭嬉戏等。见图3-7-2 ～图3-7-4。

图3-7-2　马赛公寓一层入口

图3-7-3　底层架空

图3-7-4　入口大厅

马赛公寓长165m，宽24m，高56m，共有17层。其中1 ～ 6层和9 ～ 17层是住宅。马赛公寓有23种不同的居住单元，共337套公寓，可供1500 ～ 1700名居民居住，提高了居民选择的自由度，从单身汉到有8个孩子的家庭都可找到合适的住房。因为柯布西耶不打算把马赛公寓建成一个贫民窟或豪宅，而是希望不同的人都能住到这栋楼里。见图3-7-5的内部分区。

这337套公寓里，213套是按照两个跃层公寓交错插入楼道两边排布，每套面积98m^2，每一层空间3.66m（宽）×3.3m（高）×24m，门都在楼道一面。马赛公寓大部分房间采用了跃层式布局，房间内部有楼梯连接上下。每三层只需设一条公共走道，在保证每户双向通透的同时，缩减了公摊面积，节省了交通面积，使得更多的空间能用于室内。柯布西耶将其比喻成酒架上对插的红酒瓶。见图3-7-6 ～图3-7-9。

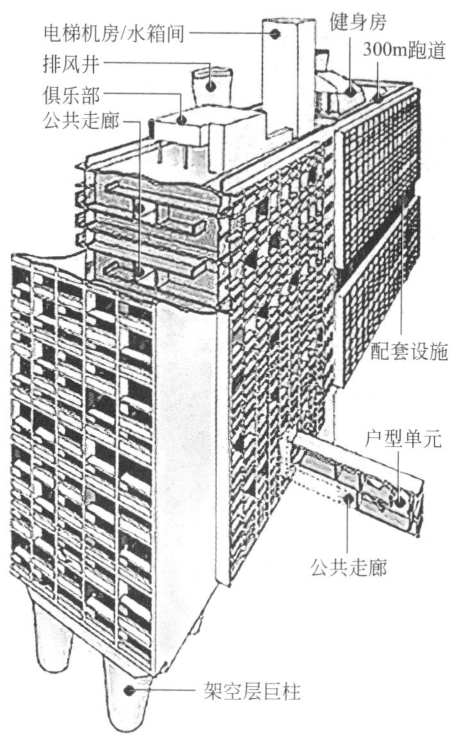

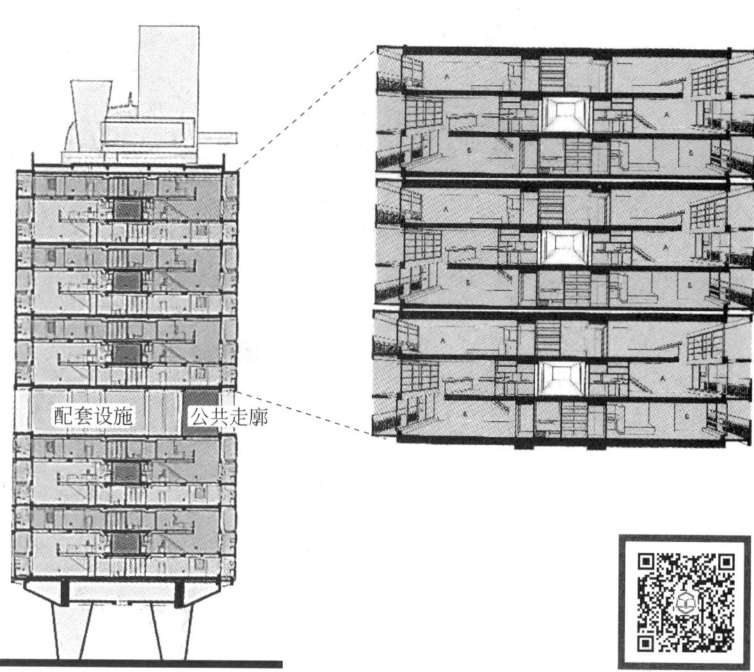

3-7-1

图3-7-5　马赛公寓内部分区

图3-7-6

图3-7-6　室内走廊

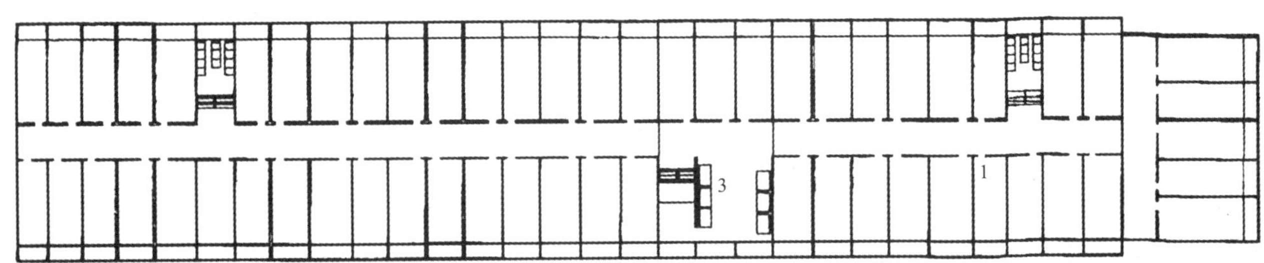

图3-7-7　建筑标准层平面图

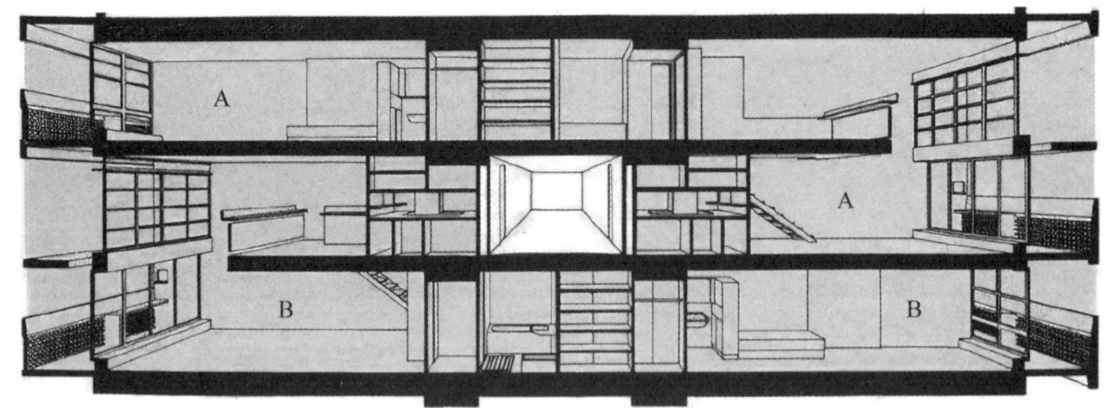

图3-7-8　户型空间组合形式

针对特定的居住人群，马赛公寓的户内空间设计中大量采用了模度的概念。住宅入口门装有门铃、信箱和隔热的木箱子，两道门的设计形成闭合的内空间。厨房在门厅旁边，后面就是餐厅。这里选择了开放式厨房，考虑了厨房的操作空间和厨房对于一个家庭的重要性，2.26m高餐厨空间，隔断的柜子0.8～1.32m高，吊柜下方有灯，照亮台面。吊柜里的斜面用来挂锅，而斜面里藏着抽油烟机。做饭的人能跟朋友家人聊天，形成了一个公共的交流空间。另外，厨房位于洗手间、浴室、马桶的上面或下面，便于排放污水。起居室打通了上下层，有4.8m高，十分宽敞舒适，3.66m×4.80m大块玻璃窗满足了观景的开阔视野。建筑

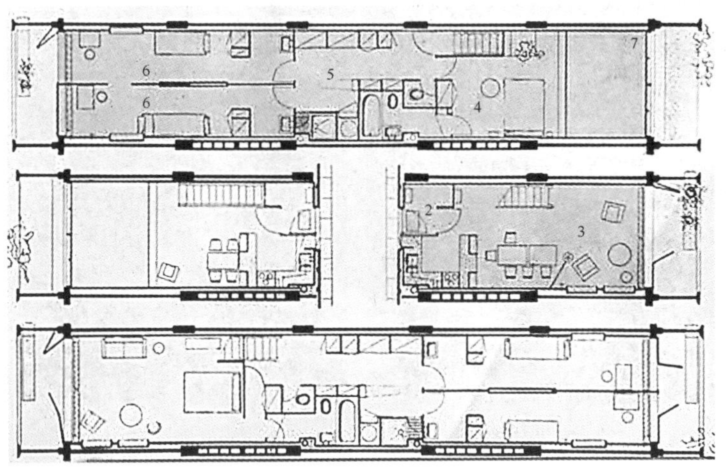

图3-7-9 户型平面图

上最具特色的凉廊成为起居空间的延续和扩展，凉廊1.45m×4m，防护墙1.13m，充分考虑了地中海炙热的阳光，形成一个悬挑的花园。颇具设计感的室内楼梯上层，是二层的卧室空间。主卧的空间与起居空间相邻，设置了开放的书橱和独立的卫浴。而位于另一侧的两个儿童房间每个1.83m宽，狭长的空间有独立的洗手池和外侧的凉廊，两个儿童房之间有可以灵活拉开的隔断，还可以成为涂鸦的黑板墙。每套公寓里在二层的过道精心设计了可以储物的柜子，独立的淋浴和坐便器能方便整个家庭的使用。见图3-7-10、图3-7-11居住场景及住宅室内。

图3-7-10

图3-7-10 居住场景

图3-7-11 住宅室内

7层、8层是商店和各种公用设施，包括面包房、副食品店、餐馆、酒店、药房、洗衣房、理发室、邮电所和旅馆，满足居民的各种需求。在第17层设有幼儿园和托儿所，幼儿园通过坡道连接屋顶活动场地和儿童泳池。见图3-7-12商业空间。

图3-7-12 商业空间

屋顶上设有小游泳池、儿童游戏场地、一个200m长的跑道、健身房、日光浴室，还有一些服务设施——被柯布西耶称为“室外家具”，如混凝土桌子、人造小山、花架、通风井、室外楼梯、开放的剧院和电影院，所有一切与周围景色融为一体，相得益彰。

他把屋顶花园想象成在大海中航行的船只的甲板，供游人欣赏天际线下美丽的景色，并从户外游戏和活动中获得乐趣。“户内生活像一次海上旅行”，这种思想贯穿于马赛公寓设计的始终。见图3-7-13屋顶空间。

图3-7-13 屋顶空间

马赛公寓的结构系统呈现出极强的工业化特征，建筑主体为框架梁柱，由钢筋混凝土制成，每户设想为预制的楔形盒子插入到框架结构中去，但实际只浇筑了框架梁柱，预制盒子未能实现。32根5.5m高的底层架空柱通过门型结构安置在基础上，同时在柱子内部考虑了整个公寓的设备管线。所有的立面板、水平垂直的遮阳和凉廊都是混凝土预制部分。通过立面的这些设计手法同时也加强了建筑内部的通风，减少了耗热量。

进入马赛公寓，色彩成为建筑中不可或缺的组成部分。内部街道主要选用了海蓝色、绿色、黄色、橙色、红色、紫色、天蓝色，跳跃的颜色和昏暗的走道形成一种静谧的空间氛围。而在户内，凉廊的颜色与户门相同，户内储物格的色彩也经过了严格的控制。

马赛公寓的外观色彩也十分丰富，主要由红、黄、蓝三色装点阳台，见图3-7-14。这些颜色不是乱用的，柯布西耶认为蓝色代表天空，也能唤起对大海的记忆，是贴近自然的"原色"。而红色具有燃烧的愿望。黄色，单纯、幼稚、亮丽。这些贴近自然的原色的使用，给人以快乐、轻松、和谐的感觉。同时，这三种原色是产生其他颜色的基础，哪个颜色也无法盖过对方，无法调和，因而给人以一种视觉刺激。

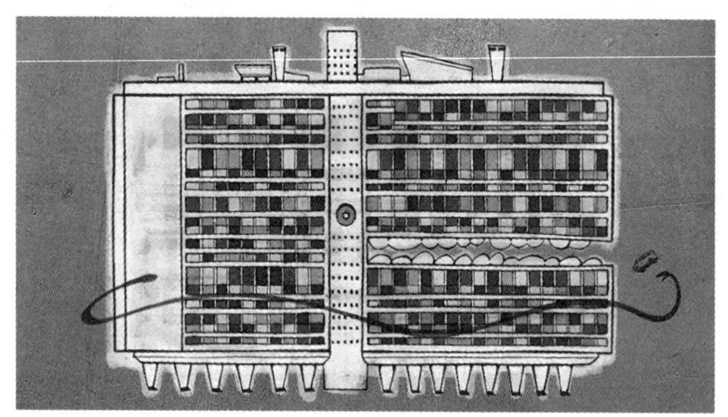

图3-7-14　立面色彩

同时，马赛公寓的出现进一步体现了柯布西耶的"新建筑的五个特征"，建筑被巨大的支柱支撑着，看上去像大象的四条腿，它们都是未经加工的混凝土做的，也就是粗面混凝土，它是柯布西耶在那个时代所使用的最主要的技术手段，立面材料形成的粗野外观与当时流行的全白色的外观形式形成鲜明对比，引起当时评论界的争论。一些瑞士、荷兰和瑞典的造访者甚至认为表面的痕迹是材料本身的缺点和施工技术差所致，但这是柯布西耶刻意要产生的效果，他试图将这些"粗鲁的""自发的""看似随意的"的处理与室内精细的细部及现代建造技术并置起来，在美学上产生强烈对比的感受。事实上，这些被称为"皱折""胎记"的特定词汇，是一段历史阶段的沉积，是历史的痕迹，也是人类发展过程的缩影，描述了时间的流逝和时光的短暂。

3-7-2

它给人们留下的印象不仅是视觉上的冲击，更是观念上的更新，它把人们从乏味的生活中唤醒，远离枯燥乏味的工作、闲暇时的孤独，体会到社区的亲和力，创造出一种与当时生活相适应的生活状态。

二、钱江时代

图3-7-15　钱江时代

钱江时代住宅（图3-7-15）是由建筑师王澍主持设计的高层住宅建筑，建筑位于杭州市东南部钱塘江畔，周边紧邻钱塘江滨江大道和钱江三桥，西南方向有多个住宅区。项目是集居住、商住、生活服务、商业服务配套为一体的，展现钱江时代新城市风貌的生态建筑园区，其建筑形象与尺度突破了传统，是城市风景的一个显著地标。

如图3-7-16所示，基地呈东西走向，狭长而扭曲，东西向最长处355m，南北向最宽处160m，呈不规则条状，基地面积为约2.3万平方米，建筑面积约12万平方米。建筑整体以东西水平方向蔓延的建筑体量为线索，南北侧布置两条绿带，由6幢近100m高的集合住宅组成，其中2座板式住宅，4座25～28层的点式住宅，充分利用了基地的不规则，并兼顾了容积率和城市生活所需要的居住密度。建筑结构类型为钢筋混凝土框架结构。建筑于2001年开始设计，2004年开始建造，2007年建成。

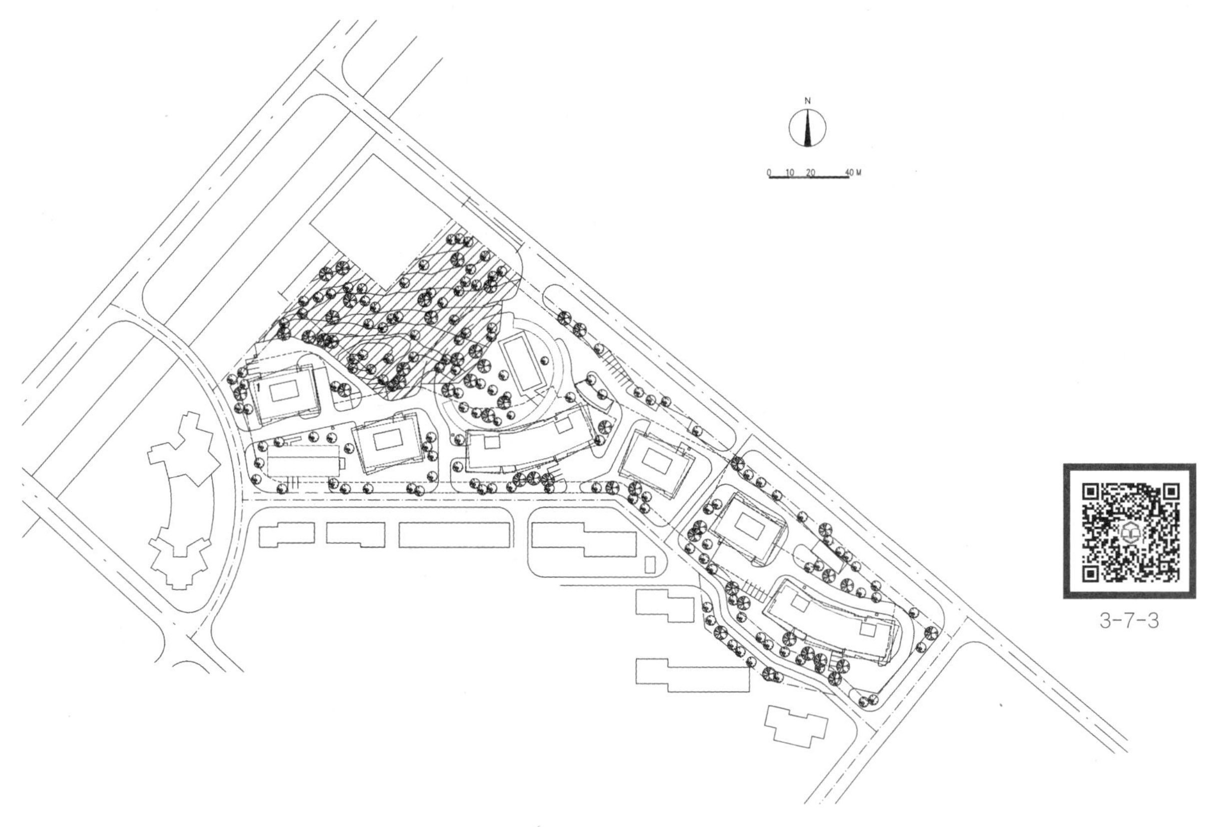

3-7-3

图3-7-16　总平面图

建筑平面上以交通核为中心进行组织，将四个户型组织起来，增强了邻里之间的交流，如图3-7-17、图3-7-18。住宅的户型设计与长方形地块呼应，采用的是大面宽、短进深的长方形临江户型，因而保证了住宅能有更好的采光好通风，并拥有更多的江景。住宅内部厨房均有直接采光，同时最大程度上实现了明卫。

图3-7-17　板式住宅平面图（部分）

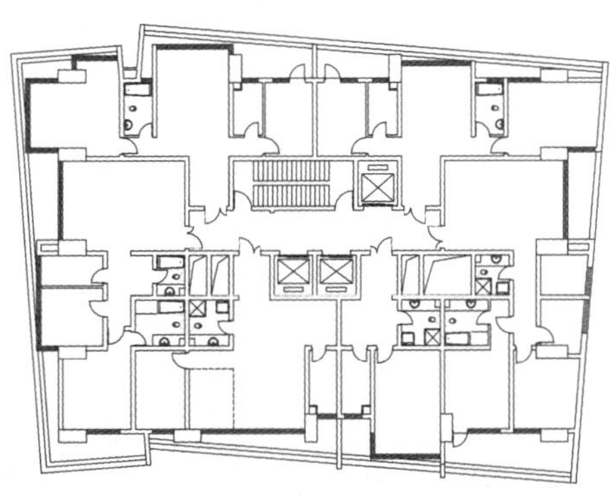

图3-7-18　点式住宅平面图（部分）

王澍认为，中国建筑中最经典的就是合院住宅，所以他将这种经典引入了钱江时代项目，基本的设计思路是在高层住宅上重新实现合院住宅。建筑以一个3m×7.2m的大开间，两层高的“盒子”为基本构造单位，居住2～6户。这些“盒子”通过咬合、穿插组合，使传统民居中的院落以新的形态——垂直院落出现在现代住宅建筑中，使传统院落由平面转化成了立面形象。垂直院落的三维立体形式使得其立面层次更加丰富，顶部遮挡有阴影，私密性良好，且具有视野开阔、采光通风良好、干燥卫生少蚊虫的特点。并且保留了传统院落最基本的生活感受——安全感、舒适感、群体感。传统的院落形式及其作为情感联系的空间功能得以在现代高层住宅建筑中得以重现。6幢近100m高的住宅，800住户。用200余个两层高的院子叠砌起来，结构如编织竹席，整个连续的立面实际上是一座江南城镇的局部水平切面被直接竖立起来，每一户无论住在什么高度，都有前院后院，每个院子都有茂盛的植物，也可根据需要赋予不同功能，如图3-7-19、图3-7-20所示。

建筑造型以高度简洁的现代手法处理，整个设计都带有某种公共建筑的特征，以体量和虚实的变化代替大量装饰元素的运用。阳光、风、视觉、雨雾等因素的互相渗透是江南建筑的基本特征。建筑整体如同一大

图3-7-19 合院住宅

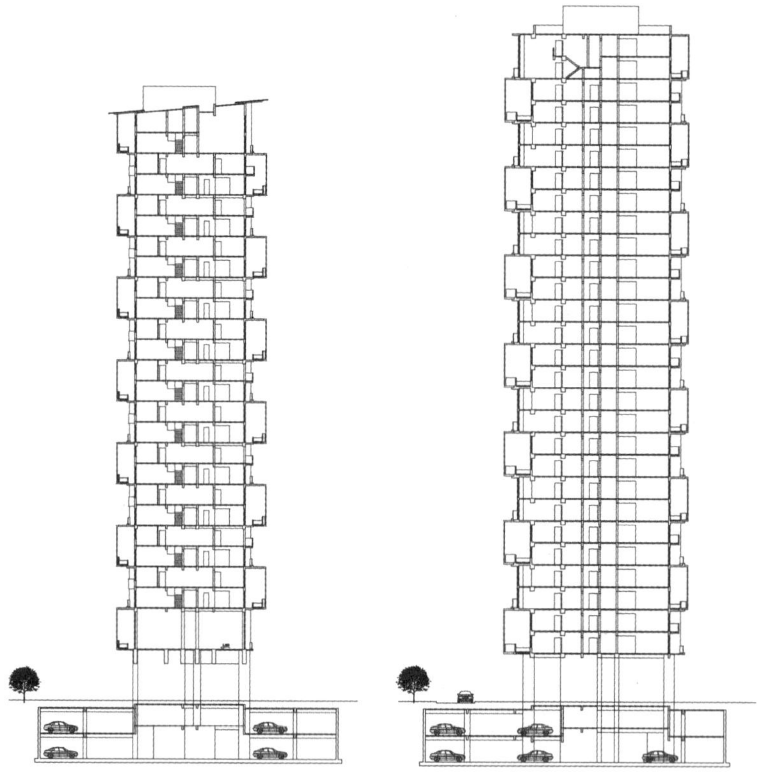

图3-7-20 剖面图

扇江南园林中的漏窗，毫无堵塞之感，并在总体建筑的简洁粗犷中增添了几分敏感与细腻。底层架空设6m高架空层，将条状住宅区域北面8m高的绿化带和南面4m高的绿化带引入住区内部，模糊了室内外的界定，使狭窄地块相对变大，小区气流贯通，视觉流畅，如图3-7-21。

图3-7-21 建筑形体穿插

在建筑外立面中以白色和青灰色为主色调，主要提取自传统中的白墙灰瓦。其中以白色乳胶漆替换传统建筑中的白粉墙，以青灰色混凝土砌块替换青瓦，以绿色喷塑铝合金特制型材和钢材替换木构，配以大尺幅的透明白玻和U形玻璃，这些基本元素决定了每个盒子的色彩，也决定了整个建筑的材料、色彩的使用种类与规则，以现代建筑语言阐释了中国的传统江南民居建筑。如图3-7-22、图3-7-23。

图3-7-22 建筑外立面

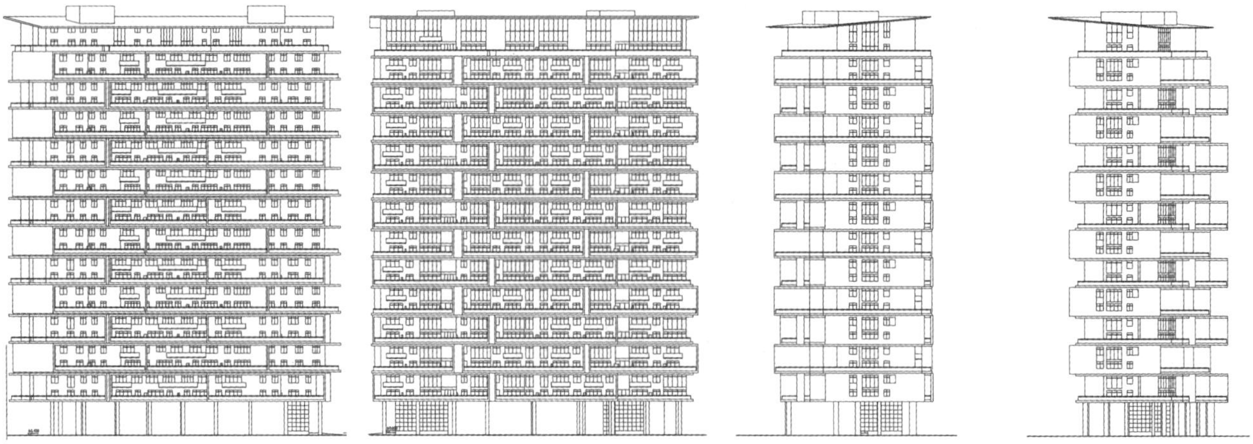

图3-7-23 建筑立面（部分）

建筑设计具有鲜明的时代特征，提倡绿色建筑，将环保意识渗透建筑科技，使用多种环保建材和技术，如新型混凝土砌块、高层建筑覆土栽培技术等，赋予高层住宅新的理解，实现建筑可持续发展。

钱江时代住宅不是普通的住宅设计，设计师将自己的艺术观和文人意识注入设计中，希望以实验性建筑推动一种渗透着传统文化的居住方式，试图打造一个以“城市性建筑”为建筑理念的作品，打破了原有的住宅布局形式，营造一个空中的江南院落，重塑传统的城市氛围。虽然在实施和实际使用中存在一些不可避免的问题，但仍显示出设计者对城市住宅的思考和建筑设计的艺术理想。

项目任务书

高层住宅设计

为了满足居民生活需求，拟在市区内某地块建设一高层住宅社区。

一、设计要点

（1）合理布局，注重创造良好的外部居住环境。

（2）掌握高层住宅建筑的功能特征，解决好各部分之间的功能关系，提高空间组合能力；合理设计套型，满足居民的生活需要；解决好高层建筑的功能组织、消防安全和技术等设计问题。

（3）掌握高层住宅底部商业空间和地下车库的功能特征，解决好空间、功能、技术和防火等内容。

（4）了解结构体系的重要作用，并掌握结构体系与建筑形式间的相互关系。

（5）了解并应用高层住宅建筑功能所必需的一些基本设施，如供暖系统、给水排水、通风设施、电气照明等。

（6）能够合理和正确使用相关构图规律进行立面及体形设计。确定建筑风格、材料与色彩，创造得体又具有特色的建筑形象。

（7）掌握高层建筑的设计原理及手法，系统了解高层建筑设计的相关法规；了解和掌握与本设计有关的规范和规定。

二、设计要求

地块规划用地红线面积11590m^2。建筑类型可采用中高层住宅（11层）、高层住宅（24层以内）组合布置。基地用地尺寸及现状如图3-8-1所示。

小区用地北侧退道路红线5m，西侧退用地红线8m，南侧退湖滨10m，东侧退道路红线8m。

住宅沿街可设一层商店，层高4m。

用地东北角的古树和会所必须保留。

户型要求：

（1）四室两厅及以上：建筑面积170m²左右（可做跃层），占总户数20%。

（2）三室两厅：建筑面积130m²左右，占总户数30%。

（3）两室两厅：建筑面积90m²左右，占总户数20%。

（4）两室一厅或一室一厅（单身公寓）：建筑面积60m²，占总户数30%。

（5）保证房间自然通风、采光，四室户和三室户保证两间卧室朝南，两室户和一室户保证一间卧室朝南。

（6）考虑住宅间的遮挡问题，日照间距保证1.0H，建筑密度小于30%，容积率控制在1.8～2.2之间，绿地率大于30%，停车位大于50%户数。

三、地形图

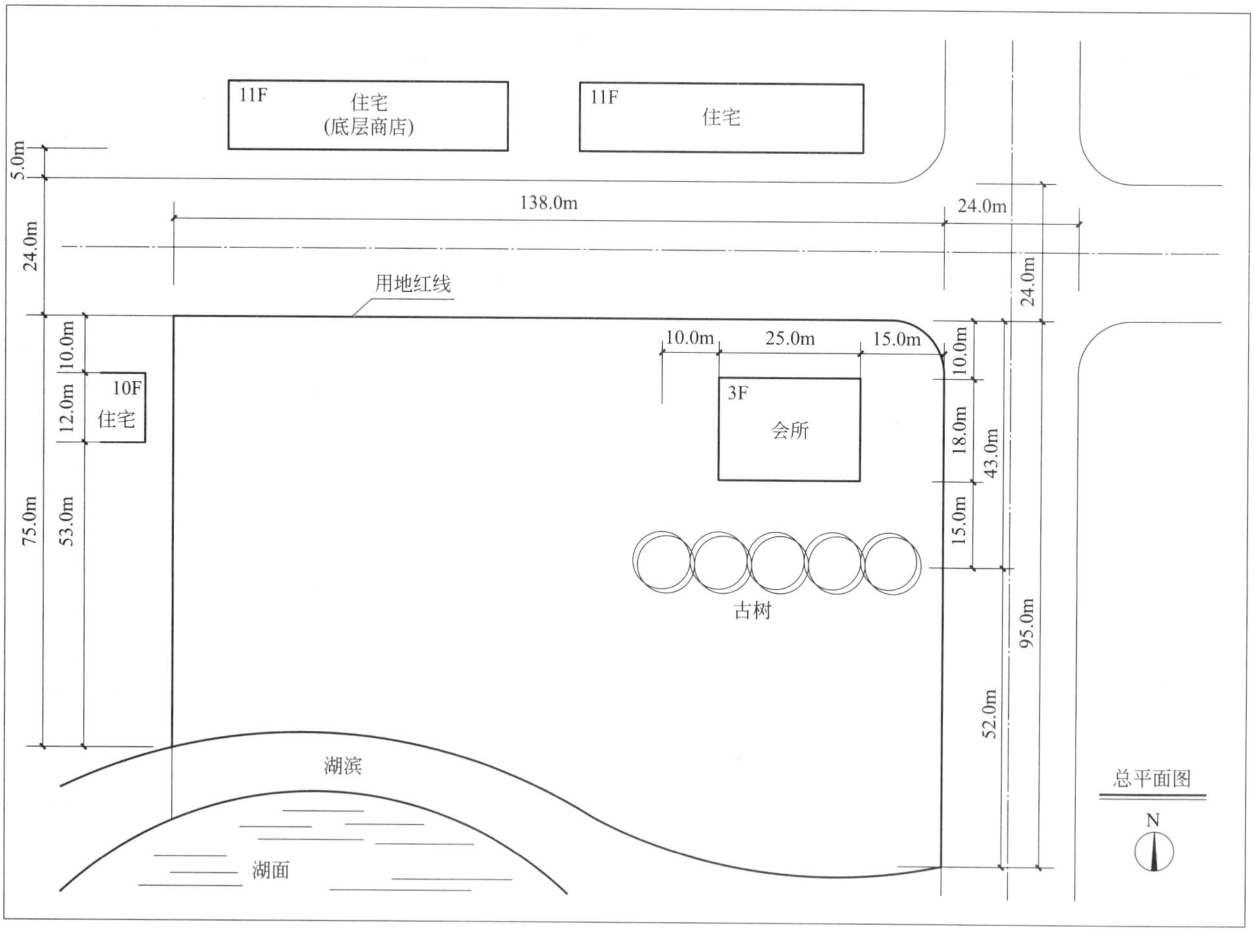

图3-8-1 基地用地尺寸及现状

四、图纸内容

1. 总平面图（1 ： 500）

包括环境、道路、绿化、广场、人流、交通、停车场、指北针、建筑层数以及环境道路名称等。

2. 标准层平面图（1 ∶ 100）

（1）确定房间的形状、尺寸、位置及其组合。房间内应布置家具及设备，要求标注各房间名称，并且标注居室净面积及每套住宅户内使用面积。

（2）确定门窗位置、大小（按比例画，不标尺寸）及门的开启方式和方向。

（3）标注总尺寸、轴线尺寸两道尺寸线，平面的主要轴号，画剖切标志；各层平面及同层高差变化应注明标高。

（4）标出剖切线、图名及比例。

3. 两个主要立面图（1 ∶ 100）

（1）外轮廓线画中粗实线，地坪线画粗实线，其余均为细实线。

（2）标注装饰材料色彩及材质。

（3）标注图名及比例（以单元入口为正立面图）。

4. 剖面图（1 ~ 2个，比例1 ∶ 100）

（1）着重表达住宅建筑内部空间的尺度，如总高、层高、屋面、室内与室外的关系等。

（2）标出各层标高、屋面标高和室外地坪标高。

（3）标注图名及比例。

5. 效果图

表现方法不限。

6. 设计说明

包括经济技术指标（总用地面积、总建筑面积、建筑占地面积、建筑密度、容积率、绿化率、建筑高度）；设计构思说明。

参考文献

[1] 重庆大学，朱昌廉，等. 住宅建筑设计原理. 北京：中国建筑工业出版社，2011.

[2] 胡仁禄，周燕珉，等. 居住建筑设计原理. 北京：中国建筑工业出版社，2018.

[3] 潘谷西. 中国建筑史. 北京：中国建筑工业出版社，2015.

[4] 周燕珉. 中小型住宅设计. 北京：知识产权出版社，2008.

[5] 周燕珉. 住宅精细化设计. 北京：中国建筑工业出版社，2008.

[6] 周燕珉. 现代住宅设计大全：厨房、餐室卷. 北京：中国建筑工业出版社，1995.

[7] 邹颖，等. 别墅建筑设计. 北京：中国建筑工业出版社，2000.

[8] 段翔. 住宅建筑设计原理. 北京：高等教育出版社，2009.

[9]（日）增田奏. 住宅设计解剖书. 赵可，译. 海口：南海出版公司，2013.

[10] 中国建筑工业出版社，中国建筑学会. 建筑设计资料集 第1分册 建筑总论. 北京：中国建筑工业出版社，2017.

[11] 中国建筑工业出版社，中国建筑学会. 建筑设计资料集 第2分册 居住. 北京：中国建筑工业出版社，2017.

[12] 刘金生. 建筑设备. 北京：中国建筑工业出版社，2014.

[13] 张仲先，王海波. 高层建筑结构设计. 北京：北京大学出版社，2006.

[14]（瑞士）博奥席耶. 勒•柯布西耶全集. 牛燕芳，程超，译. 北京：中国建筑工业出版社，2005.